Alfred Gierer · Die Physik, das Leben und die Seele

Alfred Gierer

Die Physik, das Leben und die Seele

Piper
München Zürich

Mit 19 Abbildungen

ISBN 3-492-02784-9

Gesetzt aus der Garamond-Antiqua
Gesamtherstellung: Mühlberger, Augsburg
Printed in Germany

Inhalt

Vorwort

Ziel der Naturwissenschaften ist es, die Natur zu erklären – das gilt heute wie schon zu Keplers Zeiten; und doch verlieren wir dieses Ziel in der Gegenwart bisweilen aus den Augen, es geht leicht unter in der Spezialisierung der wissenschaftlichen Disziplinen, der Fülle des Stoffes im Schul- und Lehrbetrieb, der Informationsflut und den wechselnden Modeströmungen der Publizistik. So ist es heute für Laien und Fachleute gleichermaßen schwer geworden, wissenschaftliche Tatsachen noch im Kontext mit Fragen an »die« Natur zu sehen.

Mir wurde das seinerzeit viel leichter gemacht. Für Physikstudenten im Göttingen der ersten Nachkriegsjahre, besonders im Kreis des Max-Planck-Instituts für Physik, war es durch die Anregungen von Werner Heisenberg, Carl Friedrich von Weizsäcker und anderen Wissenschaftlern eigentlich selbstverständlich, außer der Einzelforschung auch den philosophischen Hintergrund zu diskutieren, den »Teil und das Ganze« (so der spätere Titel von Heisenbergs Lebenserinnerungen) im Blickfeld zu behalten; das lebhafte geistige Klima dieser Zeit begünstigte ohnehin Fragen nach fachübergreifenden, allgemeinen Zusammenhängen.

Besonders faszinierend war der Kontakt mit Forschern, die zwei Jahrzehnte zuvor die wissenschaftlich revolutionäre Quantenphysik eingeleitet hatten – faszinierend allerdings nicht ohne einen Hauch von Nostalgie: Die »reine« Physik von 1950 war allzu offensichtlich nicht mehr – oder noch nicht wieder – die der zwanziger Jahre. Dafür schien ein anderer Problemkreis immer interessanter und verlockender zu werden: Die Frage, ob auch die Grundvorgänge des Lebens auf der Basis physikalisch-chemischer Gesetze zu verstehen sind. Wie weit ist dies überhaupt möglich, inwiefern entzaubert oder erklärt ein solcher Zugang den Bereich des Lebendigen, genügt dafür die alte, oder braucht man eine neue Physik? Die Probleme lagen auf dem Tisch, aber Lösungen schienen zunächst sehr weit entfernt, denn biologische Vorgänge haben den Ruf, kompliziert zu sein. Damals geriet ich an das Buch von Linus Pauling über die »Natur der chemischen Bindung«. Es zeigte, daß man mit einer grob vereinfachten Physik in erstaunlichem Maße Eigenschaften organischer Moleküle verstehen kann, und zwar auch großer Moleküle, die an Grundprozessen des Lebens beteiligt sind. Es war eine Anstiftung zum Optimismus; diese Stimmung, gefördert durch die Diskussionen im Göttinger Kreis, führte mich schließlich von der Physik in die Biologie. Anfang der fünfziger Jahre entdeckten Watson und Crick die Struktur der Erbsubstanz – die »Doppel-Helix« – und fanden damit den Schlüssel zur Aufklärung von Mechanismen der Vererbung. Im folgenden Jahrzehnt wurde das Grundwissen der molekularen Biologie gewonnen, das inzwischen längst Eingang in die Schule und die allgemeine Bildung gefunden hat. Es machte viel Freude, diese Entwicklung mitzuerleben und dabei auf Teilgebieten mitzuforschen.

Mitte der sechziger Jahre glaubten manche Wissenschaftler, die Molekularbiologie hätte die wichtigsten biologischen Probleme im Prinzip gelöst – alles weitere wären Detailfragen. Das allerdings erwies sich als falsche, zudem als überhebliche Auffassung – und zwar nicht nur, weil wir über die molekulare Biologie selbst noch viel zu lernen haben, sondern auch, weil sie grundsätzlich nie die ganze Biologie sein kann. Die Eigenschaften der belebten Natur, die wir am meisten bewundern, betreffen Gestalten und Verhalten. Sie haben zwar auch etwas mit Molekülen zu tun; doch die Physik und Chemie der beteiligten Moleküle ergibt für sich noch keine Erklärung der Phänomene. Eine Schneeflocke ist gefrorenes Wasser, aber das zu wissen hilft nicht viel, wenn man eine Flocke zeichnen und ihre Form verstehen will. Entsprechendes gilt erst recht für biologische Muster und Formen. Nur die Verknüpfung von physikalisch-chemischen, biologischen und mathematisch-systemtheoretischen Einsichten kann schließlich die Entstehung räumlicher Ordnung bei der Entwicklung der Organismen erklären. Dem Problemkreis der biologischen Strukturbildung gilt seit einigen Jahren das besondere Forschungsinteresse unseres Tübinger Max-Planck-Instituts, sowohl im Rahmen der allgemeinen Entwicklungsbiologie als auch im Hinblick auf die Organisation des Nervensystems im Gehirn bei der Entwicklung höherer Organismen.

Tragweite und Grenzen einer physikalischen Begründung der Biologie – dies ist ein zentrales Thema des vorliegenden Buches. An ihm zeigt sich besonders deutlich, wie weit überhaupt objektives Weltverständnis reicht und wo es endet. Physik, Chemie und Biologie demonstrieren den umfassenden Geltungsbereich und Erklärungswert allgemeiner Naturgesetze – die genaue Analyse der Voraussetzungen wissenschaftlichen Denkens führt aber auch an Grenzen objektiver Erkenntnis und damit zu einem bescheideneren Selbstverständnis moderner Wissenschaft, vergleicht man es mit materialistisch-deterministischen Denkweisen des vorigen Jahrhunderts: Auf der wissenschafts-philosophischen Ebene der Reflexion ist die »Welt als Ganzes« mehrdeutig und fordert eben deshalb zum Nachdenken über Sinn- und Zielfragen heraus.

Der erste Gedanke, diesen weitreichenden Themenkreis einmal zum Gegenstand eines Buches zu machen, kam mir anläßlich eines Sommerseminars des »Europäischen Forums Alpbach« vor zwanzig Jahren. Es war fachübergreifenden, vor allem wissenschaftsphilosophischen Fragen gewidmet, und ich war eingeladen, einen Kursus über das Thema »Physikalisierung der Biologie« zu leiten. Die Tagung brachte viele Anregungen. Herbert Feigl belegte in eindrucksvoller Weise, daß das »Leib-Seele-Problem« unter Wissenschaftlern zu Unrecht tabuisiert wird, daß es echte, wenn auch schwierige wissenschaftliche Fragestellungen enthält. Paul Feyerabend und Ernst Bloch kritisierten – mit ganz unterschiedlichen philosophischen Argumenten – die damals verbreiteten, sehr formalistischen Ansätze der Wissenschaftstheorie: Sie würden wesentlichen Fragen – »Was ist Wissenschaft?«, »Wie wird sie gemacht?« und »Wozu ist sie gut?« – nicht gerecht. Grundfragen dieser Art könnte man nur mit Denkweisen begegnen, die sich selbst keine allzu engen Fesseln anlegen.

Das vorliegende Buch ist über einen längeren Zeitraum hinweg entstanden; seine Themen waren zuletzt Gegenstand meiner Vorlesung im Rahmen des »Studium Generale« der Universität Tübingen für Studenten und Bürger der Stadt. Beim Schreiben über eine so vielseitige Problematik wird dem Autor allzu oft bewußt, daß man dazu eigentlich mehr wissen müßte, als man weiß, mehr sagen sollte, als man kann, und daß, je hintergründiger die Fragen werden, desto mehr die Sicherheit unseres Wissens auch abnimmt; dazu spürt man bei manchen Problemen die Nähe zu Emotionen, den eigenen wie denen der Leser. Damit wird aber eine Grundthese des Buches eher unterstrichen als zurückgenommen, nämlich daß wir gerade in den für uns wichtigsten Fragestellungen immer darauf angewiesen bleiben, uns auf Grund eines stets begrenzten, niemals vollständigen Wissens näherungsweise zu orientieren. In diesem Sinne ist das vorliegende Buch zu verstehen: als eine Einladung zum Mitdenken und als Anregung für weiterführende Überlegungen.

Schließlich möchte ich denjenigen danken, die mir bei dieser Arbeit geholfen haben – Freunden, Kollegen und Gästen, vor allem im Umkreis der Tübinger Max-Planck-Institute für Entwicklungsbiologie und biologische Kybernetik, für viele klärende Diskussionen zu verschiedenen Problemen – insbesondere Prof. V. Braitenberg, Dr. H. Meinhardt, Dr. G. Palm und Dr. G. Wagner für die kritische Durchsicht einzelner Kapitel, sodann Herrn Dr. H. Meinhardt für die Computergraphik, Frau A. Tanaka-Ingold für die Zeichnungen, ihr und Frau E. Dürr für das Schreiben des Manuskripts. Ganz besonders möchte ich meiner Frau Dr. Lucia Gierer danken, die die Entwürfe zum Buch im Gesamtzusammenhang gelesen, eingehend diskutiert und überarbeitet hat.

Einleitung und Vorschau

Das Zeitalter, in dem wir leben, wird entscheidend von wissenschaftlichen Denkweisen beeinflußt. Wir verstehen Eigenschaften der Welt als Konsequenz naturgesetzlicher Abläufe in Raum und Zeit. Die Gesetze der Physik und Chemie gelten für die unsichtbar kleinen Atome ebenso wie für die unvorstellbar großen Dimensionen des Universums, sie erklären Vorgänge der unbelebten wie der belebten Natur. Der Reichtum der Industriegesellschaften und die Erfolge der modernen Medizin beruhen wesentlich auf Wissenschaft und Technik. Mit ihrer Hilfe können wir die Natur beherrschen, sie verändern und uns dienstbar machen; und dennoch ist das Verhältnis des modernen Menschen zur neuen Macht seines Denkens zwiespältig: Sie eignet sich nicht nur zur Verfolgung sinnvoller Ziele, sie ist auch anfällig gegen Mißbrauch, und ihre Anwendung gefährdet natürliche Lebensgrundlagen kommender Generationen. Wie aber soll man entscheiden, was sinnvoll ist? Die Wissenschaft allein kann die Maßstäbe dafür nicht liefern, denn Ziele lassen sich nicht zwingend aus Tatsachen ableiten. Will man Antworten auf Fragen dieser Art gewinnen, so ist es erforderlich, die Voraussetzungen der Wissenschaften zu hinterfragen, ihre Tragweite wie auch ihre Grenzen zu erkennen und damit zu vermeiden, daß die Sinnfragen aus dem Bewußtsein der Gegenwart verdrängt werden.

Die Naturwissenschaft sagt uns nicht nur viel über die Natur, sondern auch einiges über uns selbst. Sie zeigt die Fähigkeit des menschlichen Geistes, auf Grund sehr allgemeiner, sehr abstrakter und doch ziemlich einfacher Begriffe und Regeln zu einem weitreichenden Verständnis der komplexen Wirklichkeit zu gelangen. Sie gibt uns Einsicht in eine verborgene Ordnung der Welt und ein weites Feld von Möglichkeiten kreativen Handelns. Das rechtfertigt unser Streben nach Erkenntnis als primäres Motiv der Forschung. Andererseits wird bei einer kritischen Reflexion der wissenschaftlichen Denkweise aber auch erkennbar, daß und warum wissenschaftliche Aussagen nicht alles erfassen können, was für den Menschen bedeutsam ist.

Naturwissenschaft beruht auf Objektivität; aus ihrer Sicht sind Sterne und Planeten, Berge und Steine, Pflanzen, Tiere und Menschen allesamt Objekte mit meßbaren Eigenschaften in Raum und Zeit. Das subjektive Erleben, eine mindestens ebenso elementare menschliche Erfahrung wie die objektive Beobachtung, kommt primär in der Naturwissenschaft gar nicht vor; ihr Erfolg beruht ja geradezu darauf, daß ihre Ergebnisse für alle gleich »wahr« sind.

Beschränkt man aber den Gesichtskreis auf das Objektive, so gelangt man zu einer verengten Weltsicht. Dies zeigt sich zum Beispiel am Begriff »Gefühl«. Soweit Gefühle überhaupt in den Naturwissenschaften vorkommen, werden sie als physikalisch-chemische Zustände des Nervensystems von Menschen und höheren Tieren aufgefaßt, die an der Steuerung des Verhaltens beteiligt sind. Für uns persönlich bedeuten aber Gefühle zunächst etwas ganz anderes: Sie sind subjektive, »seelische« Erfahrungen, die unmittelbar erlebt, und nicht erst durch objektive Beobachtung des Verhaltens erschlossen werden. »Seele« und »Ich« des Menschen sind keine Begriffe der objektiven Naturwissenschaft und werden deshalb oft in außerwissenschaftliche Bereiche abgedrängt, in die Kunst, die Religion, das ganze weite Feld des unaussprechlichen Empfindens. Diese Verdrängung muß aber schließlich zu Widersprüchen führen, da doch das erkennende und erlebende menschliche Subjekt überhaupt erst die *Voraussetzung* jeder Wissenschaft ist. Auch die Ziele, die der Wissenschaftler verfolgt, sind schließlich auf subjektiv erlebte Gefühle bezogen: Schmerzen verringern, Hunger stillen, Muße gewinnen, zu Unterhaltung und Bequemlichkeit beitragen. Selbst das vernunftbetonte Ziel, die Welt auf streng logischer Grundlage zu verstehen, ist letztlich gefühlsorientiert; man sucht damit das Erlebnis der Macht des menschlichen Geistes, der Einheit mit der Natur sowie der Schönheit und abstrakten Einfachheit ihrer Gesetzmäßigkeit. Der Mensch befriedigt seine Seele mit einer Erklärung der Welt, die geschlossen erscheint und in der doch die Seele nicht vorkommt . . . Wird dabei nicht eine umfassende Interpretation des Lebens verschenkt, wenn Wissenschaft letztlich alles, den Menschen eingeschlossen, als Objekt behandelt? Leugnet sie nicht in letzter Konsequenz den freien Willen, um einen neuen unduldsamen Kult zu verbreiten, der den Menschen als kurzlebiges Objekt in einem kalten, farblosen Universum der unentrinnbaren Mechanik irgendwelcher Weltgesetze unterwirft? Oder ist die geistige Enge, die zu solchen Auffassungen führt, nur ein Ergebnis falschen Denkens? Wie kann man die Wissenschaft in den Dienst des Menschen stellen, ohne sich von ihr beherrschen zu lassen? Ist der Anspruch der Wissenschaft auf umfassende objektive Wahrheit mit menschlicher Freiheit und Subjektivität zu vereinbaren? Diese und ähnliche Fragen betreffen letztlich die Tragweite und die Grenzen naturwissenschaftlicher Erkenntnis, ihre sinnvolle Interpretation und Anwendung.

Die Geschichte der Wissenschaft hat gezeigt, daß Vorurteile, emotionale oder weltanschaulich gebundene Argumente, leicht zu einer Unter- oder Überschätzung der Wissenschaft führen können; andererseits ergab sich aber auch, daß die rationale Analyse der Wissenschaft und ihrer Voraussetzungen mit ihren eigenen Mitteln in erstaunlicher Weise geeignet ist, ihre Tragweite und Grenzen richtig auszuloten. Zwei besonders eindrucksvolle Beispiele bietet die Geschichte der Wissenschaft in diesem Jahrhundert mit der Begründung der Atomphysik und der mathematischen Entscheidungstheorie. Die alte Physik des vorigen Jahrhunderts versagte im Bereich der Atome und Moleküle. Wenn man aber gründlich überlegt, wie denn überhaupt der physikalische Zustand eines Atoms vermessen werden kann, so zeigt sich, daß Ort und Geschwindigkeit atomarer Bestandteile nicht zugleich genau bestimmbar sind, weil jede Messung mit physikalischer Einwirkung verbunden ist und daher das Ergebnis beeinflußt. Die moderne, die sogenannte Quantenphysik, nimmt diese Unbestimmtheit in die Grundgesetze auf und erzielt gerade damit ein umfassendes Verständnis physikalischer Vorgänge, das auch den Bereich des unsichtbar Kleinen, der Atome und Moleküle, voll einschließt. Zugleich sind damit ganz neue, unerwartete Einsichten in die Beziehung zwischen Wissen und Wirklichkeit verbunden. Ein zweites Beispiel ist die Absicherung des formalen, logischen Denkens. Man fragte: Wie logisch ist die Logik? Die konsequente Anwendung der mathematisch-logischen Analyse auf die Logik selbst führt zu dem Ergebnis, daß die Widerspruchsfreiheit leistungsfähiger logischer Systeme nicht mit deren eigenen Mitteln bewiesen werden kann; dies weist uns darauf hin, daß der Formalisierung des Denkens unüberwindbare, aber dennoch dem Verstand einsichtige Grenzen gesetzt sind.

Nach dem gleichen Prinzip der möglichst konsequenten Anwendung der mathematisch-naturwissenschaftlichen Denkweise bis hin zu einer kritischen Analyse ihrer eigenen Voraussetzungen wollen wir versuchen, deren Tragweite und Grenzen für die Erklärung der belebten Natur ausfindig zu machen. Wie weit und wohin führt die

Anwendung der allgemeinsten Naturwissenschaft, der Physik, auf die komplexeste Naturwissenschaft, die Biologie? Wie weit und in welchem Sinne sind die Eigenschaften des Lebendigen im allgemeinen und des Menschen im besonderen auf der Grundlage physikalischer Gesetze und naturwissenschaftlicher Schlußweisen zu verstehen?

Ausgangspunkt der Überlegungen wird der Anspruch der Physik sein, daß ihre Grundgesetze auf alle Ereignisse in Raum und Zeit anwendbar sind; sodann werden die Grenzen der naturwissenschaftlich-mathematischen Methode erörtert, die in der Unbestimmtheit physikalischer Vorhersagen im Bereich der Atome und Moleküle, in den intuitiven Voraussetzungen des formalen Denkens, und in der Endlichkeit der Welt begründet sind. Anschließend wird das physikalische Verständnis biologischer Grundprozesse auf verschiedenen Stufen des Lebens besprochen. Dies betrifft zunächst die Mechanismen der Selbstvermehrung und Vererbung, die alle Lebewesen, selbst die einfachsten, von der unbelebten Natur unterscheiden; sodann diejenigen Eigenschaften, die bei höheren Organismen besonders ausgeprägt sind: die Entstehung verschiedener Zelltypen, Gewebe und Organe im Verlauf der Entwicklung aus der Eizelle; die Bildung ausgeprägter biologischer Formen und Gestalten; und schließlich die Steuerung des komplexen Verhaltens höherer Tiere durch Informationsverarbeitung im Nervensystem. Wenn nicht alles trügt, so gilt die Physik uneingeschränkt in der belebten Natur; ihre Grundgesetze erfassen daher alle Ereignisse in Raum und Zeit, die Welt des Lebendigen eingeschlossen. Auf dieser Basis versteht man charakteristische Eigenschaften der Organismen wie Vererbung und Gestaltbildung, Informationsverarbeitung und Verhaltenssteuerung.

Die physikalisch-biologischen Erkenntnisse treffen auch für den Menschen zu. Das bedeutet aber nicht, daß jede seiner Eigenschaften naturwissenschaftlich zu erklären und zu berechnen ist; für den Menschen gibt es über die objektive, durch unsere Sinne vermittelte Erkenntnis hinaus das unmittelbare seelische Erleben, das sich nicht ohne weiteres in eine Beschreibung der Wirklichkeit mit den Begriffen der Physik einordnen läßt. Bewußtsein ist eine Urerfahrung, die kaum auf noch allgemeinere Prinzipien zurückführbar ist. Die Frage »Was ist Bewußtsein?« läßt sich vielleicht nie befriedigend beantworten. Dafür ist eine etwas bescheidenere, aber dennoch zentrale Fragestellung der wissenschaftlichen und wissenschaftsphilosophischen Analyse eher zugänglich: Man kann sie als »Leib-Seele-Problem« bezeichnen. Bewußtes Erleben erfolgt unmittelbar, ohne Kenntnis von Gehirnprozessen; es kann anderen sprachlich mitgeteilt und damit Gegenstand wissenschaftlicher Überlegungen werden. Bewußtes Erleben setzt aber auch, wie viele wissenschaftliche Untersuchungen zeigen, die Funktion des Gehirns voraus, es ist mit Gehirnvorgängen korreliert. Als wissenschaftlicher Kern des Leib-Seele-Problems ergibt sich somit die Frage: Welche Beziehungen bestehen zwischen bewußtem Erleben einerseits und den physikalischen Zuständen und Prozessen im Nervensystem andererseits? Wenn auch alles darauf hindeutet, daß der Bewußtseinszustand in eindeutiger Beziehung zum Gehirnzustand steht, so folgt daraus doch noch nicht logisch zwingend, daß der seelische Zustand eines Menschen aus dem physikalischen Zustand seines Gehirns im Prinzip vollständig erschließbar sein müßte. Wir werden im Gegenteil die Vermutung begründen, daß die Leib-Seele-Beziehung mit endlichen Mitteln in einer endlichen Welt nicht ganz entschlüsselt – »decodiert« – werden kann; obwohl die Physik im Gehirn uneingeschränkt gilt, ist bewußtes Erleben durch rein objektivierende naturwissenschaftliche Analyse nicht vollständig zu erfassen.

Die Tragweite moderner Wissenschaft beruht auf der umfassenden Gültigkeit allgemeiner physikalischer Gesetze in allen Bereichen der belebten und unbelebten Natur. Ihre Grenzen zeigen sich immer dann, wenn Verfahren und Begriffe der Wissenschaft auf ihre eigenen Voraussetzungen angewendet werden. Die Unbestimmtheit der modernen Physik hängt mit der Einwirkung des Meßvorgangs auf die Meßergebnisse zusammen, die Unentscheidbarkeit mathematischer Sätze mit der Anwendung der Logik auf die Logik; die Wissenschaftstheorie ist deshalb nur eingeschränkt konsensfähig, weil sie mit der kritischen Analyse der wissenschaftlichen Methoden letztlich auch sich selbst in Frage stellt; und Grenzen der Decodierbarkeit der Leib-Seele-Beziehung zeigen, daß das Bewußtsein sich selbst nicht ganz begreifen kann – auch nicht auf dem Umweg über eine naturwissenschaftliche Analyse des Gehirns. So leistungsfähig die moderne Wissenschaft für die Erklärung der Natur ist, ihre eigenen Voraussetzungen kann sie nicht vollständig erfassen. Daher läßt sich auch auf der philosophischen, »metatheoretischen« Ebene die Rätselhaftigkeit, die Mehrdeutigkeit der Welt nicht aufheben. Diese Einsicht zeigt aber nicht nur prinzipielle Grenzen objektiven Wissens auf, sie begründet zugleich die Freiheit zu einer mit der wissenschaftlichen Erkenntnis konsistenten, aber dennoch kreativen Interpretation des Menschen und der Welt. Ein dem neuen Wissensstand entsprechendes und eben darum bescheideneres Selbstverständnis der Wissenschaft führt schließlich auch zu einem entkrampften Verhältnis wissenschaftlicher Rationalität zu verschiedenen Religionen und Kulturen. Die Ideologie der Wissenschaft als Religionsersatz hält einer kritischen Analyse nicht stand; die moderne Naturwissenschaft und ihre philosophische Interpretation ist mit einem aufgeklärten kulturellen Pluralismus vereinbar.

I. Physik – die Grundlage der objektiven Naturwissenschaften

Will man den Erklärungswert der Physik für die Biologie erkennen, so ist zunächst ein tieferes Verständnis der Grundgesetze der Physik selbst erforderlich. Das Anwendungsgebiet der Physik ist umfassend, sie ist Grundlage jeder objektiven Naturwissenschaft. Prozesse, die an einzelnen Atomen und Molekülen stattfinden, sind jedoch nur in Grenzen meßbar und vorausberechenbar, da jede Messung auch das Meßergebnis beeinflußt. Diese Unbestimmtheit ist in den Grundgesetzen der modernen Physik verankert. Sie ergeben keine anschauliche Beschreibung der Wirklichkeit, sondern eine Theorie des möglichen Wissens. Die Zukunft ist nicht bereits durch den physikalischen Zustand der Gegenwart vollkommen festgelegt, sondern in wesentlichen Aspekten offen.

1. Was ist Physik?

Die Physik erfaßt Vorgänge in Raum und Zeit, die objektiver Beobachtung und Messung zugänglich sind. Ihr Ziel ist es, die Vielzahl der Prozesse und die Mannigfaltigkeit der Eigenschaften der Natur auf der Basis weniger, sehr allgemeiner Grundgesetze zu erklären. Einige physikalische Gesetze kannte man schon im Altertum, besonders im Bereich der Mechanik. Niemand konnte damals aber ahnen, daß sich die Physik zu einem so geschlossenen und weitreichenden Denk- und Erklärungssystem entwickeln ließe, wie dies in den letzten dreihundert Jahren geschehen ist.

Physikalische Gesetze erfassen Vorgänge in Raum und Zeit

Der modernen Physik liegen allgemeine Naturgesetze über den Zusammenhang zwischen Kräften und Bewegungen zugrunde. Die Gesetze der Mechanik erlauben den Astronomen genaue Voraussagen über die Bewegung der Planeten. Konstrukteure und Architekten können die Eigenschaften von erdachten Maschinen oder Bauten bestimmen und auf diese Weise Projekte nach menschlichen Wünschen und Zwecken ausrichten. Ihre umfassende Bedeutung erhielt die Physik aber erst, als scheinbar »unmechanische« Bereiche der Natur, wie Chemie, Elektrizität, Wärme und Strahlung, in eine erweiterte Mechanik einbezogen wurden. Materie ist aus vielen kleinen Bestandteilen zusammengesetzt; chemische Stoffe bestehen aus Molekülen, Moleküle aus Atomen, Atome aus Kernen und Elektronen. Die Eigenschaften der sichtbaren Gegenstände werden verständlich, wenn man die Gesetze kennt, die die unsichtbar kleinen Bestandteile der Materie befolgen. Licht und Strahlung lassen sich ebenfalls in die Grundgesetze der Physik einbeziehen. In mathematischer Form sind sie einfach und von abstrakter Schönheit.

Die moderne Physik mit diesem weiten Geltungsbereich heißt aus historischen Gründen, denen wir nicht nachgehen wollen, die »Quantenphysik«. Mit ihr ist die Physik zwar noch nicht vollendet; im Bereich sehr hoher Energie, bei der die gewöhnlich recht stabilen Bestandteile der Atome (wie Protonen, Neutronen, Elektronen) entstehen oder vernichtet werden können, wird die Suche nach neuen oder erweiterten Grundgesetzen der Physik fortgesetzt. Dies ist besonders für ein Verständnis der elementaren Bestandteile der Materie, sowie der Entstehung und Entwicklung des Universums von Bedeutung. Wenn nicht alles trügt, ist die Physik aber mit den Grundgesetzen der Quantentheorie für den Energiebereich abgeschlossen, in dem sich die Vorgänge normalerweise in der uns umgebenden Natur auf der Erde abspielen. Nicht nur chemische, geologische und meteorologische, sondern auch biologische und biochemische Prozesse fallen in diesen Energiebereich. Es besteht kein Zweifel, daß die Gesetze der Physik die Erklärungsgrundlage für die Chemie, Geologie und Meteorologie sind; gelten sie aber auch für den Bereich des Lebendigen, gelten sie dort ohne Abstriche oder Ergänzungen? Dies ist nicht logisch selbstverständlich – es könnte ja zum Beispiel Kräfte geben, die allein in der belebten, nicht aber der unbelebten Natur wirken. Entscheidbar ist die Frage daher nur durch Beobachtung und Experiment. Wie wir sehen werden, ist sie entschieden, und zwar im positiven Sinn: Die Physik gilt in der belebten Natur und bildet die Basis für das Verständnis biologischer Prozesse.

Bevor wir aber den biologischen Erkenntnissen nachgehen, sei zunächst allgemein die Rolle der Physik als Grundlage der Naturwissenschaften erörtert. Was sind überhaupt physikalische Grundgesetze? Was bedeutet es, wenn Eigenschaften der Natur mit Hilfe des logischen Denkens letztlich auf diese Grundgesetze zurückgeführt – also physikalisch erklärt werden?

Ist Physik »materialistisch«?

Im Bewußtsein vieler Menschen wird »physikalisch« mit Begriffen wie »mechanistisch«, »materialistisch«, »deterministisch« assoziiert. Reduziert die Physik die ganze Natur, den Menschen eingeschlossen, auf ein System mechanischer Bestandteile? Dies wäre in der Tat naheliegend, wenn man bei dem Wort »Physik« an die anschauliche Mechanik denkt, die bis in das vorige Jahrhundert hinein entwickelt wurde. Sie war Grundlage der Industrialisierung, vom mechanischen Webverfahren bis zur Nutzung der Dampfkraft. Die scheinbar uneingeschränkte Anschaulichkeit, Leistungsfähigkeit und Berechenbarkeit dieser Mechanik führte zu dem Glauben, ihre Denkweise sei für das Verständnis der Welt im ganzen angemessen. Das ergab in letzter Konsequenz ein materialistisches Welt- und Menschenbild; demgemäß sollten auch geschichtliche Entwicklungen einem deterministischen, gleichsam naturgesetzlichen Ablauf unterliegen. Selbst Wertfragen wurden manchmal aus einem mechanischen Weltverständnis heraus beantwortet – ein berüchtigtes Beispiel ist die Übertragung von Ideen der biologischen Evolutionstheorie, der angeblich natürlichen Auslese der Tüchtigsten, auf Organisation und Wertvorstellungen der menschlichen Gesellschaft. Fragen nach Sinn und Ziel des Lebens wurden nicht selten als unwissenschaftlich und damit irrelevant abgetan, weil sie nicht »objektiv« sind. Was auch immer der philosophische Standpunkt des Einzelnen sein mag, solche geistige Enge ist im Bereich der exakten Wissenschaften, zumal der Mathematik und Physik unserer Zeit selten geworden. Die Gründe liegen nicht zuletzt in der Entwicklung der Physik selbst: Die alte Mechanik versagte bei der Anwendung auf Atome und Moleküle. Sie bietet zum Beispiel keinerlei Erklärung dafür, daß sich Sauerstoff mit Wasserstoff zu Wasser verbindet. Die moderne Quantenphysik aber, deren Geltungsbereich Atome und Moleküle einschließt, brachte zugleich neue, vertiefte Einsichten in Tragweite und Grenzen der Naturwissenschaften im allgemeinen, und der physikalischen Grundgesetze im besonderen. Sie ist charakterisiert durch mehr philosophische Offenheit, ein gewisses Maß an physikalischer Unbestimmtheit, einen Verzicht auf Anschaulichkeit, aber auch mehr erkenntniskritische Klarheit. All dies ist wesentlich, um schließlich auch die Bedeutung der Physik für die Biologie richtig einzuschätzen.

Die alte Mechanik versagte im Bereich der Atome

Ausgangspunkt der Betrachtungen soll zunächst das Weltbild der ursprünglichen, heute »klassisch« genannten Mechanik des vorigen Jahrhunderts sein. Sie beruht auf Erfahrungen und Experimenten in unserer makroskopischen Umwelt der sichtbar großen Körper und ist dort vielfach bestätigt. Das wichtigste Grundgesetz lautet: Kraft ist gleich Masse mal Beschleunigung – also Beschleunigung, Veränderung der Geschwindigkeit mit der Zeit, ist gleich Kraft durch Masse. Sind in einem System von Bestandteilen die zwischen ihnen wirkenden Kräfte bekannt, so gestattet das Grundgesetz, aus der Lage und Geschwindigkeit der Bestandteile in der Gegenwart die Lage und Geschwindigkeit der Bestandteile in der Zukunft zu berechnen. Wäre diese Mechanik universell gültig, so wären alle Ereignisse in Raum und Zeit vollständig und gleichzeitig objektiv meßbar, die Genauigkeit unserer Kenntnis hinge nur von unseren Anstrengungen ab. Im Prinzip wären deshalb auch alle Prozesse in der Zukunft beliebig detailliert und genau berechenbar, sie wären durch den Zustand der Gegenwart vollkommen »determiniert«. Bei konsequenter Anwendung bedeutet dieses Prinzip, daß der gesamte Verlauf der Weltgeschichte bereits durch die Konfiguration der Materie zur Zeit der Weltentstehung vollständig festgelegt gewesen wäre.

In den beiden ersten Jahrzehnten unseres Jahrhunderts versuchte man zunächst, auch die Welt der Atome und Moleküle mit den Grundvorstellungen der klassischen Mechanik zu erklären; dabei verfing man sich aber in unauflösbaren Widersprüchen. So sollten zum Beispiel Elektronen, die um Atomkerne kreisen, ständig Strahlung aussenden, bis sie in den Kern fallen – was sie aber nicht tun. Diese Widersprüche wurden erst mit der Entwicklung einer veränderten Mechanik, eben der Quantenphysik aufgelöst. Sie ist keine »Gegenmechanik«; sie schließt die »klassische« Mechanik als Grenzfall für solche Objekte ein, die aus sehr vielen Atomen bestehen. Die alte Mechanik bleibt also für sichtbar große Gegenstände gültig; im atomaren Bereich wirkt sich die Quantenphysik jedoch völlig anders aus und führt zu einer durch viele Experimente genau bestätigten Erklärung von Prozessen, an denen Elektronen, Atome, Moleküle und Licht beteiligt sind.

Die Quantenphysik umfaßt Atome und Moleküle

Inwiefern zwingt uns die Quantenmechanik zu einem Umdenken hinsichtlich der Grundlagen und Tragweite der Physik? Im Bereich der Atome und Moleküle kann man verschiedene physikalische Größen eines Objekts immer nur mit begrenzter Genauigkeit messen. Möchte man den Ort eines Moleküls genau bestimmen, so braucht man hierzu Licht kurzer Wellenlänge. Die entsprechenden »Lichtpartikel« haben eine große Stoßkraft; sie verändern die Geschwindigkeit des zu messenden Teilchens beim Zusammenstoß in unvorhersehbarer Weise. Eine Vielzahl von Laborversuchen und noch mehr Gedankenexperimenten haben diese Unbestimmtheit bestätigt. Gerade die Größen, die man zur genauen Vorhersage des künftigen Verhaltens eines Teilchens auf Grund der Mechanik eigentlich braucht, wie Ort *und* Geschwindigkeit, sind *nicht* gleichzeitig genau meßbar. Man kann sie nur mit Hilfe von Instrumenten bestimmen, die ihrerseits aus Atomen und Molekülen bestehen. Wenn das gemessene Objekt aber so klein ist wie die kleinsten Bestandteile des Meßgeräts, so ändert der Meßprozeß – also die Wechselwirkung zwischen der Meßapparatur und dem vermessenen Objekt – in erheblichem Maße den Zustand des Objekts, etwa dessen Lage und Geschwindigkeit. Da wir die genaue Lage und Geschwindigkeit der Atome und Moleküle im Meßgerät nicht kennen, so können wir auch nicht die Veränderung am gemessenen Objekt vorhersagen: Das Ergebnis der Messung ist in gewissen Grenzen unbestimmt. Man könnte nun auf den Gedanken kommen, das Meßinstrument mit Hilfe eines Supermeßinstrumentes genauestens zu vermessen; aber dieses Superinstrument enthält wiederum Teilchen mit unbekannten Eigenschaften, so daß ein solches Verfahren letztlich die Unbestimmtheit nicht auflöst. Da nun die Daten für einzelne Atome und Moleküle nicht genau zu messen sind, ist auch ihr zukünftiger Zustand nicht genau berechenbar: Man kann zum Beispiel grundsätzlich nicht vorhersagen, wann ein bestimmtes Radiumatom radioaktiv zerfällt. Über eine große Anzahl von Atomen lassen sich natürlich Mittelwerte bilden und statistische Vorhersagen machen. Die Zahl der Atomzerfälle pro Sekunde in einem Gramm Radium läßt sich sehr genau angeben. Dies gilt auch für alle anderen Eigenschaften von Gegenständen, die aus sehr vielen Atomen bestehen, sofern die Eigenschaften Mittelwerte über das Gesamtsystem sind, wie Lage und Geschwindigkeit des Schwerpunktes oder die Temperatur; die Statistik über Milliarden von Milliarden von Atomen ist so genau, daß die Unbestimmtheit so gut wie aufgehoben ist. Deswegen steht die klassische Physik der sichtbaren,

Atome sind nicht vollständig »vermeßbar«

großen Gegenstände nicht im Gegensatz zur Quantenphysik, sondern ist als Grenzfall in dieser enthalten.

»Zustand« und Wahrscheinlichkeit

Die Quantenphysik ist nun so beschaffen, daß die Unbestimmtheit atomarer Einzelereignisse eine allgemeine, mathematisch zwingende Konsequenz der physikalischen Grundgesetze ist. Die Bewegungsgleichungen enthalten nicht unmittelbar die »wahren« Orte und Geschwindigkeiten einzelner Teilchen – die wären ja grundsätzlich nicht genau meßbar – sondern den »Zustand« eines physikalischen Systems, zum Beispiel eines Wasserstoffatoms. Dieser »Zustand« wird zunächst durch eine Funktion beschrieben, die zwar ziemlich abstrakt ist, die aber indirekt gerade so viel – und nicht mehr – an Informationen enthält, wie im Rahmen der Unbestimmtheit von Ort und Geschwindigkeit der Bestandteile auch tatsächlich meßbar ist. Es gibt einfache feste Regeln, nach denen diese Zustandsfunktion aus Meßdaten (z. B. der Orte, der Geschwindigkeit oder der Energie von Teilchen) gebildet wird. Die Bewegungsgleichungen der Quantenphysik geben die Änderung der Zustandsfunktion mit der Zeit wieder. Aus den berechneten »Zuständen« der Zukunft lassen sich wiederum nach bestimmten Regeln physikalisch meßbare Größen – Energie, Ort, Geschwindigkeit – ableiten. Dabei ergeben sich aber im allgemeinen keine beliebig genauen Werte, sondern Wahrscheinlichkeiten und Mittelwerte für künftige Meßergebnisse. Mit anderen Worten: Hat man an einem physikalischen System bestimmte Meßdaten gewonnen, so kann man aus ihnen mit Hilfe der Quantenphysik die Wahrscheinlichkeiten für weitere Meßdaten berechnen.

Heisenbergs Unschärfenrelation

Die Ungenauigkeit der *gleichzeitigen* Bestimmung von Ort und Geschwindigkeit eines Teilchens ist eine Eigenschaft der Zustandsfunktion und somit ein Urbestandteil der physikalischen Grundgesetze. Die Unbestimmtheit atomarer Einzelereignisse ist ebenso tief in ihnen verankert wie etwa der Satz von der Erhaltung der Energie; sie wird nach ihrem Entdecker die Heisenbergsche Unschärfenrelation genannt. Die Quantenphysik hat unser Verständnis der Natur entscheidend erweitert. Sie ist durch unzählige Experimente im Bereich der Atome und Moleküle hervorragend bestätigt;

somit ist auch die Unbestimmtheit als eine gesicherte Eigenschaft der modernen Physik anzusehen.

Die bloße Erkenntnis, daß es eine Unbestimmtheit gibt, nötigt uns allerdings noch nicht zu einem radikalen Verzicht auf eine anschauliche Wirklichkeit. Wir könnten uns zunächst vorstellen, daß sich auch im unsichtbar kleinen Bereich der Atome wirkliche Teilchen auf wirklichen Bahnen bewegen. Zwar können wir diese Bahnen nicht im einzelnen bestimmen – nur über Wahrscheinlichkeiten läßt sich etwas sagen – aber die Wahrscheinlichkeiten könnten durch Mittelwerte über zahlreiche *wirkliche* Bahnen gegeben sein. Der naturphilosophisch revolutionäre Sachverhalt der Quantenphysik besteht gerade darin, daß dieser Gedanke zu großen Schwierigkeiten führt. Die anschauliche Mechanik der Teilchen und ihrer Bahnen ist nämlich grundsätzlich nicht in den atomaren Bereich übertragbar. Dies läßt sich am Beispiel eines berühmten Experiments erläutern: Man stellt einem Strahl von Elektronen einen Schirm mit zwei Löchern in den Weg. Die beiden Löcher sind so weit voneinander entfernt, daß keine physikalischen Kräfte vom Bereich des einen auf den Bereich des anderen wirken. Hinter dem Schirm plaziert man eine Photoplatte. Wo Elektronen auftreffen, gibt es eine Schwärzung. Schließt man eines der beiden Löcher, so erhält man eine bestimmte Verteilung der Schwärzung; schließt man das andere, so ergibt sich eine andere Verteilung. Was geschieht, wenn man beide Löcher aufmacht? Haben sich wirkliche Teilchen auf wirklichen Bahnen durch diese Löcher bewegt, so sollte jedes Elektron, das auf der Photoplatte ankam, entweder durch das eine, oder durch das andere Loch geflogen sein. Was auch immer beim Flug eines Elektrons durch ein einzelnes Loch passieren mag, man erwartet in jedem Fall auf der Photoplatte die Summe der Verteilungen, die man mit jeweils einem offenen Loch bekommt. Das Experiment widerlegt diese Annahme aber vollkommen: Die Verteilung bei zwei offenen Löchern ist gänzlich anders als die Summe der Verteilungen bei jeweils einem offenen Loch. Die Quantenphysik gibt dieses Experiment genau und richtig wieder, obwohl es unserer Anschauung widerspricht, nach der jedes einzelne Teilchen auf einer bestimmten Bahn, also auch durch ein bestimmtes von beiden Löchern geflogen sein muß.

Wie ist das zu verstehen, welche Beziehung von Erkenntnis und Realität entspricht der Quantenphysik? Eine konsequente, philosophisch revolutionäre Interpretation geht auf zwei Begründer der Quantentheorie, auf Bohr und Heisenberg, zurück und wird von den meisten Physikern für richtig gehalten. Sie besagt, daß sich Naturwissenschaft auf das beschränken soll, was prinzipiell beobachtbar und meßbar ist. Genau das leistet die Quantenphysik. Sie ist eine Theorie dessen, was wir messen und wissen können und beschränkt sich eben deshalb im atomaren Bereich auf Wahrscheinlichkeitsaussagen. Der Verlust an Anschaulichkeit ist dabei unvermeidlich.

Die moderne Physik: Theorie des möglichen Wissens

Diese Interpretation hat manche Physiker (wie Planck und Einstein) nicht befriedigt. Man fragte, ob hinter den Wahrscheinlichkeitsaussagen der Quantentheorie nicht doch eine »richtige« Mechanik steckt, vielleicht mit anderen Gesetzen als die alte, aber doch mit wirklichen Teilchen, die sich nach festen Gesetzen auf wirklichen Bahnen bewegen. Einige Physiker haben den Versuch unternommen, eine solche »Theorie hinter der Theorie« zu entwickeln. In der Tat kann man das Teilchen- und Bahnenkonzept erhalten, wenn man bestimmte Annahmen über erlaubte und unerlaubte Bahnen macht, die ihrerseits von der Geometrie des Experimentes abhängen. Dieses Konzept bestreitet weder die Gültigkeit der quantentheoretischen Formeln noch die Tatsache, daß für uns als Beobachter die Unbestimmtheit der Quantentheorie gilt und unüberwindlich ist. Dahinter aber gäbe es eine reale Mechanik, die allerdings unseren Messungen und Erkenntnissen gänzlich unzugänglich wäre. Der Preis für eine solche Interpretation mit verborgenen Vorgängen, die der Beobachtung grundsätzlich entzogen sind, ist aber hoch. Die hierbei erforderlichen Annahmen über erlaubte und unerlaubte Bahnen bedeuten einen großen und schwer einsehbaren Bruch mit der Physik, wie wir sie kennen; ein Nettogewinn an Anschaulichkeit und Realität wird also durch diese Auffassung kaum erzielt. Erkenntniskritische Argumente sprechen vielmehr für die Interpretation von Bohr und Hei-

Ist die Anschaulichkeit der alten Mechanik zu retten?

senberg. Diese verzichtet auf verborgene Parameter, die keinerlei Beobachtung zugänglich sind, und sieht die Physik als die Theorie unseres möglichen Wissens von der Natur an; die Gesetze enthalten in sich von vornherein die Erkenntnis, daß dieses Wissen begrenzt und nicht allumfassend ist. Daß dies im atomaren Bereich unsere Anschauungen von den Bewegungen raumerfüllender Körper auf bestimmten Bahnen verletzt, ist nicht verwunderlich. Anschauung ist eine Eigenschaft unseres Gehirns; sie entwickelte sich im Laufe der Evolution und ist an die sichtbare Umwelt angepaßt. Im Bereich der unsichtbar kleinen Dimensionen der Atome und der unvorstellbar großen des Kosmos, die sich nur indirekt mit Hilfe der neuzeitlichen Wissenschaft erschließen lassen, bieten die angeborenen Formen menschlicher Anschauung keine verläßliche Basis der Erkenntnis mehr. Dies ist vielleicht weit weniger verwunderlich als die bemerkenswerte Fähigkeit des Menschen, mit der naiven, als Ergebnis der Evolution verständlichen Anschauung zu brechen, um gerade dadurch zu einer zwar abstrakten, aber doch umfassenden Erklärung der Prozesse im Bereich des unsichtbar Kleinen zu gelangen.

Wenngleich die meisten Physiker die Unbestimmtheit als letzte Antwort, als »wirkliche« Eigenschaft der Natur ansehen, so ist doch festzuhalten, daß auch andere Auffassungen weiterhin bestehen. Manche Wissenschaftsphilosophen bestreiten nicht die Gültigkeit der modernen Physik samt ihrer »indeterministischen« Konsequenz, daß die Welt für uns grundsätzlich nicht vollständig berechenbar ist – sie vermuten aber dennoch einen »deterministischen« Ablauf aller Ereignisse, der durch Daten und Gesetze jenseits der Grenzen unseres Wissens, ja sogar *jenseits jeder anschaulichen Wirklichkeit* festgelegt sein könnte. Diese Vermutung ist nun aber keine physikalische Theorie mehr, die durch Experimente geprüft werden könnte. Sie ist vielmehr »meta-theoretisch«; sie betrifft nämlich das Vorverständnis der Physik, besonders die Beziehung zwischen Erkenntnis und Wirklichkeit. Für das Vorverständnis können auch kultur- und persönlichkeitsbezogene Einstellungen eine Rolle spielen. Ein bedeutender Verhaltensforscher bemerkte einmal, der Determinismus sei doch vorwiegend Temperamentssache: Optimisten sehen die Zukunft gerne offen, also nicht determiniert, während Pessimisten eher zum Fatalismus und damit zum Determinismus neigen. Auch wenn die Zusammenhänge nicht ganz so einfach sind – eine Beziehung zwischen wissenschaftsphilosophischen Vorannahmen und »Lebensgefühl« ist durchaus plausibel. So klar und umfassend die Physik in ihren naturwissenschaftlichen Aussagen ist, ihre metatheoretischen Voraussetzungen sind mehrdeutig, sie erlauben verschiedene philosophische Interpretationen.

Die moderne Physik ist philosophisch mehrdeutig

2. Die Zukunft ist offen

Die Unbestimmtheit der Quantenphysik hat mannigfache Überlegungen ausgelöst, welche Folgen daraus für das menschliche Welt- und Selbstverständnis erwachsen. Eine der wichtigsten Konsequenzen lautet: Die Zukunft ist offen.

Wie schon bemerkt, wirkt sich bei Gegenständen im Bereich des Sichtbaren die Quantenunbestimmtheit auf all die physikalischen Eigenschaften, die sich als Mittelwerte über Vorgänge an sehr vielen Atomen ergeben, nicht merklich aus. Andererseits gibt es aber sowohl in der unbelebten wie in der belebten Natur auch solche Erscheinungen im Großen, die von Ereignissen an *einzelnen* Atomen oder Molekülen ausgelöst werden und daher der Quantenunbestimmtheit unterworfen sind. Dies trifft zum Beispiel für künstliche Meßanordnungen zu, die den radioaktiven Zerfall eines einzelnen Atoms zu einem hörbaren Laut verstärken. Es gilt aber auch für natürliche Prozesse, bei denen kleine Ursachen starke Auswirkungen hervorrufen: Dabei entstehen zunächst zufällig unsichtbar kleine »Keime«, die dann die Bildung größerer Strukturen auslösen, etwa die Bildung eines Kristalls in einer Flüssigkeit oder einer Turbulenz in der Atmosphäre. Kleinste Schwankungen im Zustand der Materie durch zufällige Temperaturbewegungen können entscheiden, ob und wo ein Kristall, ein Tropfen, eine Wolke oder ein Wirbel entsteht. Befände sich ein einzelnes Molekül

Manche atomaren Vorgänge haben Auswirkungen im Großen

zu einer gegebenen Zeit an einer auch nur etwas anderen Position, so würde sich hieraus ein völlig verschiedener Gesamtzustand im Großen entwickeln. Die geringste Unsicherheit in der Bestimmung des gegenwärtigen Zustandes eines physikalischen Systems macht seine Zukunft dann gänzlich unberechenbar, »chaotisch«. Diese Zusammenhänge wurden von einem faszinierenden Zweig der neueren Mathematik, der Theorie des Chaos, analysiert. Manche Wissenschaftler sind der Auffassung, daß chaotische Vorgänge schon im Rahmen der anschaulichen, alten Mechanik unbestimmt sind. Was praktische Berechenbarkeit angeht, trifft dies sicher zu. Eine prinzipielle Begründung ergab aber doch erst die Quantenphysik. Die Quantenunbestimmtheit setzt für die Vermeßbarkeit der physikalischen Zustände in der Gegenwart bestimmte, quantitative Grenzen. Daraus ergibt sich ganz unmittelbar, daß künftige Ereignisse, bei denen kleine Schwankungen und Veränderungen sehr verstärkt werden, auch bei größtem Rechenaufwand nicht vorhersagbar sind. Dies betrifft zum Beispiel das Wetter: Auch wenn alle anderen Schwierigkeiten überwunden wären – in letzter Konsequenz setzt die Quantenunbestimmtheit einer langfristigen, verläßlichen und genauen Wettervorhersage unüberwindliche Grenzen.

Theorie des Chaos

Für den Bereich des Lebendigen sind Vorgänge, bei denen Veränderungen an einzelnen Molekülen Auswirkungen im Großen haben, von ganz besonderer Bedeutung. Hierzu gehören die Mutationen; dies sind Veränderungen von Erbeigenschaften der Organismen, die durch chemische Veränderungen der Erbsubstanz ausgelöst werden. Die Reaktion eines einzelnen Moleküls mit einer einzelnen Gruppe von Atomen der Erbsubstanz reicht aus, um die Erbeigenschaften eines ganzen Organismus zu verändern. Solche Mutationen unterliegen, wie jede Veränderung an einem einzelnen Atom oder Molekül, der Unbestimmtheit der Quantenphysik. Ebenso gilt die Unbestimmtheit für den Prozeß der *Rekombination* der Erbsubstanz, die die Merkmale der Lebewesen bei der geschlechtlichen Vermehrung festlegt: Bei der zweigeschlechtlichen Vermehrung erhält jeder neu gebildete Organismus eine zufällige Kombination der Erbsubstanz beider Eltern. Hierbei wird oft ein Bruchstück eines Chromosoms von einem Elternteil mit dem ergänzenden Bruchstück des Chromosoms des anderen Elternteils neu verbunden. Für die Nachkommen zweier Eltern gibt es eine ungeheuere Vielfalt denkbarer Kombinationsmöglichkeiten von Chromosomen und Chromosomenteilen. Die Eigenschaften jedes Lebewesens hängen entscheidend davon ab, welche unter den vielen möglichen Kombinationen der Erbsubstanz der Eltern wirklich stattgefunden haben. An welcher Stelle jedoch im Einzelfall Chromosomen gebrochen und verbunden werden, hängt von zufälligen Temperaturbewegungen und chemischen Reaktionen einzelner Moleküle ab; für sie gilt die Unbestimmtheit der Quantentheorie. Das hat die weitreichende Folge, daß die Eigenschaften aller künftig gezeugten Lebewesen der Quantenunbestimmtheit unterliegen und grundsätzlich nicht aus dem physikalischen Zustand der Gegenwart berechenbar sind.

Beispiel physikalischer Unbestimmtheit: sexuelle Vermehrung

Molekülvorgänge, für die die Unbestimmtheit gilt, sind vermutlich auch bei der Entstehung bestimmter Krankheiten (wie Krebs) sowie bei manchen Störungen der Entwicklung des frühen Embryos (z. B. durch Einfluß von Drogen während der Schwangerschaft) beteiligt. Vielleicht gibt es sogar Gehirnprozesse, die der Quantenunbestimmtheit unterliegen. Es ist denkbar, daß Reaktionen an einzelnen Molekülen als Zufallsgeneratoren wirken, und so beispielsweise spontanes, explorierendes Verhalten eines Tieres (Ausprobieren oder Suchen) auslösen. In derartigen Fällen wäre das Verhalten grundsätzlich nicht in jeder Einzelheit im voraus berechenbar.

Alle genannten Merkmale, die physikalisch unbestimmt sind oder sein könnten – das Wetter, die Konstitution von Organismen, die bei der Fortpflanzung neu entstehen, manche Krankheiten, spontanes Verhalten von Tieren und Menschen – beeinflussen auf mannigfache direkte und indirekte Weise die zukünftige, für einen Menschen bedeutsame Umwelt im Großen. Während im Rahmen der deterministischen Annahmen der klassischen Physik in letzter Konsequenz jedes Ereignis zu jeder Zeit bereits in der atomaren Konfiguration zur Zeit der Weltentstehung enthalten gewesen wäre,

Die Zukunft ist nicht vollständig berechenbar

ergibt die moderne Physik eine offene Zukunft des menschlichen Umfeldes mit einer sehr großen Zahl wesentlich verschiedener Möglichkeiten.

Die Unbestimmtheit, die in den Grundgesetzen der Physik verankert ist, betrifft streng genommen nicht nur die Zukunft, sondern auch das Wissen von der Vergangenheit. Aus der Geschichte kennt man steinerne Zeugen, das geschriebene Wort und andere Indizien, die die Zeit überdauert haben. Sie dokumentieren, was früher »wirklich« war. Dieses Wissen ist aber unvollständig; vieles, was einmal das Leben der Menschen bestimmt hat, die meisten ihrer Aussprüche und Gedanken sind aus der Gegenwart nicht mehr erschließbar. Selbst wenn man im Gedankenexperiment den gegenwärtigen Zustand aller Atome der Welt vermessen würde und wenn man einen beliebig großen Computer beliebig lang rechnen ließe – man könnte doch vergangene Zustände nicht vollständig ermitteln. Die Gesetze der Physik, die aus dem Zustand zu einer Zeit Schlüsse auf den Zustand zu anderen Zeiten ermöglichen, gelten für beide Zeitrichtungen, und deswegen setzt die Quantenunbestimmtheit auch prinzipielle Grenzen für die Berechnung früherer Zustände aus Zuständen der Gegenwart. Die in den Wind gesprochenen Worte großer Männer der Vergangenheit sind nicht einmal indirekt in der objektiv beobachtbaren physikalischen Konfiguration unseres gegenwärtigen Universums enthalten; sie sind wirklich und vollständig verschwunden. Vielleicht verdient diese Konsequenz der modernen Physik, die bisher wenig beachtet wurde, geschichtsphilosophisches Interesse. In jedem Fall hat aber die Quantenunbestimmtheit Konsequenzen für die Zeitrichtung der Zukunft. Zwar sind in vielen Beziehungen statistische, in mancher Hinsicht auch gesicherte Vorhersagen auf Grund physikalischer Gesetze möglich – es gibt aber auch wesentliche Aspekte der Zukunft, die auf keine noch so aufwendige und raffinierte Weise aus dem gegenwärtigen physikalischen Zustand der Welt zu erschließen sind.

3. Die Physik als Grundlage der Naturwissenschaften

So charakteristisch für die moderne Physik ihre philosophische Offenheit und die Grenzen der Berechenbarkeit der Zukunft sind, so sehr ist doch zu betonen, daß die Quantenphysik nicht weniger, sondern viel mehr leistet als die alte Mechanik. Ihr Anwendungsgebiet ist umfassend: Im Prinzip kann man mit Hilfe der Grundgesetze das Verhalten jedes Systems berechnen, das aus Atomen und Molekülen besteht. Wenn sie für die gesamte Natur einschließlich der belebten Welt gelten, so bilden sie die Erklärungsgrundlage aller objektiven Naturwissenschaften.

Verschiedene Formen physikalischer Grundgesetze

Grundgesetze sind die »obersten« Gesetze im Gedankengebäude der Physik, die nicht mit noch allgemeineren Gesetzen zu begründen sind. Aus ihnen lassen sich die anderen Naturgesetze ableiten, sowohl im Rahmen von Spezialgebieten als auch für das Gesamtgebiet der Physik. Geht man von Grundgesetzen in Form der Bewegungsgleichungen aus, die Veränderungen der Geschwindigkeiten unter dem Einfluß von Kräften beschreiben, so ergibt sich als allgemeine mathematische Konsequenz der Satz von der Erhaltung der Energie. Bei genauer Betrachtung stellt sich nun aber heraus, daß wir gar nicht gezwungen sind, die Bewegungsgleichungen als »oberste« Grundgesetze anzusehen. Zwar kann der Energiesatz aus den Bewegungsgleichungen abgeleitet werden; man kann aber auch umgekehrt die Bewegungsgleichungen aus einer Gruppe von Sätzen herleiten, zu denen der Energiesatz gehört. Es gibt also mehr als eine Möglichkeit, Grundgesetze in das System der Physik einzuführen. Statt der Bewegungsgleichungen kann man Erhaltungssätze wählen: In einem Gesamtsystem ändern sich bestimmte Größen wie Energie, Impuls und Drehimpuls nicht. In einem verborgenen, aber mathematisch streng begründbaren Zusammenhang mit *Erhaltungssätzen* stehen Eigenschaften der *Symmetrie* physikalischer Gesetze: Sie sollen sich nicht ändern, wenn man sie auf die Koordinaten eines Gegenstandes bezieht, den man im Raum gleichförmig bewegt, oder um einen Winkel dreht, oder ein Stück verschiebt, und sie sollen im Laufe der Zeit gleich bleiben. Eine weitere mögliche Form von Grundgesetzen sind Optimierungsprinzipien: Ein System verhält sich so, daß bestimmte Größen den größten oder kleinsten möglichen Wert annehmen. Hierzu gehört das Prinzip der »kleinsten Wirkung« in der Mechanik, und das Prinzip des »kürzesten optischen Lichtwegs« in der Optik, wobei »Wirkung« und »Lichtweg« geeignet (und ziemlich abstrakt) definiert sind. Auch »es geht nicht«-Theoreme eignen sich als Grundgesetze. Zwei Beispiele: Man kann Energie nicht »neu« erzeugen, sondern nur von einer Form in eine andere verwandeln. Man kann den absoluten Nullpunkt der Temperatur nicht wirklich erreichen.

Wir haben somit – in Grenzen – eine gewisse Freiheit zu befinden, was wir als grundlegend (und damit auch als nicht weiter begründbar), und was wir als abgeleitet ansehen wollen – man kann mit der Wahl verschiedene intuitive Vorlieben befriedigen. Regeln der Symmetrie, so abstrakt sie auch sein mögen, sprechen das ästhetische Empfinden an; Erhaltungssätze faszinieren durch ihre Einfachheit und befriedigen eine konservative Grundstimmung; Extremalprinzipien (»die Natur verhält sich so, daß bestimmte Größen optimiert werden«) geben Gesetzen einen zielgerichteten Anstrich; »es geht nicht«-Sätze betonen eher, daß man nicht alles kann, was man will, zum Beispiel Energie aus nichts gewinnen. Dennoch besteht Anlaß, unter allen möglichen Formen den Bewegungsgleichungen (allgemeiner im Sinne der Quantenphysik ausgedrückt: den Gesetzen dynamischer Zustandsänderungen) den Vorzug zu geben, da sie sich auf jeden objektiv beobachtbaren Prozeß unmittelbar anwenden lassen. Sie erlauben Vorhersagen und den Vergleich von Folgen verschiedener Handlungen und Konstruktionen. Ihre entscheidende Dimension ist die Zeit: Sie verbinden die Zukunft mit der Gegenwart; Tragweite und Grenzen der Physik lassen sich am ehesten auf ihrer Grundlage analysieren.

Bewegungsgleichungen

Will man die Erscheinungen der Natur, wie wir sie erleben und beobachten, physikalisch verstehen, so ergeben die Grundgesetze selten eine direkte Erklärung. Die Strömung in einem Fluß wird nicht begriffen, indem man die Mechanik auf die Wassermoleküle des Flusses anwendet; und die chemische Reaktion der alkoholischen Gärung wird nicht unmittelbar verständlich, indem man die Grundgleichungen der Quantenphysik für alle Atomkerne und Elektronen in Zucker- und Alkoholmolekülen löst. Das Verständnis wird vielmehr durch die einzelnen Spezialgebiete der Naturwissenschaften vermittelt, die jeweils ihre eigenen theoretischen Begriffe entwickelt haben – etwa »Doppelbindung« in der Chemie, oder »Zähigkeit« einer Flüssigkeit in der Strömungslehre. Eine physikalische Begründung der Eigenschaften der Natur ergibt sich meist erst in zwei oder mehr Stufen: Die beobachteten Eigenschaften werden zunächst auf die Gesetze des entsprechenden Spezialgebietes und diese wiederum auf die Grundgesetze der allgemeinen Physik zurückgeführt. Ein Beispiel: In der Strömungslehre ist ein wichtiges Gesetz die Beziehung zwischen der Fließgeschwindigkeit (etwa durch ein Rohr) und der Zähigkeit einer Flüssigkeit. Die Zähigkeit kann man messen und als Erfahrungswerte in die Berechnungen einsetzen; eine gründliche physikalische Erklärung wird sich damit aber nicht begnügen, sondern die Zähigkeit selbst zu erklären und zu berechnen suchen. Dies ist im Prinzip möglich, indem man physikalische Grundgesetze auf die elementaren Bestandteile der Materie anwendet (wie zum Beispiel auf Wassermoleküle im Verband einer Flüssigkeit), wenn auch eine genaue Berechnung sehr schwierig ist.

Theoretische Begriffe und Naturverständnis

Für den Bereich der Biologie ist ebenfalls zu erwarten, daß man zu einem physikalisch begründeten Verständnis nur mit Hilfe von Begriffen und Gesetzen gelangen kann, die für das Spezialgebiet – in diesem Fall die Biologie – charakteristisch sind. Alle Erklärungen biologischer Vorgänge, die wir besprechen werden, verlaufen über Zwischenschritte. Will man zum Beispiel die Mechanismen der Vererbung verstehen, wird man keinen Erfolg haben, wenn man Grundgesetze der Physik direkt auf ganze Pflanzen und Tiere anwendet. Vielmehr werden zunächst die Erscheinungen der Vererbung mit Begriffen wie »Gen«, »Mutation« und »Rekombination« dargestellt. Diese Begriffe werden ihrerseits aufgrund der Struktur und Funktion der beteiligten Moleküle erklärt. Die Eigenschaften der Moleküle wiederum lassen sich auf die Wechselwirkung der Bestandteile – der Atome und Elektronen – entsprechend den Grundgesetzen der Physik zurückführen. Da man die Beziehung zwischen Moleküleigenschaften und physikalischen Gesetzen als bereits bekannt voraussetzen darf, ist der wichtigste Schritt zu einem physikalisch begründeten Verständnis der Vererbung ihre Erklärung durch die Eigenschaften der beteiligten Moleküle; molekulare Biologie ist letztlich physikalische Biologie.

Molekulare Biologie ist physikalische Biologie

4. Geltungsanspruch und Selbstbescheidung der modernen Physik

Zusammengefaßt ergeben die erkenntniskritischen Überlegungen zur Quantenphysik, daß weder der Anspruch noch die Grenzen der modernen Physik mit dem Weltbild eines deterministischen, rigorosen, anschaulichen Materialismus verträglich sind. Ein wissenschaftliches Verständnis der Natur erfordert einen Verzicht auf vollständige körperliche Anschaulichkeit. Der Geltungsanspruch der modernen Physik ist umfassend, er schließt Atome und Moleküle ein. In ihren Formeln ist alles an Information über künftige Zustände enthalten, was überhaupt aus Messungen gewonnen werden kann – alles, aber auch nicht mehr, denn sie enthalten andererseits auch keinerlei Daten, die sich im Prinzip nicht objektiv feststellen ließen. In dieser Hinsicht ist der Anspruch der modernen Physik relativ bescheiden; auch *Grenzen* der Bestimmbarkeit und Vorhersagbarkeit sind von vornherein Bestandteile der physikalischen Grundgesetze selbst, nicht Folgen irgendwelcher zusätzlicher Regeln. Dieser Sachverhalt wiederum ist mit verschiedenen philosophischen Vorstellungen über die Beziehung zwischen Denken und Wirklichkeit, zwischen Erkenntnis und Natur verträglich.

In den Grundgesetzen der Physik sind ihre eigenen Grenzen enthalten

Die Merkmale der modernen Physik – umfassende Anwendbarkeit, philosophische Offenheit, aber auch ein gewisser Verzicht auf Anschaulichkeit und prinzipielle Grenzen, die im Gedankengebäude der Wissenschaft selbst angelegt sind – werden wir im folgenden noch in einem sehr viel weiteren Zusammenhang wiederfinden: Sie charakterisieren Möglichkeiten und Grenzen des wissenschaftlichen Denkens überhaupt, sie sind von Bedeutung, wenn man die Konsequenzen einer physikalisch begründeten Biologie für das Selbstverständnis des Menschen analysiert.

II. Logisches Denken, mögliches Wissen und Grenzen der Entscheidbarkeit

Neben Beobachtung und Experiment ist das formale, logisch-mathematische Denken das wichtigste Mittel, um zu einem wissenschaftlichen Verständnis der Natur zu gelangen. Der Anwendungsbereich formalen Denkens ist umfassend; andererseits gibt es aber für jedes einigermaßen reiche System der Logik und Mathematik auch Aussagen, die mit den Mitteln des Systems nicht zu beweisen oder zu widerlegen sind. Dazu gehört in jedem Fall der Satz über die innere Widerspruchsfreiheit des betreffenden Systems.

Eine noch weitergehende Einschränkung der Entscheidbarkeit folgt daraus, daß in einer endlichen Welt auch nur eine begrenzte Anzahl von analytischen Operationen realisierbar ist. Der Beweis einer Aussage ist prinzipiell unmöglich, wenn er die Überprüfung einer zwar endlichen, aber doch unrealistisch großen Anzahl denkbarer Fälle erfordern würde. Dies berücksichtigt der Ansatz einer finitistischen Erkenntnistheorie: Was nur *von einem superkosmischen Computer entscheidbar wäre, ist unentscheidbar.*

Auch die allgemeine Wissenschaftstheorie weist auf Grenzen formaler Erkenntnis hin. So ist der Versuch gescheitert, Begriffe wissenschaftlicher Theorien vollständig in Erfahrung und Logik zu verankern. Man versteht im Gegenteil, warum dies gar nicht gelingen kann.

Jedes formale Denken beruht letztlich auch auf intuitiven Voraussetzungen. Das menschliche Denken kann sich selbst nicht vollständig erfassen.

1. Logik der Logik

Physikalische Erklärungen erfordern Logik und Mathematik

Die moderne Physik bietet in dem Energiebereich, der für chemische und biologische Vorgänge von Bedeutung ist, eine geschlossene Grundlage zur Erklärung von Vorgängen in Raum und Zeit. Das bedeutet aber nicht, daß die Eigenschaften der Natur aus den Grundgleichungen der Physik direkt ablesbar sind. Die Rückführung empirischer Sachverhalte auf physikalische Gesetze sowie die Ableitung eines Gesetzes aus anderen Gesetzen erfordern Beobachtung und Experiment, Begriffsbildung und Intuition, vor allem aber das formale, mathematisch-logische Denken. Tragweite und Grenzen der Naturwissenschaft werden daher durch die Tragweite, die Grenzen und den Grad der Sicherheit logischer Operationen mitbestimmt.

Strenges logisches Denken ist formalisierbares Denken; Schlüsse werden nach festen Regeln vollzogen. Was formalisierbar ist, ist im allgemeinen auch automatisierbar und kann von geeignet konstruierten elektronischen Rechenmaschinen ausgeführt werden. Heißt das, daß man auch die Ableitung von Eigenschaften der Natur aus den Grundgesetzen der Physik einem Computer anvertrauen könnte? Läßt sich jedes Naturgesetz in einer streng formalen Weise auf die Grundgesetze zurückführen? Oder gibt es Grenzen formaler logischer Ableitung, die vielleicht in der Logik selbst begründet sind?

Jedes formale System der Logik und Mathematik beruht zunächst auf einer Reihe von Voraussetzungen, sogenannten Axiomen, die selbst nicht bewiesen sind. In der Regel sind Axiome einfach und dem Verstand unmittelbar einleuchtend, sie sind »selbstverständlich« im eigentlichen Sinn dieses Wortes. (Beispiel: Wenn a größer ist als b, und b größer ist als c, so ist auch a größer als c). Kann man aber wirklich sicher sein, daß die eingeführten Voraussetzungen stimmen, daß sie miteinander verträglich sind, daß alle Konsequenzen auch zutreffen? Ist es nicht möglich, daß gerade durch raffinierte und spitzfindige Schlüsse logische Schwierigkeiten und Widersprüche auftreten? Ein schon im Altertum bekanntes Beispiel ist die Geschichte vom Kreter, der behauptet: »Alle Kreter lügen«. Lügt er nun, oder lügt er nicht? Kann der Satz unter logischen Gesichtspunkten überhaupt wahr sein? Derartige Schwierigkeiten legen es nahe, die Logik selbst zum Gegenstand der Logik zu machen; am liebsten hätte man einen strengen Beweis dafür, daß ein bestimmter, gut ausgedachter Katalog von Voraussetzungen und Regeln unter keinen denkbaren Umständen zu einem logischen Widerspruch führen kann.

unsinniges Unterfangen

Läßt sich die Logik logisch absichern?

Die Suche nach einer solchen Absicherung ist gescheitert; aber es war ein kreatives Scheitern, das zu wissenschaftsphilosophischen Einsichten großer Tragweite führte: Es gelang der Beweis der Unbeweisbarkeit dessen, was man ursprünglich beweisen wollte; man zeigte nämlich, daß die Widerspruchsfreiheit leistungsfähiger logischer Systeme grundsätzlich nicht mit deren eigenen Mitteln bewiesen werden kann. Warum erscheint die Aussage eines Lügners widersprüchlich, wenn er behauptet, daß alle Mitglieder einer Gruppe lügen, zu der er selber gehört? Dies hängt damit zusammen, daß man Begriffe (wie »lügen«) nicht uneingeschränkt auf sich selbst anwenden darf. In Analogie hierzu wäre ein Beweis der Widerspruchsfreiheit eines logischen Systems mit dessen eigenen Mitteln zugleich eine Aussage des Systems über seine eigenen Eigenschaften. Daß ein solcher Beweis für leistungsfähige logische Systeme nicht möglich ist, stört zwar ein Absicherungsideal der Mathematik, ist aber intuitiv dennoch plausibel: Dem Denken über das Denken sind Grenzen gezogen; man kann sich sozusagen auch im Bereich der Logik nicht am eigenen Schopf aus dem Sumpf ziehen.

das ist ja schon ein Kriterium einer bestimmten Logik! Dieser Beweis wäre auch nicht viel wert, wenn er möglich wäre.

Dieser Problemkreis bildet die Thematik eines besonders interessanten Zweiges der neueren Mathematik: der Entscheidungs- oder Beweistheorie. Ihre Ergebnisse zeigen, daß das Absicherungsideal um so schlechter erfüllbar ist, je reicher – und damit je leistungsfähiger – der Formalismus ist, je besser er also den vielfältigen Möglichkeiten des menschlichen Denkens gerecht wird.

was heißt hier: umso schlechter? Oben hieß es noch: grundsätzlich nicht!

Die einfache Aussagenlogik

Das einfachste System der Logik ist die sogenannte Aussagenlogik. Sie befaßt sich nicht mit der inneren Struktur, sondern lediglich mit der Verknüpfung von Sätzen. Zu ihren

Grundlagen gehört z. B. das Axiom: Wenn für zwei Sätze A und B gilt, daß »A oder B« wahr ist, dann ist auch »B oder A« wahr. Aufgrund einiger einleuchtender Axiome dieses Typs läßt sich dann die Wahrheit jeder beliebigen Verknüpfung von Sätzen entscheiden, solange sie bestimmte Formregeln erfüllt – und zwar auch in komplizierten Fällen, die keineswegs mehr selbstverständlich sind. In diesem primitiven System der Logik gibt es für jedes allgemeingültige Gesetz einen Beweis mit den Mitteln des Systems, und es existiert darüber hinaus ein »algorithmisches« Verfahren, um den Beweis oder die Widerlegung für jede beliebige, in dem System formulierbare Behauptung zu finden. Als »algorithmisch« ist dabei ein Verfahren bezeichnet, das von einem Computer nach festen Regeln in einer endlichen Zahl von Schritten zu einem eindeutigen Abschluß gebracht wird, also ein voll automatisches Entscheidungsverfahren.

Die Logik allgemeiner Gesetzmäßigkeiten

Die Aussagenlogik ist allerdings eine primitive Logik. Sie entspricht nur in sehr geringem Maße den Fähigkeiten des Denkens. Erkenntnis- und Handlungsfähigkeit des Menschen setzen voraus, daß der Umwelt, die im Detail sehr strukturreich ist und die sich in der Zeit ständig verändert, eine begrenzte Anzahl von allgemeinen Eigenschaften zugeordnet wird. Man erfaßt die Wirklichkeit durch Beziehungen zwischen Eigenschaften, die für eine unübersehbare Vielzahl von Einzelfällen gelten. Der Satz »Bäume haben Wurzeln« ist von diesem Typ. Er besagt, daß allen Objekten, denen die Eigenschaft »Baum« zukommt, auch die Eigenschaft »Wurzel« zukommt, obwohl von den Milliarden tatsächlich existierender Bäume keiner dem anderen gleicht und jede Wurzel von anderen Wurzeln im Detail verschieden ist. Aus mehreren Zuordnungen von Eigenschaften und deren Verknüpfung kann man durch logisches Denken oft unerwartete Schlüsse ziehen. Auch Gesetze der Physik stellen Zusammenhänge zwischen – in vielen Fällen quantifizierten – *Eigenschaften* wie Kraft und Geschwindigkeit, Dichte und Gewicht, Temperatur und Farbe her. Diejenige formale Logik, die auf die Verknüpfung derartiger Eigenschaften mit Gegenständen und die Beziehungen von Eigenschaften untereinander anwendbar ist, wird Prädikatenlogik genannt.

Sie geht wesentlich über die Aussagenlogik hinaus; vor allem ist sie so aufgebaut, daß sie auch eine unübersehbare Vielfalt möglicher Einzelfälle erfassen kann (nämlich alle, denen bestimmte Eigenschaften zukommen): Sie gestattet die Formulierung und Verknüpfung verallgemeinernder Aussagen durch Ausdrücke wie »alle« und »es gibt«.

Schon die Verneinung ist nun nicht mehr ganz einfach: Die Widerlegung einer Aussage, die den Begriff »alle« enthält – wie »alle Vögel können fliegen« –, ist nicht die Aussage »alle Vögel können nicht fliegen«, sondern eine Aussage, die den Begriff »es gibt« verwendet: »Es gibt mindestens einen Vogel, der nicht fliegen kann«. Beziehen sich Aussagen, die die Begriffe »alle« oder »es gibt« enthalten, auf unendliche Gegebenheiten, dann kann man grundsätzlich nicht jeden denkbaren Fall einzeln durchprüfen, um festzustellen, ob ein bestimmter Satz wahr ist oder nicht. Eine Entscheidung ist nur möglich, wenn es *trotz* der Anwendbarkeit auf *unendlich* viele Fälle für eine gültige Aussage einen allgemeinen *endlichen* Beweis gibt, und wenn man diesen Beweis in einer endlichen Zahl von Schritten auch tatsächlich findet. Es ist nicht selbstverständlich, daß das geht.

Eine »Beweismaschine« ist prinzipiell unmöglich

Anmerk. '36 – allerdings ist die Definition des „Algorithmus" bis heute noch nicht abgeschlossen.

Die Beweistheorie führte nun zu folgendem Ergebnis: Zwar gibt es für die Prädikatenlogik – wie schon für die Aussagenlogik – zu jedem allgemeingültigen Satz auch einen Beweis innerhalb des Systems; es gibt aber im Gegensatz zur Aussagenlogik kein verläßliches, allgemeines (»algorithmisches«) Verfahren, um diesen Beweis in jedem Fall in einer begrenzten Anzahl von gedanklichen Schritten auch zu finden. Vermutet man, daß ein Satz richtig ist, so gelingt ein Beweis möglicherweise nur durch Glück und Intuition – oder auch nicht. Eine Beweismaschine, die für jeden beliebigen Satz nach festen Regeln entscheiden könnte, ob er nun allgemeingültig ist oder nicht, ist logisch unmöglich; kein noch so geschickter Erfinder könnte sie je konstruieren.

Logik plus Zahlentheorie: Grenzen der Entscheidbarkeit

Die Entscheidbarkeit wird noch weiter eingeschränkt, wenn man in das System der Prädikatenlogik ein zusätzliches, besonders wichtiges Feld des logischen Denkens einbezieht, nämlich das des Zählens und Rechnens. Man erweitert hierzu die Prädikatenlogik um die Grundregeln – »Axiome« – der Theorie der natürlichen Zahlen 1, 2, 3, 4 . . . einschließlich der Addition und Multiplikation. Für dieses erweiterte System gibt es nun – im Vergleich zur einfachen Prädikatenlogik – Fälle von Unentscheidbarkeit in einem noch weitergehenden, verschärften Sinn: Es gilt nicht nur, daß kein allgemeines Verfahren existiert, nach dem man für jeden vorgegebenen Satz entscheiden könnte, ob er stimmt oder nicht. Es gibt sogar Sätze, die sich innerhalb des Systems zwar formulieren, aber überhaupt nicht beweisen oder widerlegen lassen, nicht einmal mit Glück und Intuition; der Formalismus ist, wie man in der Mathematik sagt, »unvollständig«. Unentscheidbar ist insbesondere der Satz, das System sei gegen innere Widersprüche streng abgesichert.

Unbeweisbarkeit der Widerspruchsfreiheit

Diese Ergebnisse der Entscheidungstheorie gehören zu den wissenschaftstheoretisch bedeutendsten Entdeckungen unseres Jahrhunderts. Der Mathematiker Gödel hat sie mit einem genialen Verfahren erzielt: Er ordnete allen Ausdrükken, Formeln und Beweisen eine eindeutige Nummer zu. Aussagen *über* Formeln und Beweise – sogenannte metamathematische Aussagen – sind nun Beziehungen zwischen Zahlen, und die Beziehungen haben selbst auch wieder eine Nummer. Damit lassen sich Formeln konstruieren, die ihre eigene Unbeweisbarkeit zum Inhalt haben. Mit solchen Methoden konnte Gödel in streng mathematischer Schlußweise die vorhin genannten Theoreme beweisen: Es gibt Sätze, die – vorausgesetzt, das System ist widerspruchsfrei – innerhalb des Systems formal unentscheidbar sind; dazu gehört der Satz der Widerspruchsfreiheit des Systems im Ganzen.

Gödels Entdeckung

Diese Resultate wurden für ein bestimmtes logisches System gewonnen, in dem Prädikatenlogik und Zahlentheorie miteinander verbunden sind. Könnte es geschickten Mathematikern in Zukunft gelingen, ein gleichwertiges, aber anders aufgebautes, logisches System mit anderen Axiomen und Schlußregeln zu entwickeln, das dann doch die Beweise aller wahren Sätze ermöglichen würde? Auch dies wurde durch mathematische Analyse ausgeschlossen. Es zeigte sich, daß kein formales System, sofern es nur reich genug ist, um die Logik und die Zahlentheorie irgendwie zu enthalten, den Beweis seiner Widerspruchsfreiheit mit seinen eigenen Mitteln erlaubt. Zwar läßt sich unter Umständen ein reicheres System konstruieren, das den Beweis für die Widerspruchsfreiheit eines ärmeren Systems zuläßt. (Für das System »Prädikatenlogik plus Zahlentheorie« ist ein solcher Beweis gelungen.) Das reichere System gestattet nun aber seinerseits die Formulierung neuer Sätze – einschließlich desjenigen über die Widerspruchsfreiheit des reicheren Systems –, die innerhalb des Systems nicht beweisbar sind.

Unentscheidbare Sätze gibt es in jeder »reichen« Logik

Die Unentscheidbarkeitssätze lassen sich weiter verallgemeinern für logische Systeme, die außer Eigenschaften von Objekten auch Eigenschaften von Eigenschaften betreffen. Solche höheren Stufen der Abstraktion spielen sowohl in den Naturwissenschaften als auch in der Mathematik eine große Rolle. Die Zahlentheorie läßt sich als Beispiel dafür auffassen: Eine Zahl ist ja selbst kein Objekt, sondern eine Eigenschaft einer Menge von Objekten. Daher ist auch die Zahlentheorie eine Theorie der Eigenschaften von Eigenschaften. Es ist nicht verwunderlich, daß Grenzen der Entscheidbarkeit, wie sie für die gewöhnliche Prädikatenlogik in Verbindung mit der Zahlentheorie gelten, ganz allgemein bei jeder genügend »reichen« formalen Logik auftreten.

2. *Grenzen der Entscheidbarkeit und das menschliche Denken*

Philosophische Deutung der Grenzen der Entscheidbarkeit

Welche Schlüsse lassen sich aus den Grenzen mathematisch-logischer Entscheidbarkeit für das allgemeine menschliche Denken ziehen? Das Meinungsspektrum reicht von dem Aphorismus »Gott existiert, weil die Mathematik widerspruchsfrei ist, und der Teufel existiert, weil wir es nicht beweisen können«, bis zu der These, aus den Ergebnissen der Beweistheorie könnten überhaupt keine Konsequenzen für das menschliche Erkenntnisvermögen gezogen werden. Es ist aufschlußreich, sich dieses Spannungsfeld der Interpretation näher anzuschauen; es ist nicht nur von logischen, sondern auch von psychologischen Faktoren mitbestimmt.

Ist die Vorsicht der Mathematiker übertrieben?

Mathematiker raten meist zu großer Vorsicht bei Interpretationen und Verallgemeinerungen formaler Ergebnisse ihrer Wissenschaft. Umgangssprachliche Darstellungen (einschließlich der unseren) können den Feinheiten mathematischer Definitionen und Ableitungen nie ganz gerecht werden – sonst brauchte man ja keine Formeln. Mathematik beruht auf strengen Voraussetzungen und Schlußweisen, und in der reinen Mathematik kann der kleinste Denkfehler zu beliebigen Ungereimtheiten führen. Deshalb ist es notwendig, die Voraussetzungen zu beachten, unter denen die Unentscheidbarkeitssätze bewiesen wurden. Sie sind für unendliche Gegebenheiten abgeleitet, während Sätze, die sich auf eine endliche Zahl von Fällen beziehen, im allgemeinen auch in einer endlichen Zahl von Schritten entscheidbar sind, indem man alle Einzelfälle nacheinander testet. Der Satz von Gödel über die Unmöglichkeit, die Widerspruchsfreiheit zu beweisen, beruht auf der Theorie der natürlichen Zahlen unter Einschluß der Addition und Multiplikation. Er gilt nicht ohne weiteres für irgendwelche Zahlen, er gilt nicht ohne Addition, nicht ohne Multiplikation. Eine gewisse Vorsicht bei der Verallgemeinerung und Interpretation mathematischer Sätze ist also durchaus geboten. Andererseits ist die Forderung nach absoluter formaler Strenge, die der Intuition keinerlei Raum läßt, oft steril, wenn man interessante Probleme der Wirklichkeit angehen möchte. Für die Diskussion allgemeiner philosophischer Fragen ist eine umgangssprachliche Übersetzung mathematischer Erkenntnisse erforderlich, wenn sie überhaupt zu einer Lösung beitragen sollen. Dazu ermutigt die folgende Reflexion über Sinn und Ursprung der formalen Logik.

Menschen können im Dialog, von verschiedenen vorgefaßten Meinungen ausgehend, oft zu übereinstimmenden Auffassungen gelangen, wenn sie sich in den vorausgesetzten Tatsachen einig werden und dann bestimmte Regeln des Argumentierens und Schließens befolgen. Die Regeln logischer Argumentation sind so, daß sie bei richtiger Anwendung im allgemeinen nicht zu Widersprüchen führen, sondern diese beseitigen. Wendet man logisches Denken auf Tatsachen an, so bewährt es sich in den Folgerungen für weitere Tatsachen. Die Schlußregeln der Logik sind vermutlich in Rudimenten dem Menschen angeboren, zum Teil auch erlernt, aber im allgemeinen beim Gebrauch nicht bewußt: Man benutzt sie, ohne es zu merken.

Ursprung und Sinn der formalen Logik

Die *formale* Logik hat zum Ziel, die Voraussetzungen und Schlußregeln des logischen Denkens bewußt zu machen und zu analysieren. Sie ist eine Erfindung der alten Griechen und war zu Beginn eine Schwester der Rhetorik, der Kunst, andere durch geschicktes Reden von der eigenen Meinung zu überzeugen. Um diese Kunst zu lehren, suchte man nach allgemeinen Regeln und entdeckte dabei Prinzipien logischer Argumentation. Die anfangs primitiven Regeln ließen sich ergänzen, so daß sie immer weitere Felder des menschlichen Denkens umfaßten. Dies führte bald über eine Anleitung der Redekunst hinaus zu der philosophischen Frage nach der Beziehung der formalen Logik zum menschlichen Geist und zur physikalischen Wirklichkeit.

Gibt es eine »wahre« Logik, die in Form bewußt oder unbewußt angewandter Regeln dem menschlichen Denken zugrundeliegt? Die moderne mathematische Logik konstruierte verschiedene Systeme von Prämissen und Schlußregeln, untersuchte ihre Folgerungen und ihre Widerspruchsfreiheit. Dabei machte man allerdings die Erfahrung, daß man auf diese Weise zwar sichere formale Erkenntnisse gewinnt, daß es aber sehr schwierig ist, die Beziehung zum tatsächlichen menschlichen Denken aufzuklären. Dies wiederum verführt dazu, als primäres Ziel der Logik überhaupt nicht mehr das Verständnis des Denkens anzusehen, sondern sich auf rein formale Schlüsse zu beschränken. Es gibt aber unter modernen Mathematikern auch wachsende Kritik an dieser Abkoppelung von der Wirklichkeit. Welchen Sinn hat genauestes Wissen über inhaltsleere Formalismen? Ist man nicht dabei, den Mythos des Sisyphus im Bereich geistiger Arbeiten zu verwirklichen? Anstelle eines Steins, den der Verdammte immer wieder den Berg hinaufwälzt, und der ihm immer wieder zurückrollt, erfindet der moderne Formalist immer neue Systeme von Regeln, die absolut sichere, aber völlig bedeutungslose Konsequenzen haben.

Formale Logik und menschliches Denken

Einen Ausweg aus dem Dilemma bietet die Einsicht, daß

im Prinzip *jede* Anwendung formaler Gedankenkonstruktionen auf die Wirklichkeit einen Verzicht auf absolute Genauigkeit und Sicherheit erfordert. Ein gewisser Verzicht auf formale Strenge – sei er bewußt oder unbewußt – ist bei der Anwendung der Mathematik auf die Physik gang und gäbe und hat sich in der Geschichte der Naturwissenschaften außerordentlich gut bewährt, zum Beispiel bei der Entwicklung der Quantenphysik. Dies ermutigt dazu, auch bei der wissenschaftstheoretischen Interpretation der Ergebnisse der mathematischen Entscheidungstheorie keine unerfüllbaren Anforderungen an die formale Absicherung zu stellen, sondern Argumente in umgangssprachlicher Form zuzulassen. Damit sei aber kein Freibrief für Schlüsse gegeben, die auf erkennbar falschen Voraussetzungen beruhen, selbst wenn sie bei oberflächlicher Betrachtung einleuchtend sind.

Deutungen der Logik erfordern Vorsicht, aber auch Intuition

Im Sinne dieser Reflexion wollen wir nun zu der Ausgangsfrage zurückkehren: Welche Konsequenzen haben die Unentscheidbarkeitssätze für das menschliche Denken? Zwei plausible, häufig aufgestellte Behauptungen seien in diesem Zusammenhang diskutiert:

1) Das menschliche Denken kann etwas, was im Prinzip keine Maschine, kein Computer zu leisten vermag.

2) Das menschliche Denken kann sich selbst nicht vollständig erfassen und verstehen.

Mit den folgenden Argumenten wird die erste These bestritten, die zweite hingegen bestätigt.

Zweifelhafte These: »Das Gehirn kann etwas, was kein Computer kann«

Die Behauptung, daß eine bestimmte gedankliche Leistung des Menschen von einer Maschine grundsätzlich *nicht* erbracht werden könnte, ist im allgemeinen mit einer einfachen Methode zu widerlegen: Man fragt hartnäckig nach einer ganz exakten Beschreibung dieser gedanklichen Leistung. »Exakt« ist in der Regel dasselbe wie »formal«. Die formale Anweisung kann man auch einem Computer übertragen, der dann die gedankliche Leistung erbringt. Die Forschungen über »künstliche Intelligenz« zeigen mehr und mehr, wie umfassend die Möglichkeiten elektronischer Computer sind: Sie können lernen, sie können sogar ihr eigenes Programm ändern und andere sie selbst betreffende Operationen ausführen. Ist wenigstens für manche »metatheoretischen« Fragestellungen (also für Fragen, die sich auf das System selbst beziehen) nachweisbar, daß Maschinen »weniger« können als das menschliche Denken? Ausgangspunkt solcher Überlegungen könnte der Satz der Entscheidungstheorie sein, daß für genügend reiche Systeme der Logik die innere Widerspruchsfreiheit nicht mit den eigenen Mitteln bewiesen werden kann. Dieser Satz ist sicher auf Computer anwendbar. Wäre nun das menschliche Denken widerspruchsfrei, *und* wüßten wir genau, *daß* das so ist, so würden wir mit diesem Wissen etwas leisten, was kein Computer leisten kann. Eine solche Argumentation wäre aber in ihren Voraussetzungen falsch: Das menschliche Denken ist voller unaufgelöster Kontroversen, die gleichen Tatsachen eine verschiedene Deutung geben. Zudem *wissen* wir sehr gut, daß unser Denken *nicht* gegen Widersprüche abgesichert ist. Also folgt auch aus der mathematischen Entscheidungstheorie keineswegs, daß das menschliche Denken etwas kann, was im Prinzip keine Maschine zu leisten vermag; im Gegenteil, man wird vermuten, daß ein genaues Abbild der Verschaltungen des menschlichen Gehirns in einer elektronischen Rechenmaschine auch alle Leistungen des menschlichen Gehirns erbringen kann – jedenfalls ist dies nicht aus logischen Gründen ausgeschlossen. Allerdings darf man sich nicht der Illusion hingeben, man könnte ein solches Gehirnmodell besser verstehen als das Gehirn selber, nur weil man eine Art elektronischer Kopie anstelle des biologischen Originals vor sich hätte.

Begründete These: »Das Denken kann sich nicht selbst begreifen«

Andererseits stützt die Entscheidungstheorie durchaus die These, daß das menschliche Denken sich selbst nicht vollständig erfassen kann. Der Mensch ist fähig, die Prädikatenlogik und die Zahlentheorie zu erfinden und anzuwenden. Dabei werden typische Fähigkeiten des Denkens eingesetzt: bei der Prädikatenlogik die Anwendung allgemeiner Begriffe, bei der Zahlentheorie die hochgradige Abstraktion. Die Fähigkeiten des menschlichen Denkens gehen natürlich über den Rahmen der Prädikatenlogik und der Zahlentheorie weit hinaus. Nun gelten aber für reichere logische Systeme im allgemeinen gleiche oder höhere Grade von Unentscheidbarkeit als für ärmere; also werden die Ergebnisse der

Entscheidungstheorie, die für leistungsfähige logische Systeme bewiesen sind, auch für das menschliche Denken als Ganzes gelten: Es kann keine Regeln geben, die einen verläßlichen Schutz vor Widersprüchen bieten. Jedes formale Denken beruht auf nicht formalisierten Voraussetzungen. Zwar kann man sie reflektieren und ihrerseits formalisieren, kontrollieren und korrigieren, aber nur um den Preis neuer, nicht formalisierter Grundannahmen. Es gibt keine verläßliche Methode, aus gegebenen Voraussetzungen jeden wahren Schluß zu ziehen. Eine vollständige formale Absicherung des Denkens mit den Mitteln des Denkens ist grundsätzlich unmöglich, das Denken kann sich selbst nicht vollständig begreifen.

Diese Beschränkungen gelten für das menschliche Denken insgesamt, sie gelten für die höheren Formen der mathematischen Logik, aber nicht notwendig für jeden anderen Teilbereich der Wissenschaft. Von besonderem Interesse ist die Frage, wie weit sie auch das physikalische Verständnis der Natur begrenzen. Die Physik kann man als ein System von physikalischen Grundgesetzen – wie z. B. den Bewegungsgleichungen – ansehen, aus denen durch mathematisch-logisches Denken bestimmte Folgerungen abgeleitet werden, zum Beispiel die Gesetze der Wärmelehre, der Strömungslehre oder der chemischen Bindung. Solche Ableitungen beruhen, formal betrachtet, auf dem kombinierten System aus physikalischen Grundgesetzen sowie den Axiomen und Schlußregeln der mathematischen Logik. Natürlich kann man mit einem logischen System, das man einem System physikalischer Gesetze hinzufügt, mindestens dasselbe beweisen wie mit dem rein logischen System allein. Also bleibt auch im Gesamtsystem »Physik plus Logik« die Unentscheidbarkeit in bezug auf die rein logische Widerspruchsfreiheit in jedem Fall bestehen. Interessant ist aber, ob es wahre *physikalische* Aussagen gibt, die *nicht* mit mathematisch-logischen Mitteln aus den *physikalischen* Grundgesetzen abgeleitet werden können.

Bislang ist es in der Regel gelungen, experimentell bestätigte physikalische Tatsachen und Zusammenhänge mit Hilfe der Mathematik auf die physikalischen Grundgesetze zu-

Physikalische Informationsverarbeitung und Grenzen der Entscheidbarkeit

rückzuführen. Jedes Lehrbuch der Physik enthält eine Fülle solcher Ableitungen. Da man hierfür auf die Prädikatenlogik angewiesen ist, kann es kein automatisches Beweisverfahren geben, man braucht die Intuition und das Glück des Entdekkers. Darüber hinaus sind sogar wahre Sätze über physikalische Zusammenhänge denkbar, die nicht einmal mit Glück und Intuition streng aus den Grundgesetzen ableitbar sind. Um das einzusehen, stellen wir uns einen Computer aus elektronischen Schaltkreisen vor, der die Operationen der Logik und der Zahlentheorie ausführt; die Unentscheidbarkeitssätze der Logik gelten dann sinngemäß auch für Eigenschaften dieses physikalischen Apparates. Der Mathematiker Turing hat sich eine solche Maschine ausgedacht und ihre Eigenschaften theoretisch analysiert. »Unentscheidbar« ist ein Problem für die von ihm erfundene Rechenmaschine, wenn sie bei dem Versuch, das Problem zu lösen, ewig weiter rechnet und nie zu einem »Schluß« kommt. Würde man dieser Maschine eine Frage stellen, die aufgrund der Sätze der mathematischen Beweistheorie nicht entscheidbar ist – würde man also die Frage »Bist du und deinesgleichen widerspruchsfrei?« programmieren – so würde die Maschine unendlich lange rechnen, ohne eine Antwort zu erzeugen. Dieses physikalische Kunstprodukt des mathematischen Denkens soll nun nicht den Verdacht begründen, daß es prinzipiell unentscheidbare Probleme demnächst auch in der gewöhnlichen Strömungslehre, Elektrodynamik oder Chemie geben wird; andererseits zeigen die von Turing erdachten Maschinen, daß *physikalische* Objekte, die »höhere« *logische* Operationen ausführen – einschließlich solcher Operationen, die sich auf das Objekt selbst beziehen – auch unbeweisbare Eigenschaften haben könnten: Eigenschaften, die sich von einem »gleichwertigen« analytischen Apparat nicht in einer endlichen Zahl logischer Schritte auf die physikalischen Gesetzmäßigkeiten zurückführen lassen, denen das Objekt gehorcht. Ein derartiges physikalisches Objekt ist das menschliche Gehirn; bei der Erörterung seiner Eigenschaften und Fähigkeiten werden daher auch Gesichtspunkte der Entscheidungstheorie eine Rolle spielen.

Hier noch mal nachdenken!

3. Endlichkeit der Welt

Bislang wurden Tragweite und Grenzen der Physik und des formalisierbaren Denkens ohne quantitative Begrenzungen diskutiert – aber nicht alles, was vom rein mathematischen Standpunkt als formalisierbar erscheint, ist auch realisierbar; hierfür gibt es Grenzen, die durch die Endlichkeit des Menschen und der Welt gegeben sind. Diese Endlichkeit hat hintergründige Folgen nicht nur für das Machbare, sondern auch für das gedanklich Vernünftige. Eine verwandte Grundidee findet sich schon im dritten vorchristlichen Jahrhundert in einem der merkwürdigsten Dokumente der Wissenschaftsgeschichte angedeutet, der Abhandlung des Archimedes über die Sandzahl. Sie hat die Form eines Briefes an König Gelon von Syrakus:

Die Welt ist endlich

»Etliche glauben, König Gelon, daß die Zahl der Sandkörner unendlich sei. Ich spreche dabei nicht allein vom Sand um Syrakus und im übrigen Sizilien, sondern auch von dem Sande der ganzen bewohnten und unbewohnten Erde. Andere gibt es, die zwar nicht der Ansicht sind, daß die Zahl der Sandkörner unendlich sei, die aber meinen, daß es keine so große Zahl gebe, die die Zahl der Sandkörner übertreffe. Es ist klar, daß die Vertreter dieser Ansicht, wenn sie sich eine Kugel aus Sand vorstellten, so groß wie die Erdkugel, nachdem in dieser die Meere und alle Vertiefungen bis zur Gipfelhöhe der höchsten Berge aufgefüllt wären, um so mehr der Ansicht wären, daß keine Zahl namhaft gemacht werden könnte, die größer wäre als die Zahl der Sandkörner dieser Kugel. Ich aber werde versuchen, dir mit Hilfe von geometrischen Beweisen klar zu machen, daß unter den von uns in den Schriften an Zeuxippos genannten Zahlen etliche vorhanden sind, die nicht nur die Zahl der Sandkörner in jener der Erdkugel gleichen Kugel, von der wir sprachen, übertreffen, sondern auch die Zahl der Sandkörner in einer Kugel, die so groß ist wie der Kosmos. Du bist darüber unterrichtet, daß von den meisten Astronomen als Kosmos die Kugel bezeichnet wird, deren Zentrum der Mittelpunkt der Erde und deren Radius die Verbindungslinie der Mittelpunkte der Erde und der Sonne ist. Dies nämlich hast du aus

Archimedes schätzt die Zahl der Sandkörner

den Abhandlungen der Astronomen gehört. Aristarch von Samos gab die Erörterungen gewisser Hypothesen heraus, in welchen aus den gemachten Voraussetzungen erschlossen wird, daß der Kosmos ein Vielfaches der von mir angegebenen Größe sei. Es wird nämlich angenommen, daß die Fixsterne und die Sonne unbeweglich seien, die Erde sich um die Sonne, die in der Mitte der Erdbahn liege, in einem Kreise bewege ... Es ist klar, daß dies unmöglich ist ... Wir behaupten nun: Auch wenn wir uns eine Kugel aus Sand, die so groß ist wie die von Aristarch angenommene Fixstern-Sphäre, vorstellen, so lassen sich von den von uns genannten Zahlen solche angeben, die so groß sind, daß sie die Zahl der Sandkörner jener Kugel übertreffen.«

Dieses Dokument erwähnt beiläufig und leicht geringschätzig die Hypothese des Aristarch von Samos, daß die Sonne der Mittelpunkt des Planetensystems ist und die Erde um die Sonne kreist. Der Brief des Archimedes ist einer der ganz wenigen überlieferten Hinweise darauf, daß das moderne »kopernikanische« Weltbild schon im Altertum ausgedacht und diskutiert wurde. Obwohl Archimedes nicht daran glaubt, sieht er doch den Kosmos des Aristarch als den größten denkbaren Raum an. Den füllt er nun im Gedankenexperiment mit den kleinsten ihm bekannten Gegenständen, nämlich mit Sandkörnern, voll auf. Auf diese Weise bekommt er eine Obergrenze für die größte realisierbare Anzahl in einer endlichen Welt, um dann zu zeigen, daß man in relativ einfacher Form Zahlen angeben kann, die noch viel größer sind. Dies beruht darauf, daß die Kombination einer Reihe von Elementen eine sehr große Anzahl verschiedener Möglichkeiten zuläßt. Unser System der dezimalen Zahlen basiert auf diesem Prinzip: Man kombiniert Einer, Zehner, Hunderter usw. Das Zahlensystem des Archimedes ist in ähnlicher Weise aufgebaut, nur benutzt er Zehntausend anstatt Zehn als Basis. Durch solche Kombinatorik lassen sich riesige Zahlen in eine einzige Zeile schreiben, ein großer Vorteil etwa im Vergleich zu den Zahlen der alten Römer.

Es gibt viel mehr Zahlen als physikalische Objekte

Der Grundgedanke im Brief des Archimedes über die Sandzahl läßt sich in etwas verallgemeinerter Form so zusammenfassen: Die Welt ist sehr groß, aber doch endlich. Die Anzahl verschiedener *denkbarer* Kombinationsmöglichkeiten ist schon für eine durchaus begrenzte Zahl einfacher Merkmale *noch* viel größer als jede überhaupt realisierbare Anzahl wirklicher Gegebenheiten innerhalb der Grenzen des Kosmos. Ein ähnlicher Gesichtspunkt liegt den folgenden erkenntnistheoretischen Überlegungen zugrunde; dabei wollen wir außer dem Raum auch die Zeit in die Betrachtungen einführen.

Dem Menschen ist eine endliche, sehr begrenzte Menge an Zeit gegeben: Er lebt etwa zwei Milliarden Sekunden. Dies wiederum beschränkt die Zahl wirklicher Handlungen und gedanklicher Vorgänge (»Operationen«) in einer Lebenszeit. Dem Zusammenwirken mit anderen Menschen, mit Computern und weiteren technischen Einrichtungen sowie der Nutzung von Informationen aus der ferneren Vergangenheit sind ebenfalls Grenzen gesetzt. Ergeben sich daraus prinzipielle Grenzen für die Naturwissenschaft, weil sie ja auch ein Feld wirklicher und gedanklicher Operationen des Menschen ist? Man könnte einwenden, daß die Kosmologie erstaunliche und interessante Erkenntnisse in Dimensionen von Raum und Zeit ergibt, die völlig jenseits des unmittelbaren menschlichen Handlungs- und Erfahrungsbereichs liegen, doch auch der Kosmos insgesamt ist zeitlich und räumlich endlich. Das menschliche Erkenntnisvermögen ist zwar nicht auf menschliche Dimensionen beschränkt; über kosmische Dimensionen kann es hingegen prinzipiell nicht hinausgehen, und diese Dimensionen lassen sich quantitativ abschätzen.

Wahrscheinlich hat die Welt vor etwa 20 Milliarden Jahren mit einem »Urknall« begonnen; selbst wenn sie aus einem noch früheren, sehr lang anhaltenden Zustand hervorgegangen wäre, so betrug doch der Zeitraum, in dem das Weltall ähnlich war wie heute, weniger als 20 Milliarden Jahre. Die Abschätzung dieser Zeitspanne ist überhaupt ziemlich unabhängig von der Theorie der Weltentstehung im einzelnen. Auch die räumliche Ausdehnung des Weltalls ist endlich. Sie entspricht etwa 20 Milliarden Lichtjahren, wenn die Welt vor 20 Milliarden Jahren in einem »Urknall« entstanden ist;

aber auch wenn diese Voraussetzung nicht zutrifft, so ist der räumliche Bereich des Weltalls, aus dem man überhaupt Signale empfangen kann, auf etwa 20 Milliarden Lichtjahre beschränkt. Der erfahrbare Kosmos ist also von endlichem Alter und endlicher Größe. Deshalb ist auch die darin enthaltene Zahl stabiler Partikel endlich. Aufgrund astro-physikalischer Messungen wurde die mittlere Dichte der Materie im Weltall abgeschätzt: Sie ist von der Größenordnung eines langlebigen Elementarteilchens (wie Proton, Neutron, Elektron) pro Kubikmeter; in Verbindung mit der Größe des Universums ergibt sich eine Gesamtzahl von etwa 10^{80} Partikeln im Weltall (10^{80} ist eine Eins mit 80 Nullen).

Es gibt 10^{80} annähernd stabile Partikel im Weltall

Das Alter der Welt läßt sich statt in Jahren auch in der Anzahl von »Elementarzeiten« ausdrücken. Dieses Zeitmaß beruht auf den Gesetzen der Quantenphysik; die darin enthaltene Unbestimmtheit gilt nicht nur für die gleichzeitige Messung von *Ort* und *Geschwindigkeit* eines Teilchens, sondern auch für die Bestimmung seines *Energie*zustandes in einem begrenzten *Zeit*intervall. Je enger der Zeitbereich, in dem ein Teilchen in einem bestimmten Zustand verbleibt, desto unbestimmter wird die Energie. Wird die Unbestimmtheit so groß, daß nach den Regeln der Relativitätstheorie (Energie = Masse × Quadrat der Lichtgeschwindigkeit) Teilchen neu entstehen oder vergehen können, so ist die Stabilität der elementaren Bestandteile der Materie – wie Protonen und Elektronen – in Frage gestellt. Die Mindestzeit, die mit Stabilität verträglich ist, läßt sich als »Elementarzeit« definieren. In Zusammenhang mit unseren erkenntnistheoretischen Überlegungen genügt eine grobe Abschätzung in »runden« Zahlen. Sie ergibt, daß das Alter der Welt etwa 10^{40} Elementarzeiten entspricht.

Alter der Welt: 20 Milliarden Lichtjahre = 10^{40} Elementarzeiten

4. Finitistische Erkenntnistheorie

Wir wollen nun – ähnlich wie Archimedes in seiner Abhandlung über die Sandzahl – ein kosmologisches Gedankenexperiment über die größte im Weltall realisierbare Anzahl machen, wobei hier aber die Anzahl von möglichen Operationen, nicht die von Gegenständen gemeint sei. Ein Computer, der so groß und so alt wäre wie das ganze Universum, der seit seinem Bestehen ununterbrochen rechnen würde und dessen Bauelemente einzelne langlebige Elementarteilchen wären, könnte bis heute höchstens 10^{120} Operationen ausgeführt haben – nämlich die Anzahl der elementaren Bausteine (10^{80}) multipliziert mit dem Alter der Welt in Elementarzeiten (10^{40}). Das Alter der Welt geht deshalb in die Abschätzungen ein, weil jedes Bauelement – jedes Elementarteilchen also – nur an höchstens einer Operation pro Elementarzeit beteiligt sein kann; wären es mehr, so wäre die Stabilität des Bauelements in Frage gestellt, der Computer wäre nicht mehr verläßlich. Bei dieser Abschätzung der Größenordnung kommt es für die folgenden Betrachtungen auf einige Nullen mehr oder weniger vor dem Komma gar nicht an.

10^{120} als kosmologische Obergrenze analytischer Operationen

Die Anzahl 10^{120} ist eine praktisch nie erreichbare Obergrenze kosmologisch möglicher Prozesse; die Anzahl der tatsächlich möglichen analytischen Operationen ist schon wegen der Kürze des menschlichen Lebens viel kleiner. Die kosmologische Höchstzahl 10^{120} ist aber für prinzipielle Betrachtungen am besten geeignet, weil sie eine durch die Physik des Universums objektiv definierte Größe ist. Solche kosmologischen Naturkonstanten sind für das naturwissenschaftliche Verständnis der Welt ebenso wesentlich wie die Naturkonstanten, die in den Grundgesetzen der Physik vorkommen.

Die Quanten- und Relativitätstheorie haben gezeigt, daß prinzipielle physikalische Grenzen des Meßbaren, Bestimmbaren und Entscheidbaren zu grundsätzlichen Änderungen von Denkweisen zwingen, die wir uns aufgrund der alltäglichen Erfahrung angewöhnt haben, besonders im Bereich des unsichtbar Kleinen und des unvorstellbar Großen. In vergleichbarer Weise wirft auch der Umgang mit dem Unendlichen in der Mathematik erkenntnistheoretische Probleme auf: Unendlich viele Operationen sind nicht in endlicher Zeit ausführbar, weder in Wirklichkeit, noch in Gedanken. Dies wurde unter den Mathematikern zuerst von den sogenannten »Intuitionisten« betont; sie kritisierten die herkömmliche Mathematik und versuchten, eine finitistische Mathematik zu begründen, die nur endliche Schlußweisen zuläßt. Dieses puristische Verfahren erschwert die Führung von Beweisen; die mathematischen Ergebnisse sind aber im allgemeinen die gleichen, die man bei dem naiven, aber durchaus bewährten Umgang mit dem Begriff des Unendlichen erzielt. Sehr viel weitergehende Konsequenzen ergeben sich, wenn man Endlichkeit nicht als qualitativen mathematischen Begriff – nämlich als Gegensatz zum Unendlichen – ansieht, sondern die endliche Größe und das endliche Alter der wirklichen Welt berücksichtigt. Dafür eignet sich die kosmologische Zahl 10^{120}: Sie bildet eine Obergrenze für die Anzahl realisierbarer Operationen, die überhaupt innerkosmisch möglich, also mit der Physik des Kosmos verträglich sind. Darauf läßt sich eine »finitistische« Erkenntnistheorie aufbauen. Als erkenntnistheoretische Konsequenz aus der Höchstzahl realisierbarer Operationen im Kosmos ergibt sich, daß auch die Zahl der Schritte bei der Analyse von Problemen prinzipiell begrenzt ist – seien es gedankliche Schritte oder Schritte der Informationsverarbeitung durch Computer. Insbesondere ist die Anzahl der Möglichkeiten grundsätzlich beschränkt, die man einzeln nacheinander prüfen kann, um die allgemeine Gültigkeit einer Aussage zu beweisen oder zu widerlegen.

Situationen mit mehr als 10^{120} Möglichkeiten

Anzahlen von Möglichkeiten, die diese Grenze weit überschreiten, gibt es aber schon in erstaunlich einfachen Fällen. Zwei Beispiele: Wenn man innerhalb von drei Minuten eine beliebige, möglichst zufällige und unregelmäßige Folge von über 120 Ziffern auf ein Blatt Papier schreibt, so ist die sich ergebende Zahl ein einmaliges, originelles »Kunstwerk«. Da es mehr als 10^{120} Zahlen dieser Länge gibt, ist es beliebig unwahrscheinlich, daß die gleiche Zahl je wieder zufällig auftritt, solange die Welt besteht. Auch wäre es prinzipiell unmöglich, alle Zahlen dieser Größenordnung einzeln darauf zu überprüfen, ob sie eine bestimmte Eigenschaft haben oder nicht. Für Texte von der Länge einer Schreibmaschinenseite oder die Passagierliste eines Großraumflugzeugs gibt es ebenfalls viel mehr Möglichkeiten, als je einzeln geprüft oder realisiert werden können.

Auch in der Biologie können sich einfache Aussagen auf eine Vielfalt von weit über 10^{120} Möglichkeiten beziehen; Beispiele dafür sind Aussagen, die für alle biologisch möglichen Nachkommen einer Generation gelten sollen. Bei der geschlechtlichen Vermehrung höherer Organismen erhalten die Nachkommen Kombinationen von Genen ihrer Eltern, wobei die Eltern nicht nur ganze Chromosomen, sondern auch Teile hiervon beisteuern können. Welche Kombination im Einzelfall entsteht, ist ein Zufall, der – wie zuvor erwähnt – der Quantenunbestimmtheit unterliegt. Chromosomen und Chromosomenteile können in sehr vielfältiger Weise miteinander kombiniert werden; die Zahl möglicher Kombinationen ist ungeheuer groß und geht weit über 10^{120} hinaus. Jedes geschlechtlich gezeugte Lebewesen, zumal jeder Mensch, von eineiigen Zwillingen abgesehen, ist also völlig einmalig. Er unterscheidet sich durch sein Erbgut und die Kombination seiner erblichen Eigenschaften von allen anderen, die es je gegeben hat oder geben wird. Niemals können sämtliche denkbaren Charaktere auch wirklich auftreten, und keine Aufzählung innerhalb der Grenzen des Kosmos kann jedes ungewöhnliche, aber interessante Exemplar der Spezies Mensch einschließen, das biologisch möglich ist und in Zukunft geboren werden könnte. Thesen über die Gattung »Mensch« betreffen eine so große Zahl von möglichen Einzelfällen, daß man sie nicht alle nacheinander überprüfen könnte. Ein Beweis wäre, wenn überhaupt, nur im Rahmen einer umfassenden Theorie – zum Beispiel der Genetik – möglich.

Über 10^{120} Möglichkeiten für die Nachkommen einer Generation

Ganz allgemein erfordern Aussagen über eine »superkosmisch« große Anzahl von Fällen die Einführung theoretischer Begriffe und deren Verknüpfung in Gesetzen, die in kurzer Form sehr viele Fälle zusammenfassen. Verfahren zur Entscheidung von Problemen müssen nach weniger als 10^{120} Schritten (in der Praxis noch viel früher) zu einem Punkt kommen, um sinnvoll und anwendbar zu sein. Ob das geht oder nicht, kann von Fall zu Fall verschieden sein.

Damit ist man für komplexe, aber endliche Gegebenheiten auf die gleiche Problematik zurückgeworfen, wie sie im Rahmen der mathematischen Beweistheorie für unendliche

Gegebenheiten auftrat. Es besteht keine Garantie dafür, daß man jeden wahren allgemeinen Satz entdeckt; daß es für jeden wahren allgemeinen Satz einen Beweis gibt; daß man den Beweis, wenn es ihn gibt, auch findet. Man wird vermuten, daß im Gegenteil manche Probleme, die für unendliche Gegebenheiten überhaupt keine Lösung haben, auch für endliche, aber komplexe Gegebenheiten nicht lösbar sind, weil für eine Lösung zwar mathematisch endlich viele, aber doch mehr als 10^{120} gedankliche Operationen nötig wären; daß es also kein physikalisch realisierbares, allgemeines Verfahren gibt, um über die Gültigkeit allgemeiner Aussagen zu entscheiden.

Finitistische Erkenntnistheorie

Diese Einsichten lassen sich in folgendem Ansatz einer finitistischen Erkenntnistheorie zusammenfassen: Zwar ist es innerhalb einer auf die wirkliche physikalische Welt bezogenen Theorie erlaubt, beliebig große Zahlen als Anzahl der Möglichkeiten zu verwenden; es ist jedoch grundsätzlich nicht sinnvoll, bei Analysen oder Beweisen auch nur im Gedankenexperiment Anzahlen von Operationen auszuführen, die die Größenordnung 10^{120} übersteigen. Insbesondere ist ein gedachter Katalog *aller* Möglichkeiten oder eine gedachte Entscheidung über *alle* möglichen Einzelfälle wissenschaftsphilosophisch gesehen sinnlos, wenn die Zahl der möglichen Fälle 10^{120} überschreitet.

Die Endlichkeit der Welt begrenzt die Entscheidbarkeit von Problemen

Dies hat Folgen für die Unterscheidung wissenschaftlich berechenbarer, »determinierter«, von prinzipiell nicht entscheidbaren, »indeterminierten« Aussagen. Es kann wahre Sätze über die physikalische Wirklichkeit geben, die nur in mehr als 10^{120} Operationen zu beweisen wären; sie wären nicht für uns, wohl aber für eine gedachte überkosmische Maschine entscheidbar. Sind sie nun »in Wirklichkeit« determiniert? Eine solche Auffassung von Wirklichkeit wäre doch selbst sehr unwirklich. Wissenschaftstheoretisch sinnvoller erscheint die hier vertretene finitistische Denkweise, die die Endlichkeit als konstitutive Eigenschaft des Universums und der in ihm gültigen Physik ansieht: Was *nur* für einen superkosmischen Computer determiniert ist, ist *nicht* determiniert.

5. Das Wissen vom Wissen

Wissenschaftliche Erkenntnisse und Gesetzmäßigkeiten sind nur verläßlich, wenn ihr Geltungsbereich bekannt ist und die verwendeten Methoden der Beobachtung und des logischen Denkens stimmen. Inhaltliche Naturwissenschaft hängt also von der Sicherheit ihrer Voraussetzungen ab. Die Geschichte der modernen Physik zeigt, daß unsere naive Anschauung von Raum, Zeit und Materie außerhalb der Dimensionen alltäglicher Erfahrung falsch sein kann, während die genaue Analyse des Messens und Schließens für die Entwicklung und das Verständnis der richtigen Theorie sehr hilfreich ist.

Anspruch und Grenzen der Wissenschaftstheorie

Daher versuchte man, eine Wissenschaft von der Wissenschaft zu entwickeln; sie sollte die Voraussetzungen und die Tragweite inhaltlicher Wissenschaft klären und absichern, womöglich sogar aufzeigen, wie man Wissenschaft am besten macht. Tatsächlich sind die Ergebnisse der Wissenschaftstheorie sehr lehrreich. Sie tragen zum Selbstverständnis des menschlichen Denkens bei; sie zwingen aber auch dazu, die Ziele bescheidener zu setzen. Zum einen liegt das daran, daß alle Wissenschaften Grenzen haben, die in ihren eigenen Methoden begründet sind. Dies gilt ganz besonders für die Wissenschaft von der Wissenschaft; sie ist eher *noch* unsicherer und interpretationsfähiger als die einzelnen inhaltlichen Wissenschaften, die sie zum Gegenstand hat. Zum anderen steht man vor der schwierigen Frage: Was ist ein Problem?

Was ist ein Problem?

Im Prinzip läßt sich alles problematisieren; das führt bei radikaler Anwendung zu dem Schluß, daß wir nichts wissen können. Man kann so weit gehen, wegen der ungesicherten intuitiven Voraussetzungen des formalen Denkens die Gültigkeit logischer Schlüsse in Zweifel zu ziehen; man kann sogar bestreiten, daß es so etwas wie gesicherte Erfahrungstatsachen gibt – kennt man doch die Unzuverlässigkeit unserer Sinne, wie sie sich bei optischen Täuschungen zeigt, und weiß man von den Schwierigkeiten, Gegenstände und Sachverhalte mit eindeutigen Begriffen zu bezeichnen, so daß alle dasselbe damit meinen. Solche radikalen Zweifel sind mit rein theoretischen Argumenten nicht zu widerlegen. Es ist aber offensichtlich, daß sich die Menschen im allgemeinen sowohl im Alltag als auch in der Naturwissenschaft auf der Basis von Beobachtungen und logischem Denken durchaus verständigen können. Zwar gibt es im Grenzfall unsichere Aussagen und Streitfälle; der radikale Skeptiker wäre aber schon deshalb unglaubwürdig, weil er mit seiner eigenen Skepsis nicht leben kann. Selbst ein Einkauf auf dem Markt wäre unmöglich, wenn man ständig zweifelte, ob der Apfel ein Apfel ist.

So steril universelle Skepsis ist, so aufklärend kann andererseits eine konsequente, erkenntniskritische Analyse der Tragweite der Wissenschaft sein, selbst in Fällen, wo sie die Grenzen der Spitzfindigkeit streift; umgekehrt ist aber nicht alles, was konsequent und spitzfindig ist, auch interessant. Was ist Wahrheit? Eine Denkschule, die wichtige Beiträge zur mathematischen Logik geleistet hat, fand sinngemäß heraus: Der Satz »Der Himmel ist blau« ist dann und nur dann wahr, wenn der Himmel blau ist. Der Wissenschaftstheoretiker wandert auf einem schmalen Grat zwischen Tiefsinn und Banalität.

Programm der analytischen Philosophie

Die Theorie der menschlichen Erkenntnis war für lange Zeit mit der Geschichte der allgemeinen Philosophie verbunden, besonders mit den Namen Bacon, Descartes, Hume und Kant. In den zwanziger Jahren unternahm die analytische »Wiener Schule« der Wissenschaftstheorie den bislang radikalsten Versuch einer formalen Absicherung der Wissenschaft mit ihren eigenen Mitteln, sowohl hinsichtlich ihrer logischen Struktur als auch ihrer Verankerung in Erfahrung und Experiment. Einer der Ausgangspunkte war das sogenannte empirische Sinnkriterium: Wissenschaftliche Aussagen über die Natur sollten ihren Sinn ausschließlich durch die experimentelle Bestätigung erhalten. Theoretische Begriffe wären innerhalb von wissenschaftlichen Aussagen nur sinnvoll, wenn die Begriffe selbst vollständig durch Meß- und Beobachtungsverfahren definiert werden könnten. Unabhängig von der experimentellen Erfahrung wurde die Gültigkeit der Logik anerkannt; zugleich aber wurde jede »Metaphysik« abgelehnt, wurden Begriffe wie »Seele« aus der Wissenschaft verbannt, übrigens mit einer für erklärte Rationalisten erstaunlichen Emotionalität.

Dieses Programm einer vollständigen Absicherung der Wissenschaft mit ihren eigenen Mitteln war jedoch nicht erfolgreich, es stieß bald an unüberwindbare Grenzen. Die Gesetze der Naturwissenschaften haben oft die Form allgemeiner Aussagen über unendlich viele (oder unübersehbar viele) Einzelfälle und können deshalb überhaupt nicht vollständig durch die Erfahrung bestätigt werden, da man ja nicht jeden denkbaren Anwendungsfall einzeln prüfen kann. Allerdings kann man falsche Theorien durch Erfahrung widerlegen, rein logisch sogar durch ein einziges widersprechendes Experiment. Der Philosoph Karl Popper erklärte demzufolge, der Sinn allgemeiner Theorien sei es, Versuche der Widerlegung herauszufordern. Damit aber wird der Anspruch der Wissenschaft unterschätzt: Theorien werden gemacht in der Erwartung, daß sie sich als wahre Erklärung der Natur erweisen, nicht daß sie irgendwann widerlegt werden. Kein Wissenschaftler gibt seine Theorie auf, nur weil ihr ein Experiment entgegensteht; er wird eher versuchen, das Experiment zu widerlegen, versteckte zweifelhafte Annahmen in der Deutung aufzuspüren – oder aber, wenn das nicht geht, die Theorie zu reparieren. Wissenschaftliche Theorien werden nicht aufgegeben, wenn sie mit einigen Fakten nicht übereinstimmen, sondern wenn sich die Reparatur nicht mehr lohnt und die Annahme einer alternativen Theorie einfacher und überzeugender ist.

Theorien und experimentelle Erfahrung

Auch die Forderung nach einer strengen, vollständigen Begründung theoretischer Begriffe durch Verfahren des Beobachtens und Messens erwies sich als unerfüllbar. »Dispositionsbegriffe« wie »löslich« sind Beispiele hierfür. Die Behauptung, Kochsalz ist löslich in Wasser, kann man nicht dadurch bestätigen, daß man jedes erreichbare Kochsalz in Wasser taucht, um festzustellen, ob es sich löst. Auch Varianten dieses Konzepts, bei denen Wahrscheinlichkeiten an die Stelle sicherer Aussagen treten, helfen nicht in allen Fällen weiter. Vor allem aber widerlegt sich das empirische Sinnkriterium selbst, wenn man es auf die Geschichte der Naturwissenschaft anwendet, die ja ebenfalls ein Bereich der Erfahrung ist: Gute Wissenschaftler halten sich nicht daran, und gute Theorien erfüllen es nicht. Weder der Begriff des

Historische Widerlegung formalistischer Wissenschaftstheorien

»Elektrons« noch die »Entropie«, weder »Chromosom« noch »Dreifachbindung«, weder »Masse« noch »Zustandsfunktion« hätten den Eingang in Naturgesetze gefunden, hätte die Wissenschaft die Grundregeln der analytischen Wissenschaftstheorie streng befolgt.

Innerhalb von erfolgreichen Theorien, die anerkannte Bestandteile der Physik sind, haben die theoretischen Begriffe zwar immer einen Bezug zu experimentellen Daten; trotzdem ist eine strenge Definition ausschließlich aufgrund von Meßverfahren in vielen Fällen nicht möglich. Zwar kann man bei einem theoretischen Formalismus manchmal durch Glück und Intuition beweisen, daß bestimmte Merkmale der Theorie entbehrlich sind, also ihre Auslassung keinerlei beobachtbare Konsequenzen hat; es gibt aber kein allgemeines Verfahren, um zu prüfen, ob und welche Merkmale einer komplizierten Theorie vereinfacht, verändert oder entbehrt werden können, ohne daß das in Zukunft irgendwelche meßbaren Konsequenzen hätte. Deshalb basieren naturwissenschaftliche Theorien vielfach auf Begriffen, die man weder ganz aus diesen Theorien weglassen noch *vollständig* auf die Erfahrung zurückführen kann.

Diese Schwierigkeiten führten zu einem veränderten, in gewissem Sinne bescheideneren Verständnis dessen, was theoretische Begriffe im Rahmen der Naturgesetze sind, wie sie sich zur Erfahrung verhalten, und was sie leisten. Es geht in erster Linie auf den Philosophen Carnap zurück, der zuvor schon an der Begründung der analytischen Philosophie wesentlich beteiligt war. Theoretische Begriffe, seien sie qualitativ oder quantitativ, werden zunächst als Bestandteile von *Formalismen* eingeführt; sie unterliegen formalen Regeln, zum Beispiel als Bestandteile bestimmter Gleichungen, die Veränderungen im Laufe der Zeit beschreiben. Die Begriffe brauchen weder im strengen logischen Sinne definiert noch vollständig auf Erfahrungsdaten zurückgeführt werden. Zu diesen Begriffen gibt es aber Zuordnungsregeln, die bestimmten Werten oder Merkmalen der theoretischen Begriffe bestimmte Erfahrungs- oder Meßwerte zuordnen. Beispiel für einen theoretischen Begriff in diesem Sinne ist die »Zustandsfunktion« der Quantenphysik: Unmittelbar

Liberale Definition theoretischer Begriffe

bedeutet sie überhaupt nichts Konkretes; es gibt jedoch feste Regeln, um aus Zustandsfunktionen die Wahrscheinlichkeiten für konkrete Meßdaten – Energie, Ort, Geschwindigkeit von Materie – zu berechnen. Statt theoretische Begriffe von vornherein mit Hilfe von Meßverfahren genau zu definieren, werden nun aus dem Gesamtrahmen der Theorie Folgerungen abgeleitet, die nachträglich durch Beobachtung und Messen zu bestätigen sind. Bewährt sich die Theorie, so bewähren sich indirekt auch die in der Theorie enthaltenen Begriffe.

Dieses bescheidenere Konzept der theoretischen Begriffe wird den bestehenden wissenschaftlichen Theorien – etwa der Relativitätstheorie und der Quantenphysik – sowie dem wirklichen Wissenschaftsprozeß sehr viel besser gerecht. Die philosophischen Konsequenzen sind beträchtlich: Sie schließen den Verzicht auf eine strenge formale Abgrenzung zwischen naturwissenschaftlichen und »metaphysischen« Begriffen ein. Manche Philosophen gehen so weit zu folgern, daß Begriffe der Wissenschaft (wie Druck und Temperatur, Gen und Doppelbindung) sich in ihren *erkenntnistheoretischen* Merkmalen überhaupt nicht mehr von den Göttern Homers unterscheiden. Wissenschaft zeichne sich zwar dadurch aus, daß sie mit den Erkenntnissen der Geographie, Meteorologie und Astronomie eine bessere Gewähr für sichere Seereisen bietet als die Anrufung Poseidons; diese Einsicht beruhe aber auf Erfahrung, sie sei kein erkenntnistheoretischer Sachverhalt. Bei den zentralen *meta*theoretischen Begriffen der Wissenschaftstheorie selbst – etwa bei dem Wort »sinnvoll«, das in der analytischen Philosophie eine so große Rolle spielt – müssen formale Kriterien für Wissenschaftlichkeit völlig versagen.

Aufwertung des hypothetischen Denkens

Die Erkenntnis, daß theoretische Begriffe und die zugehörigen Theorien nicht aus der Erfahrung konstruiert werden können, stellt eine starke Aufwertung des intuitiven und des hypothetischen Denkens dar. Beides ist für den Fortschritt der Wissenschaft von entscheidender Bedeutung. Das Gewinnen von Erkenntnissen ist kein Vorgang, der nach vorgegebenen, festen Regeln verläuft; er setzt die Intuition des Entdeckers voraus und ist darin eng verwandt mit der

Kunst. Dabei ist Erfahrung eine psychologische Hilfe – aber auch ganz andere Gesichtspunkte, wie mathematische Einfachheit und Schönheit, spielen eine wesentliche Rolle. Dem Bestreben, die Struktur und das Verfahren der Wissenschaft mit ihren eigenen Mitteln abzusichern, sind unüberwindliche Grenzen gezogen. Es kann keine formale wissenschaftliche Methode geben, die alle Methoden der Wissenschaften beurteilen könnte – sie müßte sich ja selbst beurteilen. Der Sinn wissenschaftlicher Theorien kann sich erst in der Bewährung bei der Erklärung der Natur erweisen.

Diese Einsichten lenkten die Aufmerksamkeit von Wissenschaftsphilosophen in jüngerer Zeit auf andere als rein logische Aspekte des Wissenschaftsprozesses – besonders auf die historische Frage, wie wissenschaftliche Entdeckungen wirklich zustande kamen und wie sie von psychischen und geistesgeschichtlichen Faktoren beeinflußt wurden.

Wenn für den Wissenschaftsprozeß die Intuition des Entdeckers, also ein subjektiver Vorgang, eine so große Rolle spielt, worin besteht dann die Objektivität der Naturwissenschaft? Sicher nicht in der Objektivität der Wissenschaftler, die ihre Emotionen und Vorurteile haben wie andere Leute auch. Objektivität beruht vielmehr auf der (keineswegs unbegrenzten) Fähigkeit der Menschen, sich gegenseitig zu überzeugen, daß eine Erklärung richtig, daß ein *Beweis* gültig ist, sofern er auf Beobachtung und formalem Denken beruht. Diese Fähigkeit läßt sich vermutlich nicht mit rein logischen Argumenten erklären, sie ist auch eine *biologische* Eigenschaft des menschlichen Gehirns. Dessen Struktur und Funktion ist Voraussetzung der Sprachfähigkeit, des Denkens, der Gestik und der »kognitiven« Wahrnehmung. Dies sind »Universalien« – Fähigkeiten, die den Menschen gemeinsam sind. Sie ermöglichen es, Beobachtungen, Begriffe und Zusammenhänge in einer gemeinsamen Sprache auszudrücken, Erfahrungen wie auch Gedanken anderer mitzuvollziehen und so zu gemeinsamer Erkenntnis zu gelangen.

Die Objektivität der Naturwissenschaft

Das Ideal wissenschaftlicher Erkenntnis ist die völlige Unabhängigkeit von der erkennenden Person, die Gültigkeit für jedermann, die Objektivität. Unter Wissenschaftsphilosophen ist umstritten, inwieweit dieses Ideal objektiver Erkenntnis tatsächlich erreichbar ist; daß es aber von den Naturwissenschaften annähernd erfüllt wird, zeigt sich an dem in Erfahrung, Erklärung und Anwendung bewährten Bestand des Wissens, den die Forschung in den letzten Jahrhunderten erbracht hat.

III. Grundprozesse des Lebens

Drei Merkmale unterscheiden die belebte von der unbelebten Natur: Selbstvermehrung, Mutation und Stoffwechsel. Die molekulare Biologie führt diese Eigenschaften des Lebens auf molekulare und damit letztlich auf physikalische Prozesse zurück. Eine Schlüsselrolle spielt dabei die Erbsubstanz DNS. Sie besteht aus Ketten von Bausteinen, deren Reihenfolge die erblichen Eigenschaften des Organismus festlegt. Die Vermehrung von Zellen und Organismen wird durch das Kopieren der Erbsubstanz eingeleitet; sie verläuft im wesentlichen nach dem Prinzip von Gußform und Abdruck. Mutationen beruhen auf zufälligen, seltenen Kopierfehlern und Umordnungen innerhalb der Erbsubstanz. Die Folge der Bausteine in der Erbsubstanz bestimmt die Folge der Bausteine in den zu bildenden Eiweißstoffen. Viele verschiedene Eiweißstoffe wirken als Katalysatoren, die den Stoffwechsel steuern. Ein Netzwerk von Regelvorgängen koordiniert die verschiedenen biochemischen Reaktionen.

1. Was ist Leben?

Die Unterscheidung »belebt/ unbelebt« gibt es in allen Kulturen

Der Unterschied zwischen Belebtem und Unbelebtem ist uns unmittelbar bewußt. Wir erfahren Löwen als belebt, Felsen als unbelebt. Ergebnisse der Völkerkunde und Kulturgeschichte weisen darauf hin, daß solche Unterscheidungen in allen Kulturen angelegt sind. Wo allerdings die Grenze zwischen belebter und unbelebter Natur gezogen wird, ist von der kulturellen Tradition bestimmt. Nicht selten wird »belebt« mit »beseelt« gleichgesetzt und mit dem Hauch des Atems in Beziehung gebracht. Für viele Naturvölker sind animistische Anschauungen belebt, nach denen alles, was für sie wichtig ist, als beseelt aufgefaßt wird. Dies gilt auch für manches, was der moderne Mensch der unbelebten Welt zuordnet, wie Berge und Flüsse, Regen, Blitz, Donner, Sonne und Sterne. Noch im klassischen Griechenland sah man die Sonne als göttlich, also beseelt an, und der Philosoph Anaxagoras wurde wegen seiner Behauptung, die Sonne sei nur »eine glühende Gesteinsmasse, größer als der Peloponnes«, angeklagt und verbannt. Die moderne Sprachforschung zeigt, daß die Unterscheidung zwischen »belebt« und »unbelebt« vielfach in der Begriffsbildung der Sprache und den Regeln des Sprachgebrauches verankert ist; möglicherweise ist diese Unterscheidung sogar angeboren. Was allerdings im einzelnen der belebten, was der unbelebten Welt zuzuordnen ist, wird erlernt.

Aristoteles' Auffassung von »Leben«

Eine wissenschaftliche Definition dessen, was die belebte vor der unbelebten Natur auszeichnet, ist zuerst von Aristoteles versucht worden. Er unterscheidet zunächst Stufen des Lebendigen: die vegetative, zu der die Pflanzen gehören, die der Tiere mit der Fähigkeit der Wahrnehmung, und schließlich die des Menschen mit Geist. Allen, auch den einfachsten Lebewesen sind Wachstum und Ernährung gemeinsam. »Lebenskraft, so sagen wir, hat ein Ding, wenn es aus sich selber Nahrung aufnimmt, wächst und schwindet«. Auf eine ähnliche Weise wie Aristoteles sieht auch die moderne Wissenschaft den Stoffwechsel als wesentliches Merkmal des Lebens an. Stoffwechsel ist die Umsetzung von Energie und Material aus der Umgebung für Wachstum und Erhaltung der Organismen. Ein weiteres, ganz wesentliches Grundmerkmal der belebten Natur ist die Fortpflanzung, die Produktion von neuen Strukturen, die den alten nahezu gleich sind (auch damit hat sich Aristoteles eingehend auseinandergesetzt). Allerdings erklären Selbstvermehrung und Stoffwechsel noch nicht, wie im Laufe der Geschichte des Lebens auf der Erde die Vielfalt der Lebewesen entstanden ist. Die Evolution der Organismen beruht auf einer dritten Eigenschaft des Lebendigen, der Fähigkeit zur Mutation. Dabei handelt es sich um (relativ seltene) Veränderungen von Erbeigenschaften, die sich nicht nur auf ein einzelnes Lebewesen, sondern auch auf dessen Nachkommen auswirken. Ist eine solche Veränderung für die Vermehrung günstig, so setzen sich Lebewesen mit dem veränderten Erbmerkmal im Laufe der Generationen durch. Die »Selektion« – die Auswahl der vermehrungsfähigsten Organismen – betrifft aber nicht nur *einzelne* Mutationen. Durch sexuelle Vermehrung entstehen ständig zufällige *Kombinationen* von mutierten Erbanlagen. Im Laufe der Generationen verdrängen die für die Vermehrung günstigsten Kombinationen ihre Konkurrenten in der Population. Durch Mutation, Kombination und Selektion entwickelt jede Art von Lebewesen solche Eigenschaften, die der jeweiligen Umwelt besonders angepaßt sind. Mutationen können aber auch zur Entstehung neuer Arten führen; das ist dann der Fall, wenn sich verschiedene Mutationen in verschiedenen ökologischen Bereichen durchsetzen, so daß sie sich nicht gegenseitig verdrängen, sondern koexistieren und sich in verschiedene Richtungen weiterentwickeln. Derartige Mechanismen machen es verständlich, wie es zu der Vielfalt der Lebewesen gekommen ist. Das allgemeine Prinzip der Evolution beruht auf zufälliger Veränderung und zufälliger Kombination erblicher Eigenschaften in Verbindung mit der Auslese der Lebenstüchtigsten im Laufe der Generationen. Es ist bemerkenswert, daß sich auch diese Idee im Ansatz bereits in den Schriften des Altertums angedeutet findet. So lehrte Empedokles, dessen Auffassung von Aristoteles zwar abgelehnt, aber doch zitiert wird: »Wo nun alles zusammenkam, *wie wenn* es zu einem bestimmten Zweck geschähe, das blieb erhalten, da es zufällig passend zusammengetroffen war. Alles aber, was sich nicht so vereinigte, ging zugrunde.«

Merkmale des Lebendigen: Selbstvermehrung, Mutation, Stoffwechsel

Insgesamt ergeben sich somit drei Eigenschaften, die alle Formen des Lebens – von den einfachsten bis zu den höchsten – von der unbelebten Natur unterscheiden: Selbstvermehrung, Mutation und Stoffwechsel. Diese Eigenschaften bilden kein Kriterium für das Leben eines individuellen Organismus – Menschen und Tiere können auch leben, wenn sie ihre Fortpflanzungsfähigkeit verloren haben – sie sind aber Voraussetzungen für Entstehung und Fortbestand der Lebewesen und für die Evolution der Vielfalt der Arten. Die drei Eigenschaften sind nicht hinreichend, damit sich Leben entwickelt. Hierzu gehört auch ein Mindestmaß an Effizienz der Lebensprozesse, die die Vermehrungsrate im Vergleich zur Todesrate genügend hoch hält, so daß Lebewesen sich vermehren können und nicht aussterben. Diese Effizienzbedingung läßt sich vermutlich nicht weiter auf einfache formale Voraussetzungen zurückführen. Sie erfordert aber, daß die Reproduktion komplizierter Strukturen bei der Selbstvermehrung des Organismus genügend genau ist, daß Mutationen nicht zu häufig und nicht zu selten auftreten, und daß Energie und Material aus der Umgebung für Vermehrung und Erhaltung der Lebewesen wirksam genutzt werden können. Ob die Effizienzbedingungen in der Natur erfüllbar sind, und wenn ja, auf welcher physikalisch-chemischen Grundlage, wäre rein theoretisch schwer zu entscheiden – wüßten wir nicht, daß es Leben gibt. So aber können wir das wirkliche Leben naturwissenschaftlich auf seine Eigenschaften und Gesetzmäßigkeiten hin studieren und nachträglich zu erklären suchen.

2. Gilt die Physik in der Biologie?

Läßt sich der Unterschied zwischen »belebt« und »unbelebt« wissenschaftlich nicht nur definieren, sondern auch verstehen? Gelten die Grundgesetze der unbelebten Natur, die Gesetze der Physik, auch in der Biologie? Kann man die charakteristischen Eigenschaften des Lebendigen aufgrund physikalischer Gesetze und Prinzipien erklären?

Einwände gegen physikalische Erklärungen des Lebens

Gegen die Möglichkeit einer physikalischen Erklärung wurden und werden verschiedene Typen von Einwänden erhoben, die im folgenden erörtert werden:

1. Vielleicht reicht eine künftige erweiterte Physik zum Verständnis des Lebens aus, die gegenwärtige ist dafür jedoch unzureichend.

So zweifelhaft Argumente dieser Art sind, muß man doch einräumen, daß sie in der Vergangenheit ihre Berechtigung hatten. Ein Beispiel: Als man im 17. Jahrhundert den Blutkreislauf entdeckt und dabei erkannt hatte, daß das Herz eine Pumpe ist, versuchte man auch andere Lebensvorgänge durch Röhren, Pumpen, Poren und Ventile, also letztlich aufgrund der Strömungslehre, zu erklären. Später stellte sich aber heraus, daß man mit diesem Teilbereich der Physik nicht weit kommt. Wesentlich wichtiger als die Prinzipien der Flüssigkeitsströmung sind für die Biologie die chemischen Stoffumsetzungen. Die große Bedeutung der Chemie für die Biologie hatte zwar Paracelsus schon im 16. Jahrhundert erkannt – lange vor der Entdeckung des Blutkreislaufs – aber Chemie war damals noch zumeist Alchemie, eine geheimnisvolle, fast okkulte Lehre, keineswegs aber Bestandteil physikalischer Naturerklärung. Die Begründung der Chemie als exakte Naturwissenschaft und die Aufklärung ihrer Bedeutung für den Stoffwechsel der Lebewesen erfolgten in den letzten zweihundert Jahren, und das physikalische Verständnis der chemischen Bindung ist überhaupt erst ein Ergebnis der Quantenphysik unseres Jahrhunderts. Die Spekulationen des 17. Jahrhunderts schlugen vor allem deswegen fehl, weil die damals bekannte Physik für die Erklärung der wichtigsten biologischen Vorgänge noch nicht ausreichend entwickelt war.

Wie weit ist die heutige Physik »fertig«?

Nun ist zwar die gegenwärtige Physik auch nicht abgeschlossen; wahrscheinlich ist sie aber doch für den Energiebereich vollständig, der für die Biologie interessant ist. Es gibt keinen Grund, sie nicht auf alle Vorgänge in Raum und Zeit – Lebensvorgänge eingeschlossen – anzuwenden. Wie weit man damit kommt, kann sich nur aus den Ergebnissen der biologischen Forschung ergeben; zu bestreiten ist aber die dogmatische Behauptung, man könne von vornherein theoretisch einsehen, daß sich Lebensvorgänge außerhalb des Geltungsbereichs der gegenwärtig bekannten Physik abspielen.

Die Physik und die Begriffe der Biologie

2. Häufig wird der Einwand erhoben, daß man für die Biologie spezifische biologische Begriffe benötigt, die es in der Physik gar nicht gibt. Dies ist zwar richtig, muß aber kein Hindernis für eine physikalisch begründete Erklärung der Biologie sein. Im Gegenteil, die wissenschaftsphilosophischen Überlegungen über theoretische Begriffe haben gezeigt, daß *jeder* Zweig der angewandten Naturforschung theoretische Begriffe enthält, die in den Grundgesetzen der Physik zwar direkt nicht vorkommen, aber doch physikalisch erklärt werden können, wie zum Beispiel der Begriff »Doppelbindung« in der organischen Chemie. Für den Bereich der Biologie wäre zu fragen, ob alle ihre Begriffe physikalisch begründet werden können, oder ob dafür Begriffe wie »Sinn«, »Zweck« oder »das Gute« notwendig sind, die ihrem Wesen nach schwer zu objektivieren wären. Wie im folgenden besprochen wird, können die Grundeigenschaften der Lebewesen, für die theoretische Begriffe wie Selbstvermehrung, Vererbung, Stoffwechsel und Mutation stehen, sehr wohl auf der Basis physikalisch-chemischer Eigenschaften der beteiligten Moleküle und ihrer Wechselwirkung erklärt werden.

3. Ein weiterer Einwand ist dem vorherigen verwandt: Man erfasse mit der Physik zwar alle Details, nicht aber das biologische Geschehen als Ganzes. Dieser Einwand ist jedoch nur solange berechtigt, als er sich gegen einseitige und unvollständige Erklärungsmuster wendet – zum Beispiel gegen die Ansicht, Leben sei gleichbedeutend mit biochemischen Reaktionen. Dies wäre in der Tat eine verkürzte Betrachtungsweise; sie würde den eindrucksvollsten Eigenschaften der Lebewesen – komplexen räumlichen Gestalten und komplexem Verhalten – nicht gerecht. Zwar hängen auch diese Merkmale mit biochemischen Prozessen zusammen, sie können aber nicht *unmittelbar* aus chemischen Strukturen und Reaktionen abgelesen werden. Ein Ver-

ständnis ist erst möglich, wenn man Lebewesen als Systeme von Molekülen, Organellen, Zellen und Geweben betrachtet und nach Eigenschaften fragt, die sich aus den *Wechselwirkungen* im *System* ergeben. In diesem Zusammenhang sind allgemeine Ergebnisse der mathematisch-physikalischen Systemtheorie bedeutsam. Hierzu gehört ganz besonders die Erkenntnis, daß Systeme von Komponenten Eigenschaften haben, die die einzelnen Komponenten selbst nicht besitzen, das Ganze also »mehr« als seine Teile ist. Diese mathematische Erkenntnis bestätigt die ganzheitliche, »holistische« Betrachtungsweise vieler Biologen, daß das Leben mehr ist als die Ansammlung chemischer Reaktionen und daß seine Erklärung mehr erfordert als eine Auflistung der beteiligten Moleküle; zugleich gibt der Ansatz der Systemtheorie dem ganzheitlichen Aspekt eine streng wissenschaftliche Begründung. Holistisch ist nicht außerwissenschaftlich, nicht antiphysikalisch. Im Gegenteil: Wenn das, was man holistisch mit »Geschehen als Ganzes« bezeichnet, in vernünftige wissenschaftliche Begriffe gefaßt wird, ist auch eine physikalisch begründete Erklärung möglich.

Das Ganze ist mehr als seine Teile

4. Gelegentlich wird behauptet, die biologischen Erscheinungen seien zu kompliziert, um physikalisch erklärbar zu sein. Diese Art von Einwänden ist aber nicht auf die Berechenbarkeit biologischer Erscheinungen beschränkt. Auch ein Wasserfall oder die Bildung einer Wolke könnte nie im einzelnen aus den Grundgesetzen der Physik berechnet werden, da kein Computer groß genug ist, um die Berechnungen auszuführen. Was die Physik aber in der Regel leistet, ist die Erklärung allgemeiner Eigenschaften derartiger Systeme, wobei von Details abstrahiert wird. Auch in der Biologie ist nicht zu erwarten, daß man alle Vorgänge – zum Beispiel in einer Maus – im einzelnen vollständig erklären wird. Das wäre auch nicht interessant: Man wäre damit zufrieden, die theoretische Grundlage der Erklärung zu beherrschen und die wesentlichen Merkmale eines Organismus zu verstehen.

Komplexität der Biologie

5. Es wird des öfteren eingewendet, die Biologie enthalte einen irrationalen Anteil, den man nur gefühlsmäßig erfassen könne. In der Tat haben wir zu Pflanzen und Tieren eine

Objektive Erklärung und subjektives Erleben

ästhetische, zu Tieren und Menschen darüber hinaus eine mitfühlende Beziehung; sie ist nicht Gegenstand der Physik und kann dennoch Gegenstand vernünftiger Beschreibung und vernünftigen Denkens sein. Deshalb besteht aber kein Anlaß, die physikalische Erklärbarkeit der biologischen Vorgänge zu bestreiten, die sich *objektiv* – ohne Bezug auf subjektives Erleben – als Prozesse in Raum und Zeit beschreiben lassen.

6. Schließlich soll noch ein spezielles Argument gegen die Gültigkeit der Physik in der Biologie erwähnt werden, das sich auf ein bestimmtes physikalisches Gesetz stützt, den zweiten Hauptsatz der Wärmelehre. Dieser besagt, daß in einem abgeschlossenen physikalischen System, dem keine Energie von außen zugeführt wird, die sogenannte Entropie nur zu-, aber nicht abnehmen kann; Entropie ist hierbei ein Maß für Unordnung. Unordnung aus Ordnung entsteht von selbst; will man aber Ordnung aus Unordnung erzeugen, so muß man hierfür ein gewisses Maß an »freier Energie« aufwenden. Im Laufe der Entstehung und Entwicklung des Lebens auf der Erde entstand offensichtlich aus strukturarmen Anfangsbedingungen ein großer Reichtum an Strukturen, also Ordnung aus Chaos und nicht umgekehrt. Ist dies ein Widerspruch zur Physik? Diese Frage müssen wir verneinen. Die Erde, auf der das Leben entstand, ist ja kein abgeschlossenes System: Sie wird von der Sonne beschienen, und der Bereich des Lebendigen stellt nur ein kleines Teilsystem der Erde dar. Sowohl vor als auch während der Entwicklung des Lebens gab es immer Material auf der Erde, das direkt oder indirekt mit Hilfe der Sonnenenergie entstanden war und das durch seine chemische Umsetzung wiederum Energie freisetzen konnte. Zudem sind die Beträge von Energie, die speziell für die genaue räumliche Anordnung der Zellen im Organismus (im Vergleich zu einem wirren Durcheinander aller Zelltypen) nötig sind, extrem klein; für die Entropie spielt nämlich in erster Linie die Stückzahl und nicht die Größe der Bausteine eine Rolle, aus denen eine räumliche Struktur aufgebaut wird. Die für die räumliche Ordnung von etwa hundert Milliarden Zellen eines Elefanten erforderliche freie Energie ist auch nicht wesentlich größer als die

Die Evolution des Lebens widerspricht nicht der Thermodynamik

hinzu kommt noch die Ordnung in der Zelle → Multiplikation!

für die Ordnung von hundert Milliarden Wassermolekülen, die einen winzigen, unsichtbar kleinen Eiskristall aufbauen. Der für die Ausbildung biologischer Strukturen nötige »Ordnungsanteil« an Energie ist so minimal, daß man ihn gegenüber der insgesamt verfügbaren, in der aufgenommenen Nahrung enthaltenen Energie, die überwiegend für den biochemischen Stoffwechsel verwendet wird, vollkommen vernachlässigen kann.

Keiner der sechs besprochenen Einwände gegen eine physikalische Erklärbarkeit der Biologie ist uninteressant, keiner ist aber auch überzeugend. Diesen »vitalistischen« Einwänden *gegen* die physikalische Erklärbarkeit biologischer Vorgänge steht die – häufig von Wissenschaftlern bezogene – Position entgegen, die Anwendbarkeit der Physik sei doch selbstverständlich und Zweifel daran beruhten auf Überresten irrationaler Geisteshaltung, dem Glauben an geheimnisvolle Lebenskräfte. *Beiden* entgegengesetzten Haltungen ist gemeinsam, daß eine Entscheidung durch Denken allein für möglich gehalten wird; in Wirklichkeit handelt es sich jedoch um ein Problem, das nur durch Beobachtung und Experiment zu lösen ist.

Die Gültigkeit der Physik für die Biologie ist nicht selbstverständlich

Die Physik ist zunächst an nichtbiologischen Vorgängen entwickelt und durch vielfache Erfahrung bestätigt. Die Biologie stellt demgegenüber einen erweiterten Erfahrungsbereich dar, der zum Beispiel die Gesetze der Vererbung einschließt. Die Anwendbarkeit einer in einem Bereich bestätigten Theorie auf einen erweiterten Erfahrungsbereich ist immer ein empirisches Problem mit bisweilen überraschenden Ergebnissen. So konnte man im vorigen Jahrhundert nicht ahnen, daß die für normale Geschwindigkeiten gut bestätigte klassische Mechanik für sehr hohe Geschwindigkeiten nicht mehr gilt und durch eine erweiterte Theorie, die Relativitätstheorie, zu ersetzen ist, die wiederum die alte Mechanik als Grenzfall für niedrige Geschwindigkeiten enthält. Andererseits ist bemerkenswert, wie die Quantentheorie, die zunächst als Physik der Atome entwickelt wurde, *keiner* Erweiterung mehr bedurfte, um auch die chemische Bindung – die Verbindung von Atomen untereinander zu Molekülen – zu verstehen. Wie soll man erraten, ob die

Physik für die Biologie nun erweitert werden muß oder nicht? Rein logisch kann weder begründet noch ausgeschlossen werden, daß die biologische Forschung zu Entdeckungen führt, die durch die Gesetze der bisherigen Physik nicht erklärbar sind und möglicherweise eine erweiterte Physik erfordern, die dann ihrerseits die bisherige Physik im anorganischen Bereich als Grenzfall (zum Beispiel für geringe Komplexität) einschließt. Erst die experimentelle Erfahrung ergab, daß die zunächst für die Probleme der unbelebten Natur entwickelte Physik auch für die Biologie gilt und die Grundlage für die Erklärung der Lebensvorgänge bildet, ohne dafür einer Erweiterung zu bedürfen. Am deutlichsten zeigt dies die molekulare Biologie der Vererbung.

3. Molekulare Biologie der Vermehrung und Vererbung

Die Selbstvermehrung: Grundprozeß des Lebens

Ein Grundprozeß in der Biologie ist die Selbstvermehrung. Für sich allein betrachtet ist dieser Vorgang zwar keine Domäne des Lebendigen: Auch Feuer vermehrt sich selbst. Allerdings ist das, was sich bei einem Brand ausbreitet, arm an vorhersagbaren, sich wiederholenden Strukturen; es brennt oder es brennt nicht. Gelegentlich gibt es in der unbelebten Natur aber auch Prozesse, bei denen eine komplizierte Struktur reproduziert wird. Rollt ein Stein einen Schneehang hinunter, so kann er eine Vielzahl ähnlicher Abdrücke, bei jeder Umdrehung einen, von seiner Oberfläche hinterlassen. Diese Reproduktion ist jedoch in der Häufigkeit sehr begrenzt: Ist der Stein zur Ruhe gekommen, hört die Reproduktion der Abdrücke im Schnee auf. Der Mensch kann auch komplizierte Strukturen vielmals reproduzieren, zum Beispiel beim Druck von Büchern. Dabei entsteht aber ein Kunstprodukt, das die höheren Formen des Lebens, in diesem Fall das Gehirn des Menschen, voraussetzt. Die fast *unbegrenzte* Erzeugung sehr *ähnlicher*, aber zugleich sehr *komplexer* Gebilde gibt es nicht in der unbelebten Natur. Der Reichtum an verschiedenen Strukturen, die sich jeweils selbst reproduzieren, charakterisiert den Bereich des Lebendigen.

Die einfachsten Lebewesen, die aus einer einzigen Zelle bestehen, vermehren sich unmittelbar durch Zellteilung, wobei aus einer Zelle zwei gleichartige gebildet werden. Bei höheren, vielzelligen Organismen ist der Generationszyklus komplizierter: Aus der Eizelle entstehen verschiedene Zelltypen. Darunter sind auch die für die Reproduktion des Organismus spezialisierten Vorstufen der Geschlechtszellen; diese vermehren sich und entwickeln sich schließlich zu Ei- bzw. Samenzellen. Aus einer Eizelle entsteht nach der Befruchtung wieder ein ganzer vielzelliger Organismus. Auch dieser komplizierte Generationszyklus beruht auf der Selbstvermehrungsfähigkeit der Zellen und läuft in letzter Konsequenz auf die Reproduktion gleichartiger Zellen hinaus.

Wie wird der Kopierapparat kopiert?

An der Selbstvermehrung von Zellen muß ein Kopierprozeß beteiligt sein, analog dem Kopieren von Bildern, Texten, Tonbändern oder Plastiken. Es wird aber nicht die ganze Zelle Punkt für Punkt und Teil für Teil kopiert: Das ist schon logisch ausgeschlossen, denn im Gegensatz zu technischen Reproduktionsverfahren schließt der biologische Kopiervorgang die Kopierung des gesamten Kopierapparates mit ein. Eine Kopiermaschine kann sich aber nicht *unmittelbar* selbst reproduzieren. Dies ergibt ein logisch wesentlich hintergründigeres Problem als Buchdruck oder Photographie. Wie löst es die belebte Natur?

Die Prinzipien der Selbstvermehrung lebender Zellen lassen sich am besten an den einfachsten Organismen erläutern, den einzelligen Bakterien. Sie vermehren sich praktisch unbegrenzt, solange man geeignete Nährstoffe anbietet. Die einzelne Zelle wächst und teilt sich in jeweils zwei Tochterzellen, die, von gelegentlichen Mutationen abgesehen, die gleiche Zusammensetzung und Struktur haben wie die Ausgangszelle. Jede Zelle enthält unter anderem mehrere tausend Sorten Eiweißmoleküle (»Proteine«) in Stückzahlen von einigen wenigen bis zu einigen zehntausend, daneben eine große Anzahl anderer organischer Stoffe. Bei der Vermehrung der Zellen werden Eiweißstoffe nicht unmittelbar abgeformt. Direkt kopiert werden Moleküle eines ganz anderen chemischen Typs, der Erbsubstanz DNS (»Desoxyribonukleinsäure«), die nur einen sehr kleinen Teil der gesamten Zellmasse ausmacht. Nach der Kopierung erhält jede Tochterzelle sodann ein »eigenes« Exemplar der Erbsubstanz. Die DNS bestimmt nun alle anderen erblichen Eigenschaften der Zelle. Sie ist es, die die Produktion der vielen verschiedenen Proteine lenkt und deren Struktur festlegt. Unter diesen Proteinen sind zahlreiche Enzyme, die das gesamte biochemische Geschehen der Zelle steuern: Sie wirken als Katalysatoren – jedes Enzym beschleunigt eine bestimmte biochemische Reaktion, ohne selbst dabei verbraucht zu werden. Einige dieser Enzyme bilden wiederum den Apparat, der die Vermehrung der Erbsubstanz DNS bewirkt, also das Abdruckverfahren »ausführt«. Andere sind Teile der molekularen Maschinerie, die die Eiweißstoffe produziert.

Doppelfunktion der Erbsubstanz

Man erkennt hierbei die Logik der Selbstvermehrung komplizierter Strukturen. Entscheidend ist ein kleiner Teil des Materials, die Erbsubstanz, die aber eine Doppelfunktion hat: Sie kann zum einen identisch kopiert werden, zum anderen enthält sie die Instruktion für die Herstellung der übrigen Strukturen, zu denen nicht zuletzt die Apparate zur Bereitstellung von Energie und Material aus der Umgebung sowie zur Vermehrung der Erbsubstanz DNS selbst gehören.

Mutationen

Dieses Konzept erlaubt auch eine Erklärung der Mutationen, der Änderungen erblicher Eigenschaften. Gelegentlich kommen Fehler der Kopierung der Erbsubstanz vor, zum Beispiel als Folge zufälliger Temperaturbewegungen. Dies führt zu einer Abweichung der Kopie vom »Original«. Veränderte – »mutierte« – Kopien werden danach vom Vermehrungsapparat weiterkopiert und so auf Nachkommen übertragen – derartige Veränderungen sind also erblich. Mutationen können unter anderem zu veränderten Proteinen führen, die ihrerseits auf den Stoffwechsel einwirken. Sind die Veränderungen günstig für die Vermehrung des Organismus, indem sie zum Beispiel eine bessere Ausnützung der Nährstoffe erlauben, so setzt sich die neue Mutante im Laufe der Generation in der Gesamtpopulation durch: Evolution findet statt. Sind sie ungünstig, und das trifft für die Mehrzahl der Fälle zu, so stirbt der mutierte Typ in der Population schnell aus.

Kann man diese biologischen Vorgänge – Kopierung der Erbsubstanz, Steuerung der Eiweißbildung und Mutation – auf physikalischer Grundlage verstehen? Dies ist möglich, wenn man die Struktur, Wechselwirkung und Funktion der beteiligten Moleküle näher betrachtet. Die Grundstruktur der Erbsubstanz DNS ist die sogenannte »Doppel-Helix«. Zwei Kettenmoleküle sind spiralförmig umeinander gewunden und bilden zusammen die fadenförmige DNS. Jedes der Kettenmoleküle besteht aus sehr vielen (in Bakterien aus mehreren Millionen) Gliedern. Als Glieder kommen dabei aber nur vier voneinander verschiedene Bausteine – vier »Nukleotide« – vor, die bestimmte chemische Namen haben, die wir jedoch zur Diskussion der Prinzipien einfach durch die Buchstaben A, B, C und D ersetzen wollen. Die Reihenfolge der Bausteine innerhalb des Kettenmoleküls zeigt keine einfachen Regelmäßigkeiten. Verschiedene Organismen weisen verschiedene Reihenfolgen der Bausteine in ihrer DNS auf. Diese Reihenfolgen sind es, die letztlich alle erblichen Eigenschaften der betreffenden Organismen festlegen, bei Bakterien also den Aufbau der einzelnen Zelle, bei höheren Organismen außerdem auf indirektem Wege auch sehr komplexe Eigenschaften wie Gestalten und Instinkte. Die Reihenfolge der Bausteine ist somit ein verschlüsselter Bau- und Funktionsplan. Würden wir die (direkten und indirekten) Wirkungsmechanismen der Erbsubstanz genau kennen, so könnten wir die Folge ihrer Bausteine wie eine Schrift lesen und aus der Reihenfolge der Glieder auf die Eigenschaften des Organismus schließen.

Struktur der Erbsubstanz DNS

Wie wird die Erbsubstanz bei der Zellvermehrung verdoppelt? Das Verfahren, das die Zelle hierbei verwendet, entspricht im Prinzip vielen Kopierverfahren, die man aus der Technik kennt. Es verläuft über ein Negativ, wie es auch bei der Photographie, bei bestimmten Drucktechniken sowie bei der Herstellung und Verwendung von Formen in der Industrie angewandt wird. Dabei ist die Form jeweils eine Art Negativ des zu formenden Gegenstandes. Ein ähnliches

DNS-Vermehrung als molekulares Abdruckverfahren

Prinzip gilt für die Vermehrung der Erbsubstanz. In der DNS-Doppelhelix verhalten sich, wie die physikalisch-chemische Strukturanalyse gezeigt hat, die beiden Ketten zueinander wie Gußform und Abdruck, wie Positiv und Negativ: Jedem Baustein in einem Strang steht ein bestimmter Baustein im anderen Strang gegenüber, dem Baustein A ein Baustein B und umgekehrt dem Baustein B ein Baustein A; dem Baustein C ein Baustein D und dem Baustein D ein Baustein C. Form der Bausteine und Anordnung ihrer Atome sind derart, daß A und B, sowie C und D jeweils zueinander

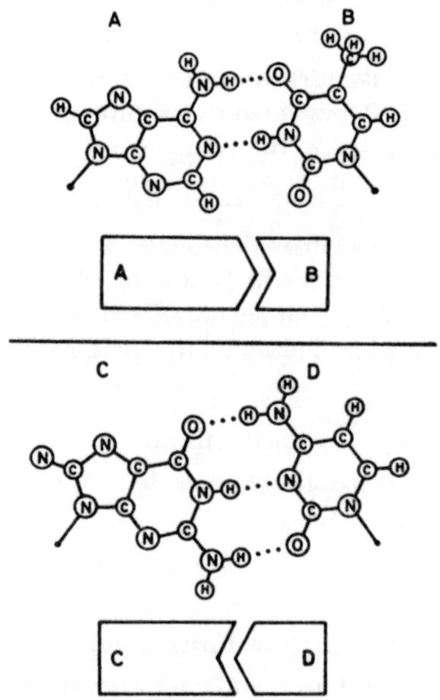

Abb. 1: **Bausteine der Erbsubstanz Desoxyribonukleinsäure (DNS)** sind vier Nukleotide A, B, C, D; sie bilden die »Paare« AB und CD, die schematisch mit stumpfen und spitzen Klötzen dargestellt sind. Die Abbildung zeigt den Teil der Moleküle, der für die Paarung der Bausteine wichtig ist, nämlich die »Basen« Adenin (A), Thymin (B), Guanin (C) und Cytosin (D). Bestimmte, an Stickstoffatome (N) gebundene Wasserstoffatome (H) einer Base bilden »Wasserstoffbrücken« N-H . . . O und N-H . . . N zu Sauerstoff- oder Stickstoffatomen einer anderen Base.

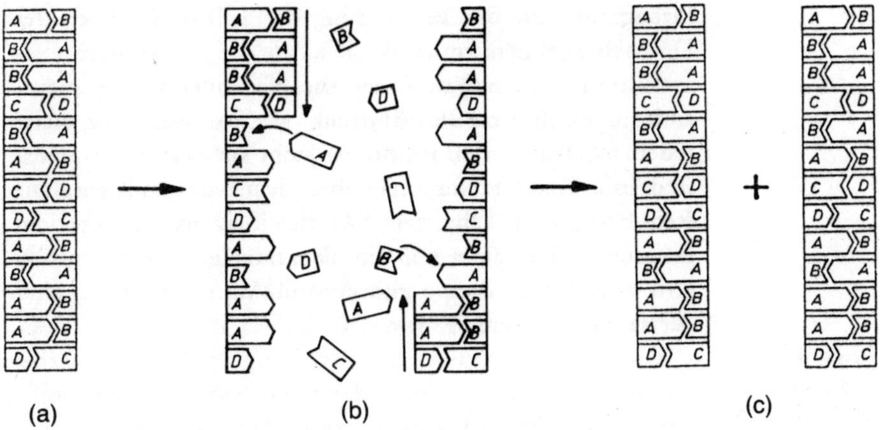

Abb. 2: **Kopierung der Erbsubstanz DNS**
Die Erbsubstanz DNS besteht aus zwei Strängen von Kettenmolekülen (a). Gegenüber jedem Baustein in einem Strang liegt der dazu passende, komplementäre Baustein im anderen, also gegenüber A ein B, gegenüber B ein A, gegenüber C ein D, gegenüber D ein C; die beiden Stränge verhalten sich zueinander wie Gußform und Abdruck. Darauf beruht der Kopiermechanimus der Erbsubstanz: Die Stränge trennen sich, an jedem »alten« Strang lagern sich die jeweils komplementären Bausteine an und verbinden sich zu einem neuen Strang (b), bis aus einem Doppelstrang (a) zwei gleichartige Doppelstränge (c) gebildet sind. Das vereinfachte Schema gibt nur das Prinzip, nicht die spiralförmige Struktur der DNS und die Details des Vermehrungsvorgangs wieder.

passen. Sie ergänzen sich in Größe, Form und bestimmten Bindungskräften, indem sie die – untereinander sehr ähnlichen – Paare AB und CD bilden *(Abb. 1)*. Darauf beruht das Prinzip der Vermehrung der DNS, die in wesentlichen Zügen nach folgendem Schema erfolgt: Die beiden Stränge trennen sich und jeder Strang dient als Druckstock für die Bildung eines neuen Strangs *(Abb. 2)*. Bausteine, die in der Zelle bereits in einer chemisch reaktionsfähigen Form vorfabriziert sind, treffen zufällig auf die Stränge auf. Nur wenn der Baustein gerade paßt, also den Baustein des alten Stranges zu einem Paar ergänzt, kann er an den neu entstehenden

Strang mit Hilfe bestimmter Enzyme angelagert werden. An einem Strang, nennen wir ihn Positivstrang, entsteht ein Negativstrang, am Negativstrang die Negativkopie des Negativstranges, also ein Positivstrang. Hat sich auf diese Weise die Erbsubstanz verdoppelt, so kann sich die Zelle teilen, und jede Tochterzelle erhält ihre eigene Erbsubstanz. Die Reihenfolgen der Bausteine A, B, C, D werden von der ursprünglichen Zelle auf die Tochterzellen weitergegeben und bestimmen dort Struktur und Verhalten in gleicher Weise wie in der ursprünglichen Zelle.

Proteinsynthese unter Kontrolle der DNS

Die wichtigste unmittelbare Wirkung der DNS ist hierbei die Steuerung der Synthese der Eiweißstoffe, die ihrerseits aus einem oder mehreren Kettenmolekülen bestehen. Ihre

Abb. 3a

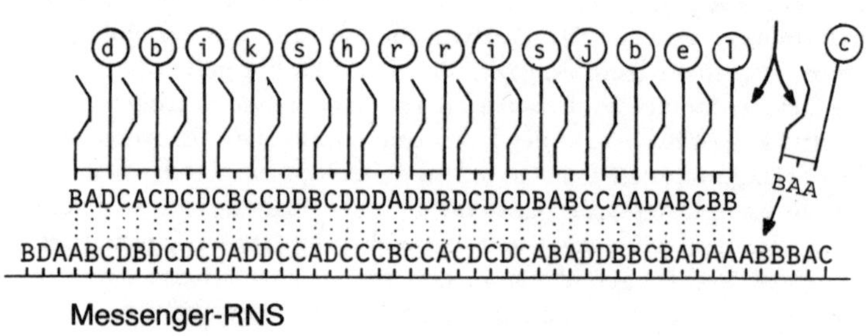

Abb. 3b

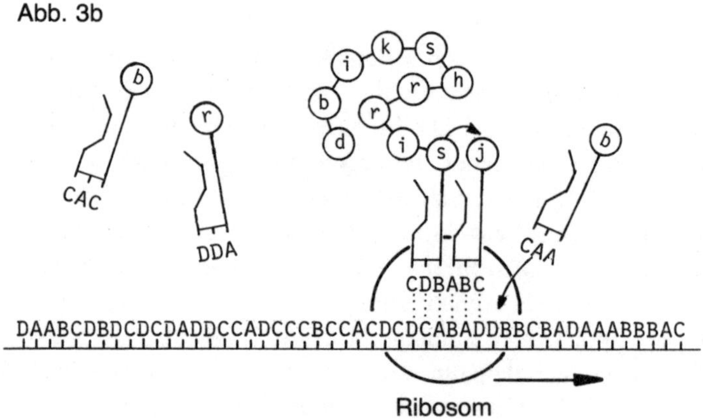

Bausteine (die Aminosäuren) unterscheiden sich völlig von denen der Nukleinsäuren, und es gibt nicht vier, sondern zwanzig verschiedene Typen. Viele kleinere Eiweißstoffe bestehen aus einer einzigen Kette von etwa 100 bis 200 Aminosäuren, größere oft aus mehreren – und längeren – Ketten. Ähnlich wie bei den Nukleinsäuren gibt es auch bei den Eiweißstoffen meist keine einfache Regelmäßigkeit inner-

---

Abb. 3: **Die Synthese der Proteine** entspricht einer Übersetzung der Folge von vier Typen von Nukleotiden (A–D) in der Nukleinsäure in eine Folge von 20 Typen von Aminosäuren (a–t) im Kettenmolekül des zu bildenden Proteins. Der Prozeß verläuft in mehreren Schritten. An der DNS wird einsträngige Nukleinsäure, die »Messenger-RNS«, gebildet – als Kopie eines Teilstücks der Erbsubstanz. Aminosäuren werden mit Hilfe spezifischer Enzyme an bestimmte kleine RNS-Moleküle, die Transfer-RNS, gebunden. Diese Moleküle enthalten in einem Teil ihrer rückgefalteten Struktur eine Folge von drei Nukleotiden, z. B. BAA, die sich an eine komplementäre Folge von drei Nukleotiden der Messenger-RNS (in diesem Falle ABB) binden. Dadurch reiht die Messenger-RNS die Transfer-RNS-Moleküle mit den jeweils gebundenen Aminosäuren in einer bestimmten Sequenz auf (Abb. 3 a), und die Aminosäuren werden zum Proteinmolekül verbunden.
Tatsächlich erfolgt die Bindung der Transfer-Moleküle nicht gleichzeitig, sondern nacheinander. Daran beteiligt sind Ribosomen: kleine »Maschinen« für die Proteinsynthese. Das Ribosom lagert sich an die Messenger-RNS an, wandert an ihr entlang und bewirkt dabei deren »Ablesung« zur Bildung des entsprechenden Proteins. Die Abbildung (3 b) zeigt skizzenhaft eine Momentaufnahme dieses Vorgangs. Das Ribosom trägt Transfer-RNS mit dem entstehenden Protein-Kettenmolekül; daneben wird an die Messenger-RNS die nächste Transfer-RNS samt Aminosäure gebunden; auf diese wird das Kettenmolekül übertragen (↷), und verlängert sich damit um eine Aminosäure. Dann rutscht das Ribosom an der Messenger-RNS um drei Nukleotide weiter nach rechts, und die nächste Transfer-RNS mit der nächsten Aminosäure kann gebunden werden ... So entsteht nach der Vorschrift der Kopie der Erbsubstanz Glied für Glied ein Eiweiß-Kettenmolekül, bis eine besondere Sequenz in der Messenger-RNS (z. B. BAC) erreicht wird, die »Schluß der Kette« bedeutet und zur Ablösung des fertigen Eiweißmoleküls führt. Das Eiweißmolekül faltet sich – oft schon während der Synthese – zu einer kompakten Struktur mit spezifischer Oberfläche, auf der seine Funktion beruht.

halb der Reihenfolge der Glieder der Kettenmoleküle, aber jeder bestimmte Eiweißstoff (z. B. Insulin) weist eine spezifische, genau festgelegte Folge von Aminosäuren auf.

Kopien von Erbsubstanz im Zellplasma: Die »Messenger-RNS«

Zur Steuerung der Proteinsynthese wird die Erbsubstanz zunächst abschnittsweise kopiert. Der Kopiervorgang nutzt, ähnlich wie bei der Vermehrung der Erbsubstanz DNS, das Prinzip der Paarung der Bausteine, nur daß in diesem Fall einsträngige Nukleinsäure eines chemisch etwas anderen Typs (Ribosenukleinsäure »RNS«) gebildet wird. Die Bausteinfolge eines solchen RNS-Moleküls ist die Kopie eines Teilbereichs von einem Strang der Erbsubstanz DNS. Solche Kopien sind die »Boten«- bzw. »Messenger-Nukleinsäuren«, die die Botschaft der Erbsubstanz in die biochemische Maschinerie des Zellplasmas übertragen. Dort steuern sie die Synthese der Proteine *(Abb. 3)*.

Ribosomen »lesen« Messenger-RNS ab

Ribosomen – das sind kleine Partikel in den Zellen, die die Funktion von »Apparaten« der Eiweißproduktion haben – verbinden sich mit den Nukleinsäure-Fäden der RNS, wandern an ihnen entlang und bewirken die Bildung der Eiweißmoleküle aus den einzelnen Bausteinen, den Aminosäuren. Bei diesem Vorgang wird die Messenger-Nukleinsäure sozusagen abgelesen: Die Folge der Bausteine in Kettenmolekülen der Nukleinsäure legt die Folge der Bausteine im zu bildenden Protein fest; dabei bestimmt jeweils eine Gruppe von drei Bausteinen der Messenger-Nukleinsäure (ein »Triplett«, zum Beispiel ACA) den Anbau einer bestimmten Aminosäure.

»Transfer-RNS« überträgt Aminosäuren auf Proteine

Die Anlagerung der Aminosäure erfolgt allerdings nicht direkt an das jeweilige »Triplett« der Messenger-RNS, sondern zunächst an eine kleine, für die Aminosäure spezifische »Transfer-RNS«, die sich ihrerseits an das entsprechende Triplett der Messenger-RNS bindet *(Abb. 3 b)*. Dann wird die wachsende Kette des Proteinmoleküls um die Aminosäure verlängert, das beteiligte Ribosom rutscht an der Messenger-RNS um ein Triplett weiter, und die nächste Transfer-RNS mit der nächsten Aminosäure kann gebunden werden. Trotz des etwas komplizierten molekularen Mechanismus, der in Wirklichkeit noch weitere Zwischenschritte enthält, ist das dahinterliegende Prinzip sehr einfach: Da das Kettenmolekül Messenger-RNS eine Kopie der Erbsubstanz DNS ist, entsteht letztlich nach der Vorschrift der Erbsubstanz in einer Art molekularem Ablese- und Übersetzungsverfahren Glied für Glied ein in seiner chemischen Struktur sehr genau festgelegtes Protein-Kettenmolekül.

DNS bestimmt Reihenfolgen der Aminosäuren in Proteinen

Der Zusammenhang zwischen der Reihenfolge der Bausteine in der Erbsubstanz einerseits und in den Proteinen andererseits entspricht der Übersetzung von einer Schrift in eine andere, nämlich von der »Nukleinsäureschrift« mit vier verschiedenen Symbolen in die »Eiweißschrift« mit zwanzig Symbolen. Der Vorgang ist vergleichbar mit der Übersetzung des Morsealphabets mit wenigen Zeichen – Punkten, Strichen und Pausen – in die Buchstabenschrift mit 25 Symbolen. Man nennt die Übersetzungsregel den genetischen Code, entsprechend etwa dem Code von Morsealphabeten und Geheimschriften. Er ist für alle Lebewesen in wesentlichen Zügen gleich, muß also bei der Entwicklung des Lebens schon früh entstanden sein.

Der genetische Code

Der Übersetzung der Baustein-Abfolge der Erbsubstanz in die Baustein-Abfolge der Eiweißmoleküle folgt im allgemeinen die Faltung der Eiweiß-Kettenmoleküle zu kompakten Gebilden. Die Faltung des einzelnen Moleküls hängt von der chemischen Struktur, also der Reihenfolge der Aminosäuren im Kettenmolekül ab. Sie wird von den physikalischen Kräften bestimmt, die die verschiedenen Aminosäuren aufeinander ausüben. Auf diese Weise ergibt sich eine kompakte Molekülstruktur mit spezifischer Anordnung der Atome auf der Oberfläche. Hierauf beruht im wesentlichen die Funktion der Proteine, zum Beispiel der Enzyme; letztere binden auf ihrer Oberfläche bestimmte organische Stoffe in einer bestimmten räumlichen Anordnung zueinander, so daß sie chemisch miteinander reagieren können. Das Enzym selbst verändert sich bei der Reaktion nicht nachhaltig und wird nicht verbraucht. Es wirkt als Katalysator, indem es eine bestimmte unter vielen chemisch möglichen Reaktionen sehr selektiv beschleunigt. Es gibt zahlreiche verschiedene Enzyme, die die Biochemie der Zelle spezifisch lenken. Andere Eiweißstoffe haben andere Funktionen: Manche wirken als Hormone, die regelnd in das Zellgeschehen eingreifen,

Faltung und katalytische Funktion von Proteinen

manche bauen Membranbestandteile, Fasern, Poren und weitere Strukturen der Zelle auf. Insgesamt spielen die Proteine eine Art Vermittlerrolle zwischen der Erbsubstanz und vielen funktionalen Eigenschaften der Zelle.

Die Codierung der Proteine ist nicht die einzige Funktion der Erbsubstanz. Manche Abschnitte der DNS *codieren* nicht bestimmte Proteine, sondern *binden* sie – und diese Bindung hat Einfluß auf benachbarte codierende DNS-Abschnitte – sie greift regelnd in die Synthese der Messenger-RNS ein. Die Protein-bindenden DNS-Abschnitte wirken als »Regelgene« auf die Aktivität benachbarter Protein-codierender »Strukturgene«. Regelgene sind demnach Schalter, durch die die Synthese von Messenger-RNS an- oder abgeschaltet wird, und spezifische Proteine können diese Schalter betätigen. In manchen Fällen erfolgt die Betätigung des Schalters nur dann, wenn das DNS-bindende Protein seinerseits mit einer bestimmten Substanz verbunden ist; dann hängt es letztlich von der Konzentration dieser Substanz ab, wie groß die Aktivität eines bestimmten Gens ist. Auf solche Art wird die Aktivität der Gene indirekt von der Konzentration vieler Stoffe beeinflußt. In der Zelle gibt es ein ganzes Netzwerk von Regelprozessen mit komplizierten Rückwirkungen von Produkten auf die Produktion. Die Zellen höherer Organismen haben ein besonders weites, erst teilweise aufgeklärtes Repertoire von Regelmechanismen.

Regelprozesse an der Erbsubstanz

Zwei Arten der Regelwirkung an der Erbsubstanz DNS sind für das Verständnis der Biologie der Zelle von ganz besonderem Interesse: Zum einen kann das Produkt eines Enzyms die Neubildung der Messenger-RNS hemmen, an der das betreffende Enzym hergestellt wird. Diese Regelung schaltet die Bildung der Produktionsmittel ab, wenn ein Überfluß an Produkten vorliegt; sie paßt die Produktion dem Bedarf an und sorgt so für eine ökonomische Verwendung von Energie und Material. Ein anderer Grundtyp der Regelung ist dem genau entgegengesetzt: Das Produkt eines Enzyms schaltet die Produktion des entsprechenden Enzyms erst richtig an, es gibt eine Selbstverstärkung der Produktion.

Unter manchen Voraussetzungen kann dabei ein und dieselbe Zelle – bei unveränderter Erbsubstanz – zwei völlig verschiedene in sich stabile Zustände einnehmen: einen mit sehr geringem, einen anderen mit sehr hohem Niveau des autokatalytisch wirksamen Produkts. Der Übergang von einem zum anderen Zustand erfolgt ähnlich wie bei einem Lichtschalter durch einen einmaligen, aktivierenden Anstoß: Ist die Synthese erst einmal angedreht, so bleibt sie an. Regelvorgänge dieser Art könnten für die Entwicklung höherer, vielzelliger Organismen von Bedeutung sein, indem sie zur Differenzierung der Zellen in verschiedene Typen – wie Muskelzellen, Hautzellen, Nervenzellen – beitragen.

Eine Zelle kann mehrere stabile Zustände einnehmen

Der Kopierprozeß, der zur Vermehrung der DNS führt, ergibt auch eine unmittelbare Erklärung für die dritte Grundeigenschaft des Lebendigen neben Selbstvermehrung und Stoffwechsel, nämlich für das Auftreten von Mutationen. Durch chemische und physikalische Einwirkungen auf die DNS (z. B. radioaktive Strahlung) sowie durch Kopierfehler bei ihrer Vermehrung (als Folge der zufälligen Temperaturbewegungen der beteiligten Moleküle) kann eine veränderte Folge von Bausteinen der Erbsubstanz entstehen; und der Kopiermechanismus bewirkt, daß von nun an auch alle weiteren Nachkommen des mutierten DNS-Moleküls die abgeänderte Bausteinfolge enthalten: Die Änderung ist erblich, wie es dem Begriff der Mutation entspricht. Verändert man zum Beispiel den Baustein A *(siehe Abb. 1*, S. 78) durch chemische Einwirkung derart, daß zu ihm bei der Kopierung nun nicht mehr genau der Baustein B, dafür aber besser der Baustein D paßt, so kann Baustein D anstelle von B eingebaut, also gewissermaßen mit B verwechselt werden. Ist der falsche Baustein erst einmal in eine Kette eingebaut, so ist diese Veränderung erblich, da sie sich durch den Kopiermechanismus auf die Nachkommen überträgt. Der Ersatz eines einzelnen Bausteins der Erbsubstanz durch einen anderen kann dazu führen, daß in einem Protein eine Aminosäure durch eine andere ersetzt wird; dies wiederum hat – bisweilen drastische – Auswirkungen auf den Stoffwechsel und andere Eigenschaften des Organismus. So beruht beispielsweise die in den Tropen verbreitete Krankheit der Sichelzellen-Anämie auf dem Austausch einer einzigen Ami-

Mutationen: Änderungen der Bausteinfolgen der DNS

nosäure in einem Bluteiweiß. Allerdings führt nicht jede chemische Veränderung an der Erbsubstanz zu Mutationen, und es gibt spezielle Reparaturenzyme, die manche Kopierfehler korrigieren. Neben dem einfachsten Mutationstyp, dem Ersatz eines Nukleinsäurebausteins durch einen anderen, gibt es weitere Arten von Mutationen. Sie alle beruhen ganz allgemein auf Veränderungen in der Folge der Bausteine der Erbsubstanz. So können zum Beispiel bei der Kopierung der DNS bestimmte Stücke gelegentlich »vergessen«, also weggelassen, es können aber auch Stücke doppelt eingesetzt werden. Darüber hinaus existiert ein Repertoire von noch komplizierteren Mechanismen mit Verschiebungen und Umordnungen von größeren Bereichen der DNS.

Mutationen haben meistens schädliche und selten nützliche Rückwirkungen auf die Vermehrungsfähigkeit des Organismus. Die Selektion der nützlichen Mutanten und ihrer für Überleben und Reproduktion günstigsten Kombinationen bei der sexuellen Vermehrung bildet die Grundlage für die Evolution der Lebewesen von den einfachsten bis zu den höchsten im Laufe der Geschichte des Lebens auf der Erde.

Die Ergebnisse der molekularen Biologie sind mit einer Vielzahl von experimentellen Verfahren gewonnen worden. Besonders wichtig war die Ermittlung der Struktur von Nukleinsäuren und Proteinen mit Hilfe der Beugung von Röntgenstrahlen und der Konstruktion räumlicher Modelle der Moleküle. Am Modell der Erbsubstanz DNS war das Prinzip ihrer Selbstvermehrung unmittelbar zu erkennen, da sich die beiden Stränge zueinander wie Gußform und Abdruck, wie Positiv und Negativ verhalten. Die Kenntnisse über die Mechanismen der Synthese von Eiweiß- und Nukleinsäuremolekülen verdankt man in erster Linie Rekonstruktionsexperimenten: Man homogenisiert Zellen in einer Art Mixer und bringt dadurch den Zellinhalt in Lösung. Dann trennt man mit physikalisch-chemischen Verfahren verschiedene Partikel bzw. Substanzen voneinander. Nun lassen sich im Reagenzglas mit einem Teil der Zellbestandteile solche Reaktionsmischungen herstellen, die Proteine, Nukleinsäuren oder beides produzieren. Durch Zufügen und Weglassen einzelner Substanzen kann man die Mecha-

Rekonstruktion biochemischer Vorgänge im Reagenzglas

nismen im Detail aufklären – etwa die Rolle von Messenger-Nukleinsäure und Transfer-Nukleinsäure bei der Proteinsynthese.

Viren als Modell für die Funktion der Erbsubstanz

Beiträge zur Molekularbiologie leistete auch das Studium bestimmter Viren. Ein Virus ist ein Molekülverband, der Wirtszellen infiziert und sich darin vermehrt. Es hat keinen eigenen Stoffwechsel, besitzt also nicht alle Merkmale, die für das Leben charakteristisch sind – aber es zeigt die Grundeigenschaften der Selbstvermehrung, der Steuerung der Proteinsynthese durch die Erbsubstanz, und der Mutation. Einfache Viren wie das Tabakmosaikvirus bestehen nur aus Nukleinsäure (in diesem Falle Ribonukleinsäure RNS) und Protein. Die Eigenschaften solcher Viren zeigen ungewöhnlich direkt die elementaren Tatsachen der Molekularbiologie auf, was die Erbsubstanz und ihre Beziehung zur Proteinsynthese angeht. Die Virus-Nukleinsäure ist auch allein – ohne Virusprotein – infektiös und kann die Virusvermehrung in der Wirtszelle einleiten; folglich ist Nukleinsäure die Erbsubstanz des Virus. Eine chemische Änderung an einem Baustein der Nukleinsäure kann die Erbeigenschaften des Virus ändern; demnach kommt es auf den einzelnen Baustein im Kettenmolekül der Nukleinsäure an. Änderungen in der Nukleinsäure des Virus können Änderungen im Virusprotein hervorrufen: Die Struktur der Nukleinsäure bestimmt also die Struktur des Proteins. Eine einzelne Änderung an einem Nukleinsäurebaustein wirkt sich auf das Protein, wenn überhaupt, als Ersatz einer einzelnen Aminosäure durch eine andere aus: Daraus ist zu schließen, daß jede Aminosäure für sich von einer unabhängigen Gruppe von Bausteinen der Erbsubstanz bestimmt wird. Die Beziehung zwischen Erbsubstanz und Proteinen ist somit auf einen einfachen Aminosäurecode zurückzuführen.

Unsere kurze Skizze der molekularen Genetik ist noch sehr schematisch und unvollständig. Die Reaktionen bei der Kopierung der DNS und der Synthese der Proteine verlaufen jeweils über eine beträchtliche Zahl von Zwischenschritten. Das Repertoire von Strukturen und Prozessen ist viel größer, als es nach der kurzen Darstellung erscheint. Nicht nur Proteine, auch einige rückgefaltete Nukleinsäuren können katalytische Wirkung haben. Nicht immer wird ein Protein von einer zusammenhängenden Folge von Bausteinen der DNS kodiert; in vielen Genen höherer Organismen wechseln kodierende mit nicht-kodierenden Abschnitten ab. Die an der DNS gebildete RNS dient nicht unmittelbar als »Messenger«. Zunächst schneiden bestimmte Enzyme die nicht-codierenden Abschnitte heraus und fügen die codierenden Bereiche wieder zu einem Kettenmolekül zusammen, und dieses verkürzte RNS-Molekül ist nun Messenger für die Proteinsynthese.

Grundprozesse des Lebens sind physikalisch erklärbar

Je tiefer die Wissenschaft in die Biochemie der Zelle eindringt, desto länger wird die Liste der Mechanismen, die zur Reproduktion der Zellen und der Regelung der Aktivität von Genen beitragen. Dies ist für ein gründliches Verständnis der Biologie von großer Bedeutung. In Zusammenhang mit wissenschaftsphilosophischen Überlegungen über die Tragweite der Physik in der Biologie sind aber nicht alle Einzelheiten gleich wichtig. Im Vordergrund steht die Frage, ob molekulare und somit physikalische Mechanismen ausreichen, um die Grundprozesse des Lebens – Vererbung, Stoffwechsel, Evolution durch Mutation – zu verstehen. Das begrenzte Repertoire molekularer Strukturen und Prozesse, das unserer Skizze zugrunde liegt, reicht in sich bereits aus, um diese Frage mit »ja« zu beantworten. Das klassische Gerüst der einfachen Erklärungen der Molekularbiologie bleibt auch noch hinter der barocken Vielfalt immer neuer Tatsachen erkennbar, die die spezialisierte Forschung in immer größerem Maß ans Licht bringt.

Dieser Schluß unberechtigt. Wie eingeräumt, läuft es nicht so einfach ab, wie hier skizziert, und die zunehmende Zahl von Hilfskonstruktionen läßt allgemein die Frage aufkommen, wie wahrscheinlich die ganze Anordnung ist. – Ganz allgemein wurde hier auch nicht dargelegt, inwieweit die skizzierten Abläufe kraft der physikalisch-chemischen Eigenschaften der Moleküle erklärt werden können.

IV. Vererbung, Information und Evolution

Die genetische Information für den Aufbau eines Organismus ist in der Reihenfolge der Bausteine seiner Erbsubstanz DNS enthalten, ähnlich wie die Information einer Schrift auf der Reihenfolge der Buchstaben beruht. Der Begriff »Information« ist sehr hilfreich, um wesentliche Merkmale der belebten Natur zu erklären. Die Selbstvermehrung beruht auf einer Kopierung, die Mutation auf einer Veränderung, der Stoffwechsel auf der Übersetzung der genetischen Information. Die Evolution der Organismen läßt sich als Erzeugung von Erbinformation auffassen.

Die Entwicklung des Lebens auf der Erde von den einfachsten Vorstufen bis zum Menschen ist in wesentlichen Zügen als Folge von Mutationen und Kombinationen der Erbsubstanz in Verbindung mit der Auswahl der am besten vermehrungsfähigen Organismen verständlich. Damit sind aber keineswegs alle Fragen beantwortet, die für das Selbstverständnis des Menschen in Zusammenhang mit der Evolution von Bedeutung sind. Wir wissen nicht, wie wahrscheinlich es war, daß Leben überhaupt entstand, und daß es sich zu den Formen entwickelte, die wir vorfinden – bis hin zur Stufe des Menschen mit Geist und Weltverständnis. Der Mensch ist frei, sich als Zufallsprodukt oder Ziel der Evolution aufzufassen.

1. Erbinformation

Die molekularbiologische Forschung hat ergeben, daß die charakteristischen Merkmale der belebten Natur, Selbstvermehrung, Stoffwechsel und Mutation, auf der Grundlage der physikalisch-chemischen Eigenschaften der beteiligten Moleküle und ihrer Wechselwirkung zu verstehen sind. Genauer betrachtet erfolgt diese Erklärung in zwei sehr verschiedenen Schritten. Zunächst analysiert man mit großer Genauigkeit die Struktur und andere Eigenschaften der an den Prozessen beteiligten Moleküle. Hierbei spielen die einzelnen chemischen Merkmale, zum Beispiel die exakte Lage der Atome innerhalb der Bausteine A, B, C und D der Nukleinsäuren eine wichtige Rolle. Nur so kann man verstehen, daß und wie gerade diese Bausteine genau zueinander passen *(Abb. 1).* Dann aber abstrahiert man drei allgemeine Prinzipien, die vom chemischen Detail gar nicht mehr abhängen: »Komplementarität«, also das Prinzip von Gußform und Abdruck *(Abb. 1, 2)*; Übersetzung von Sequenzen bestimmter Bausteine in andere Sequenzen aus anderen Bausteinen *(Abb. 3)*; und schließlich die Umsetzung der Information, die in der Reihenfolge der Bausteine der Proteine steckt, in spezifische Faltung und spezifische Funktion. Für die Logik der Selbstvermehrung ist es besonders wichtig, daß zu den Funktionen der Produkte der Erbsubstanz unter anderem die Vermehrung der Erbsubstanz selbst gehört.

Die Schlüsselrolle für die molekulare Biologie spielen große Kettenmoleküle, Nukleinsäuren und Eiweißmoleküle, mit jeweils genau festgelegten, aber nicht periodischen Reihenfolgen der Glieder. Diese Folgen können deshalb mit einer Schrift verglichen werden, weil sie ebenso wie eine Buchstabenfolge »Information« in eindimensionaler, zeitlich stabiler Form enthalten. Die Speicherung und Übertragung von Information durch große Kettenmoleküle ist für die belebte Natur charakteristisch. Ein Resümee der molekularen Genetik mit Hilfe des Begriffs »Information« lautet etwa so: Die Moleküle der Erbsubstanz DNS enthalten und speichern die *»genetische Information«* für den Aufbau des Organismus. Bei der Vermehrung wird diese *Information*

DNS enthält »genetische Information«

kopiert und an die Nachkommen weitergegeben. Die Eiweißsynthese läßt sich als die *Übersetzung der Information* von der Nukleinsäure»schrift« (mit vier Buchstaben A, B, C, D) in die Eiweiß»schrift« (mit 20 Buchstaben a bis t) nach den Regeln des Aminosäurecodes auffassen. Mutationen erfolgen, wenn der *Inhalt der genetischen Information* durch Kopierfehler oder chemische Veränderungen an der DNS geändert wird, ähnlich wie die Änderung eines Buchstabens in einer Schrift eine Sinnänderung ergeben kann – z. B. von »Last« in »List« oder »Lust«.

Kopierung, Übersetzung, Veränderung der Erbinformation

Die biologische Bedeutung der informationsübertragenden Kettenmoleküle beruht auf der Vielfalt der möglichen Strukturen und der Spezifizität des einzelnen Moleküls. Ähnlich wie bei der Buchstabenfolge der Schrift ist bei Kettenmolekülen eine sehr große Zahl verschiedener Reihenfolgen von Gliedern möglich, die astronomische Zahlen weit übersteigt. Dies ist eine Voraussetzung für die Entwicklung des Strukturreichtums der belebten Natur; die Fähigkeit zur Selbstvermehrung als solche würde hierfür nicht ausreichen. Autokatalyse gibt es auch schon in der unbelebten Natur: Bestimmte Moleküle katalysieren unter geeigneten Bedingungen die Neubildung von Molekülen ihres eigenen Typs; dies ist aber keine Kopierung, und es gibt keine Mutation – verändert man die Moleküle durch chemische Einwirkung, so geht die Fähigkeit zur Autokatalyse in der Regel verloren. Im Gegensatz dazu ist mit dem Kopiermechanismus für Nukleinsäuren durch eine Art Abdruckverfahren im molekularen Bereich ein *allgemeines* Verfahren gegeben, mit dem nicht nur ein bestimmtes Molekül, sondern im Prinzip *jede* Folge der Nukleinsäurebausteine kopiert werden kann. Dabei wird ein sehr großes Maß an Information von bestehenden auf neugebildete Moleküle, von einer Generation auf die nächste, übertragen.

Die Erklärung der Funktion der Erbsubstanz als Träger genetischer Information ist mehr als eine bloße Analogie zwischen Kettenmolekül und Schrift, mehr als eine didaktische Umschreibung. Information – »hineinformen« – bedeutet in der Umgangssprache Strukturreichtum, der instruierende Bedeutung hat, übersetzbar, kopierbar und übertragbar ist – und genau das trifft auf die Sequenz der Bausteine der Erbsubstanz ebenso zu wie auf Schallplatten, Tonbänder und Bücher.

Mathematische Informationstheorie

Die meisten höheren Organismen enthalten einige Milliarden Bausteine in ihrer DNS. Läßt sich der Informationsgehalt dieser Erbsubstanz abschätzen? Die mathematische Informationstheorie mißt Information quantitativ in »bits« – in der Zahl einfacher Ja-oder-Nein-Antworten, die zur eindeutigen Beschreibung einer Struktur nötig sind. Das Konzept läßt sich auf räumliche Anordnungen ebenso wie auf zeitliche Folgen anwenden. Ursprünglich wurde diese Theorie für die Nachrichtenübertragung entwickelt. Kann man auf der gleichen Basis auch den Informationsgehalt einer beliebigen physikalischen Struktur angeben, etwa den einer Wolke oder eines Berges? Die detaillierteste Information über einen Gegenstand wäre die vollständige Beschreibung der Lage und Geschwindigkeit aller Atome in den Genauigkeitsgrenzen der Quantenunschärfe, »digital« verschlüsselt in einer Sequenz von Ja-Nein-Entscheidungen. Für eine solche vollständige Beschreibung wäre ein ungeheuer großes Maß an Information nötig, was aber wenig Sinn ergeben würde. Im allgemeinen interessieren wir uns für den sehr viel geringeren Informationsgehalt, der in der Beschreibung der wesentlichen Strukturmerkmale liegt. Nun sind »interessant« und »wesentlich« zunächst subjektive Begriffe, die zu einem objektiven Verständnis der Prinzipien der Vererbung nichts beitragen können. Läßt sich die Information einer Struktur auch dann objektiv bestimmen, wenn man auf atomares Detail verzichtet? Dies ist durchaus möglich, indem man Information in bezug auf ein bestimmtes physikalisches System der Übertragung definiert, wie das auch in der Nachrichtentechnik geschieht. Nach diesem Konzept hat ein Berg keine Information an sich, aber für einen Maler legt die Genauigkeit des Übertragungssystems der Information vom Berg aufs Bild, gegeben durch das Auflösungsvermögen seines Sehsystems, seiner Pinsel und seiner Farbpalette die im Anblick des Berges liegende Information fest. Für den naiven Leser ist ein beschriebenes Blatt eine Folge von Buchstaben. Für den Geheimagenten zählt vielleicht nur jeder 17. Buchstabe, vielleicht aber auch nur ein einziger Punkt, der erst im Mikroskop einen Mikrotext enthüllt. Die Information einer Folge von Buchstaben ist dann nicht mehr von willkürlichen Festsetzungen abhängig, sondern objektiv festgelegt, wenn die Information auf ein bestimmtes Übertragungssystem, nämlich die Schreibmaschine, bezogen wird – ein System, das zwar Buchstaben schreiben, aber nicht die Punkte mit Mikrotext versehen kann. Ein ganz entsprechendes Konzept läßt sich anwenden, wenn man die Information angeben möchte, die in der Erbsubstanz eines Organismus enthalten ist. Der biochemische Vermehrungsapparat, der genetische Information von einer Generation auf die nächste überträgt, kopiert die Erbsubstanz nicht Atom für Atom, sondern nur als Sequenz aus vier Typen von Bausteinen A, B, C und D. Deswegen ist das Element, das dem einzelnen Buchstaben einer Schrift entspricht, nicht das Atom, sondern der ganze Baustein. Die Festlegung eines bestimmten Bausteins unter vier Möglichkeiten erfordert zwei Fragen, die mit »ja« oder »nein« zu beantworten sind. Deshalb enthält ein einzelner Baustein in einer Kette zwei »bits« an Information. Dies ist ein objektives Maß, es ist bezogen auf die Eigenschaften des biochemischen Vermehrungsapparates der Zelle, der die Erbsubstanz kopiert und auf die Nachkommen überträgt. Daher ist es nicht nur metaphorisch, sondern auch wissenschaftlich zulässig, von genetischer Information zu sprechen – »Information« im Sinne eines theoretischen Begriffs für das objektive Verständnis der biologischen Wirklichkeit.

Informationsmaß und Vererbung

Wenn es in der Erbsubstanz DNS keinerlei Regelmäßigkeiten hinsichtlich der Reihenfolge der Bausteine gäbe, so wäre die in ihr enthaltene Information in »bits« einfach die Anzahl der Bausteine multipliziert mit zwei. In Wirklichkeit ist der Informationsgehalt wesentlich geringer. Im Doppelstrang der DNS legt die Folge in einem Strang die Folge im anderen Strang fest. Es genügt die Information über die Folge in einem der beiden Stränge, um den ganzen Doppelstrang zu kennen. Zudem gibt es bestimmte, mehr oder weniger verborgene Regelmäßigkeiten *innerhalb* der einzelnen Stränge, zum Beispiel die Wiederholung ähnlicher Sequenzen. Zwei gleiche Teilstücke haben dieselbe Information wie eines (bis auf die kleine Zusatzinformation, daß es eben zwei Kopien gibt), und zwei ähnliche Sequenzen haben natürlich auch nicht doppelt so viel Information wie eine einzige, da man die zweite in *verkürzter* Form beschreiben kann: Sie gleicht der ersten bis auf eine begrenzte Zahl von Ausnahmen, die sich in kurzer Form angeben lassen. Ganz allgemein ist nach der Informationstheorie der Informationsgehalt nicht einfach durch die Zahl der Bausteine bestimmt; was zählt, ist die kürzest mögliche Beschreibung der Sequenz in einer Folge von einfachen Ja-oder-Nein-Entscheidungen, auch wenn hierfür neue Zeichen, zum Beispiel das Wiederholungszeichen, wie man es von der Notenschrift kennt, zu verwenden sind.

In der Nachrichtentechnik wird das quantitative Informationsmaß benützt, um Informationen in möglichst kurzer Form zu verschlüsseln und so Nachrichtenkanäle effizient auszunützen. Ein Beispiel ist das alte Morsealphabet, in dem der häufigste Buchstabe »e« das kürzeste Zeichen erhält, nämlich einen einzigen Punkt. Die biologische Informationsübertragung nutzt derartige Tricks nicht; die Kopien der Erbsubstanz werden vom Enzymsystem der Zellen Glied für Glied hergestellt, auch wenn sich Nachrichtentechniker für die Kopierung andere Mechanismen ausdenken könnten. Der biologisch interessante Aspekt der Informationstheorie ist weniger die Kopierung als die Entstehung der Information: Je geringer der Informationsgehalt der DNS ist, desto weniger Schritte waren zur Erzeugung der Information nötig.

Die genetische Information, die verschlüsselte Anweisung zum Aufbau des Organismus, entstand im Laufe der Evolution durch Mutationen sowie durch Neukombinationen von Teilbereichen der Erbsubstanz, verbunden mit der Selektion der jeweils für die Vermehrung des eigenen Organismus günstigen Veränderungen. Für Mutationen gibt es ein Repertoire von Mechanismen, wie Austausch, Hinzufügen, Weglassen, Verschieben oder Umordnen von einzelnen Bausteinen oder ganzen Abschnitten der Nukleinsäure. Besonders hervorzuheben für das Verständnis der Evolution sind

Verdoppelungen von DNS-Sequenzen, die zu neuen Funktionen führen. Wenn ein »Gen« – ein Abschnitt der Erbsubstanz, der eine bestimmte Funktion ausübt – durch einen Kopierfehler in ein und demselben Strang zweimal nacheinander eingesetzt wird, so kann eines der beiden Gene immer weiter durch Mutationen verändert werden und auf diese Weise schließlich eine neue Funktion übernehmen, ohne daß die ursprüngliche Funktion beeinträchtigt ist, die ja von dem anderen, ursprünglich gleichen Gen weiter wahrgenommen wird. Ein weiterer Mechanismus der Erzeugung neuer Funktionen ist die Verbindung von Teilstücken der Erbsubstanz in neuen Kombinationen. Man findet z. B. in Enzymmolekülen mit ganz verschiedener Wirkung sehr ähnliche Teilbereiche, was die Folge der Aminosäuren angeht. Bei der Entstehung einer neuen Enzymfunktion im Laufe der Evolution muß also nicht jedesmal das ganze Molekül neu erfunden werden; schon durch neue Kombinationen vorhandener Teilstücke der DNS, die Teile von Proteinen codieren, ergeben sich neue katalytische Wirkungen, die durch anschließende Mutationen weiter verbessert werden können. Ähnliche Verdoppelungs- und Kombinationsprinzipien gelten vermutlich auch für Bereiche der Erbsubstanz, die Regelfunktionen ausüben.

Evolution ist Erzeugung genetischer Information

Derartige Mechanismen sind ein Grund dafür, daß die DNS höherer Organismen interne Wiederholungen ähnlicher Sequenzen und andere, mehr oder weniger verborgene Regelmäßigkeiten in der Folge der Bausteine aufweist. Der Informationsgehalt ist deshalb wesentlich geringer, als es der Gesamtzahl an Bausteinen der DNS (bei höheren Tieren Milliarden) entsprechen würde. Er ist ein Maß für die Information, die man einem Konstrukteur geben müßte, um die DNS mit der richtigen Folge der Bausteine aufzubauen. Daher dürfte die Information der DNS auch mit der Zahl der Schritte – wie Mutationen und Rekombinationen – in Zusammenhang stehen, die die Natur für die Konstruktion der DNS bei der Evolution eines Organismus benötigt hat. Der Weg von dieser qualitativen Einsicht in eine Beziehung zwischen Schrittzahl und Information zu einem quantitativen Verständnis der Evolution wäre allerdings weit. Dafür genügt es nicht, die Information der DNS einzelner Organismen zu betrachten, man müßte ganze Populationen einbeziehen. Zudem wäre eine Bewertung der Information erforderlich – es gibt Bereiche der Erbsubstanz, ohne die der Organismus nicht lebensfähig ist, andere, deren Veränderung nur eine kleine Wirkung hat, wieder andere, deren Veränderung vermutlich zunächst gar keine Wirkung ergibt, aus denen aber durch weitere Mutation schließlich doch noch neue Funktionen entstehen können ... Ob die Auffassung der Evolution als Erzeugung von Information Grundlage einer quantitativen Theorie sein kann, muß sich erst noch zeigen. Für ein qualitatives Verständnis der Grundprozesse der Vererbung ist der Begriff der genetischen Information in jedem Fall hilfreich, wenn man den Strukturreichtum der belebten Natur zu verstehen sucht, ohne sich dabei auf detaillierte chemische Beschreibungen einzulassen.

2. Stufen des Lebens

Verschiedene Formen des Lebens zeigen schon rein äußerlich große qualitative Unterschiede, die auf verschiedene Stufen des Lebens hinweisen. So gibt es die mikroskopisch kleinen, einzelligen Lebewesen wie Bakterien und Amöben; primitive Tierarten, zum Beispiel Quallen und Würmer; die höheren Tiere – Wirbeltiere, Säugetiere; und schließlich den Menschen. Will man die Unterschiede aber streng definieren, so ist dies schwieriger als erwartet. Völlig eindeutige Unterscheidungsmerkmale zwischen Stufen des Lebens, die alle denkbaren Fälle berücksichtigen, sind nicht leicht zu finden. Daraus darf jedoch keineswegs geschlossen werden, daß die zunächst intuitiven Unterscheidungen einer wissenschaftlichen Betrachtung nicht standhalten. Es ist im Gegenteil verständlich, daß auch Grenzfälle möglich sind, denn der Übergang von einer Stufe auf eine andere erfolgte im Laufe der Evolution über Zwischenschritte, die nicht eindeutig der einen oder anderen Stufe zugeordnet werden können.

Von besonderem Interesse ist die Abgrenzung zwischen

niederen und höheren Organismen, insbesondere die Grenze zwischen Einzellern und vielzelligen Tieren, sowie die Abgrenzung zwischen Tier und Mensch.

Einzellige und vielzellige Lebewesen

Schon »Einzelligkeit« ist nicht immer klar definiert; Grenzfälle sind Zellen, die sowohl einzeln als auch in Kolonien leben. Versucht man genauer festzulegen, was für höhere Organismen außer der Vielzelligkeit noch charakteristisch ist, so bietet sich eine ganze Liste von Merkmalen an: Aus einer Zelle mit einer bestimmten Erbsubstanz können verschiedene Zelltypen entstehen. Die Zellvermehrung ist so geregelt, daß verschiedene Zelltypen kooperieren und nicht konkurrieren. Sie bilden nicht ein zufälliges Gemisch; es gibt vielmehr eine räumliche Ordnung der Erzeugung und Bewegung verschiedener Zellen, die die Gestalten von Tieren und Pflanzen hervorbringt. Ein weiteres Merkmal vielzelliger Organismen ist die ausgebildete Sexualität bei der Vermehrung. Zwei etwas verschiedene Organismen derselben Art erzeugen dabei Nachkommen, die jeweils eine Mischung von Erbinformationen beider Eltern enthalten. Tiere zeichnen sich zudem durch ein weites Repertoire von Bewegungen aus, die durch die Kontraktion spezialisierter Zelltypen, der Muskelzellen, zustande kommen. Sie zeigen kompliziertes »Verhalten«, das von einem System von Nervenzellen gesteuert wird, wobei elektrische Reizleitung entlang von Membranen eine wichtige Rolle spielt.

Studiert man allerdings *hoch*entwickelte Formen unter den *ein*zelligen Organismen genauer, so findet man bereits bei ihnen im Ansatz alle genannten Merkmale der höheren Organismen: Regelmechanismen können wesentlich verschiedene Zustände ein und derselben Zelle erzeugen. Es gibt eine ausgeprägte innere räumliche Struktur mit abgesetztem Zellkern, einem Gerüst von Fasern verschiedener Typen, und andere Organellen. Es gibt Bewegung durch Prozesse, die der Muskelkontraktion biochemisch sehr ähnlich sind, es gibt Reizleitung an Membranen, die der Leitung elektrischer Signale im Nervensystem verwandt ist, es gibt Ansätze der Sexualität – nur sind die Merkmale in Einzellern nicht so weit ausgebildet wie etwa bei den vielzelligen Tieren mit spezialisierten Zelltypen, Geweben und Organen.

Unter dem Aspekt der Evolution ist dies verständlich: Einzellige Mikroorganismen treten in riesigen Stückzahlen auf und vermehren sich schnell, für vielzellige Lebewesen, besonders für größere Tiere gilt das Umgekehrte. Grundlegende biochemische »Erfindungen« durch Versuch und Irrtum erfordern aber viele Individuen und viele Generationen, sie werden daher in der Regel von Mikroorganismen gemacht. Dies gilt besonders für die Entwicklung von Enzymen und anderen Proteinen mit biochemischen Funktionen. Damit sich höhere Organismen überhaupt entwickeln konnten, war es notwendig, daß die meisten biochemischen Voraussetzungen ihrer Funktionen zuvor schon in den einzelligen Vorstufen vorhanden waren. In vielzelligen Organismen wie den höheren Tieren werden sie in der Regel nur noch verbessert, spezialisiert, kombiniert, geregelt, räumlich geordnet. Dadurch steigt allerdings die Effizienz dieser Funktionen sprunghaft an, das Repertoire der Möglichkeiten für Strukturbildung, Wahrnehmung und Verhalten wird dramatisch erweitert. Der Übergang von der niederen zur höheren Stufe des Lebens ist nicht in den Kategorien »alles oder nichts« zu beschreiben, sondern als Übergang von einem sehr eingeschränkten zu einem extrem großen Repertoire anzusehen, was die innere räumliche Ordnung der Organismen, ihre Bewegungsmöglichkeiten im Raum und ihre Reaktionen auf die Umwelt angeht.

Unterschied zwischen Mensch und Tier

Auch der Unterschied zwischen Mensch und Tier läßt sich kaum durch einzelne, qualitative Merkmale definieren. Der Mensch geht aufrecht, er kann Werkzeuge machen, er ist ausgezeichnet durch Sprache, Lern- und Abstraktionsfähigkeit sowie durch strategisches Denken. Studiert man nun die höchsten Tiere, die Schimpansen, so finden sich in Ansätzen schon alle diese Merkmale: Verständigung durch Gesten und Laute, Erlernbarkeit akustischer und anderer Signale, sogar Fähigkeiten, einfache grammatische Verknüpfungen von Signalen zu erlernen und simple Werkzeuge zu konstruieren. Andererseits hat der Mensch schon durch die Sprache ein fast *unbegrenztes* Repertoire von Ausdrucksmöglichkeiten, während das des Schimpansen vergleichsweise sehr klein ist. Damit sich Menschen entwickeln konnten, mußten sich zunächst höhere Tiere entwickeln, die wesentliche Eigenschaften des Menschen bereits im Ansatz hatten. Übergänge zwischen Tier und Mensch gibt es in der heutigen Welt nicht, in der Gegenwart ist die Unterscheidung eindeutig. Theoretisch sind aber Zwischenformen denkbar, und tatsächlich hat sich die Evolution des Menschen im Laufe von Millionen Jahren über Zwischenformen vollzogen.

Eine Unterscheidung zwischen Stufen des Lebens darf also nicht übersehen, daß es auch Grenzfälle gibt. Dennoch ist es berechtigt, die Systemeigenschaften einer höheren Stufe des Lebens – zum Beispiel ein fast unbegrenztes Repertoire räumlicher Gliederung und spezifischen Verhaltens der Tiere im Vergleich zu einzelligen Mikroorganismen, oder die fast universellen Kommunikationsmöglichkeiten des Menschen durch die Sprache im Vergleich zur Kommunikation unter Tieren – als *unterscheidendes* Merkmal anzusehen. Diese Auffassung hat eine Entsprechung in der Wissenschaft dynamischer Systeme. Die mathematische Systemtheorie zeigt, daß man bei der Unterscheidung verschiedener Zustände nicht darauf angewiesen ist, eine Eigenschaft zu finden, die der eine Zustand hat, die dem anderen aber völlig abgeht. Anstelle von Definitionsversuchen stehen Überlegungen zur Stabilität. Zwei annähernd stabile Zustände sind auch dann verschieden, wenn sie sich durch keine einzige Eigenschaft absolut und qualitativ unterscheiden; der Unterschied muß nicht »alles« oder »nichts« heißen, er kann ebenso gut in »wenig« oder »viel« bestehen. Zwischenzustände sind möglich; sie sind nur nicht so stabil und kommen deshalb entweder nur vorübergehend, oder selten, oder vorübergehend und dabei auch noch selten vor.

3. Entstehung und Entwicklung des Lebens auf der Erde

Das Weltall ist ungefähr 20 Milliarden, die Sonne 10 Milliarden und die Erde ungefähr 4,5 Milliarden Jahre alt. In der Frühzeit der Erde – etwa ihren ersten Milliarden Jahren –

Uratmosphäre in der Frühgeschichte der Erde

gab es auf ihr kein Leben. Die Luft enthielt wenig oder keinen Sauerstoff, dafür aber neben Stickstoff auch Ammoniak und Kohlenwasserstoffe, insbesondere Methan. Über der Atmosphäre lag noch keine Ozonschicht, so daß ultraviolette Strahlen bis auf die Erdoberfläche gelangen konnten. Diese Strahlen (und vermutlich auch elektrische Entladungen bei Gewittern) bewirkten chemische Reaktionen, die aus den Grundsubstanzen der Atmosphäre (wie Ammoniak und Methan) sowie dem Wasser und den Salzen der Gewässer (wie den Phospaten) eine Vielfalt von Verbindungen des Kohlenstoffs mit Stickstoff, Wasserstoff, Sauerstoff und Phosphor erzeugten. Wir zählen sie heute zur organischen Chemie, obwohl sie damals ohne organisches Leben entstanden sind.

Organische Stoffe entstanden von selbst

Die chemischen Bedingungen und Reaktionen der Uratmosphäre und der Urgewässer hat man in Laboratoriumsversuchen nachgeahmt. Solche Modellversuche zeigten, daß dabei auch Hauptbestandteile der heutigen Lebewesen wie Aminosäuren und Nukleotide spontan gebildet werden können. Aus ihnen können wiederum Kettenmoleküle entstehen, die in ihrer chemischen Grundstruktur den Eiweißstoffen und Nukleinsäuren entsprechen, wenn auch mit einer zufälligen und deshalb in der Regel wirkungslosen Reihenfolge der Glieder. Damit ist eine Voraussetzung für die Entstehung von Leben geschaffen, jedoch noch nicht das Leben selber; Leben erfordert ja die Verbindung der Eigenschaften Selbstvermehrung, Stoffwechsel und Mutation. Wie und auf welcher stofflichen Grundlage hat das Leben begonnen – mit Nukleinsäuren, mit Eiweißstoffen, oder mit beiden? Hat es mit einem anderen organischen Stoff angefangen, der Selbstvermehrung und Lenkung des Stoffwechsels zugleich bewirkte, sind Nukleinsäuren und Eiweißstoffe vielleicht erst eine spätere Erfindung der Evolution? Genau wissen wir es nicht, und logisch läßt sich keine dieser Möglichkeiten ausschließen. Es ist aber physikalisch plausibel, daß Leben von vornherein mit Nukleinsäure als Erbsubstanz begonnen hat. Selbstvermehrung erfordert Kopierfähigkeit, Stoffwechsel beruht auf katalytischen Funktionen. Für Nukleinsäuren ist der Kopiervorgang durch die Paarung der Bausteine AB und

CD auch ohne Hilfe der Proteine denkbar, und bestimmte rückgefaltete Nukleinsäuren könnten darüber hinaus auch eine katalytische Wirkung auf andere Reaktionen ausüben, wenngleich dabei die Effizienz und Spezifität der Eiweißstoffe bei weitem nicht erreicht wird. Umgekehrt haben Proteine zwar katalytische Wirkung, ihre direkte Kopierung ist aber schwer vorstellbar.

Nach unseren gegenwärtigen, noch sehr unvollständigen Erkenntnissen könnte Leben auf der Erde etwa nach folgendem Szenarium entstanden sein: Elektrische Entladungen und ultraviolettes Licht verursachten die Bildung organischer Stoffe, die sich im Wasser von Teichen und Tümpeln ansammelten. Die Substanzen reagierten in vielfacher Weise miteinander: Unter den Produkten waren viele verschiedene Nukleinsäuren mit zufälligen Folgen der Bausteine im Kettenmolekül. Mineralstoffe und gelöste Metallionen wirkten als Katalysatoren der Vermehrung. Sie verbanden sich mit Nukleinsäuremolekülen und erzeugten dabei räumliche Anordnungen, die als »Druckstock« für die Bildung neuer Nukleinsäure-Kettenmoleküle dienten. Vielleicht waren von vornherein alle vier Bausteine A, B, C und D, vielleicht auch zuerst nur zwei davon, C und D, beteiligt. Der Mechanismus der Kopierung erlaubte zwischen den Bausteinen nur eine bestimmte Verknüpfung unter verschiedenen chemisch möglichen und legte deren Reihenfolge im neugebildeten Kettenmolekül fest. Gegenüber jedem Baustein des ursprünglichen Kettenmoleküls wurde der passende, komplementäre Baustein an das neuzubildende Kettenmolekül angelagert – etwa gegenüber C ein D, gegenüber D ein C. Nach diesem Prinzip entstanden von vielen verschiedenen, zufällig entstandenen Kettenmolekülen jeweils die entsprechenden Negativkopien, und durch deren Kopierung wiederum solche, die den schon vorhandenen in der Sequenz der Bausteine gleich oder, im Falle von Ungenauigkeiten der Kopierung, wenigstens ähnlich waren. Manche Moleküle hatten zufällig solche Folgen von Bausteinen, die an einer oder mehreren Stellen eine Rückfaltung wie bei einer Haarnadel erlaubten, zum Beispiel weil sich in rückgefalteten Bereichen des Moleküls viele Paare der Bausteine C und D

Nukleinsäure-Kettenmoleküle konnten sich zufällig bilden

Frühe Kopiermechanismen für Nukleinsäuren

bilden konnten. Gefaltete Nukleinsäure war stabiler als ungefaltete, so daß dieser Typus sich in der »Population« ansammelte. Hiervon gab es immer noch ungeheuer viele verschiedenartige Moleküle. Einige davon hatten rein zufällig eine Struktur, die selbst katalytisch wirkte, indem sie bestimmte Moleküle an ihrer Oberfläche band und in einen reaktionsfähigen Zustand brachte. Zu den katalytischen

Beginn des Lebens: Strukturen katalysieren ihre eigene Vermehrung

Vorgängen gehörte direkt oder indirekt die Bereitstellung von Bausteinen A, B, C, D für die Synthese von Nukleinsäuren. Wenn solche katalytischen Prozesse in kleinen Aggregaten von Kettenmolekülen abliefen, konnten die Vorteile der beschleunigten Synthese wiederum der Vermehrung derjenigen Nukleinsäuremoleküle zugute kommen, die die Vorteile erzeugten. Diese wurden deshalb bevorzugt kopiert und reicherten sich mehr und mehr an, bis sie im Laufe vieler Auf- und Abbauprozesse in der »Population« der Moleküle vorherrschten. Damit war nach unserer Definition die primitivste Form des Lebens auf der Erde »erfunden«: Die Moleküle hatten die Grundeigenschaften Selbstvermehrung und Stoffwechsel. Zudem war der Kopiervorgang nicht genau. Gab es »Fehler«, so wurden sie weiter kopiert. Deshalb

Mutationen durch Kopierfehler

hatten die Moleküle auch die dritte Eigenschaft des Lebens: Sie waren mutierbar. Von nun an konnten immer neue Änderungen, Erweiterungen und Kombinationen selbstvermehrungsfähiger, katalytisch aktiver Nukleinsäure-Kettenmoleküle erfolgen. Ergaben sich dabei zufällig Verbesserungen oder Erweiterungen der Funktion, so reicherte sich der entsprechende Molekültyp in der Population an und wurde seinerseits Ausgangsmaterial für zusätzliche Verbesserungen und Erweiterungen der Funktionen. In einem sehr frühen Stadium entstanden Vorformen der Transfer-Nukleinsäuren, nämlich rückgefaltete Nukleinsäuren, die bestimmte Aminosäuren banden und die sich an bestimmte Stellen anderer Nukleinsäuren anlagern konnten. Durch diesen Mechanismus wurden entlang von bestimmten Nukleinsäuren jeweils Aminosäuren in einer bestimmten Sequenz aufgereiht *(siehe Abb. 3a,* S. 80) und zusammengefügt. So wurden die ersten Proteine gebildet, die von Sequenzen der Nukleinsäurebausteine codiert waren. Hatte ein solches

Protein zufällig eine katalytische Wirkung, so wäre damit ein durch Nukleinsäure codiertes Enzym erfunden. Wirkte sich die Katalyse günstig auf die Vermehrung der codierenden Nukleinsäure aus, so konnte sich diese Nukleinsäure in der Population durchsetzen. Vermehrung der Nukleinsäuren und Bildung der Proteine waren anfangs sehr ineffektiv. Nach dem gleichen Prinzip entstanden dann aber solche Proteine, die die Eiweißbildung selbst katalysierten, und anderen, die die Kopierung der Nukleinsäuren effizienter und verläßlicher machten: Die Apparate zur Nukleinsäurevermehrung und Eiweißsynthese wurden entwickelt. Zu den neuen Erfindungen gehörten nicht nur Mechanismen zur Bereitstellung von Energie und Material aus der Umgebung, sondern auch zum Aufbau von Strukturen wie Fasern und Membranen. Mit Hilfe bestimmter Enzyme wurden Moleküle synthetisiert, die eine Zellwand aufbauten; diese schloß das System der Erbsubstanz mit dem zugehörigen biochemischen Apparat von der Umgebung ab, so daß die Vorteile dieses Apparates ganz auf die codierende Nukleinsäure und deren Vermehrung beschränkt blieben. Die Zelle als Grundeinheit des Lebens war gebildet. Auch in der Folge wurde immer wieder die Erbsubstanz Nukleinsäure mutiert. Nicht selten gab es Kopierfehler, bei denen ein Teil eines Nukleinsäuremoleküls wiederholt kopiert wurde, so daß im neugebildeten Kettenmolekül bestimmte Abschnitte mehrfach vorkamen. Danach konnten die schon ausgebildeten Funktionen einem der Abschnitte überlassen werden, während ein anderer durch unabhängige Mutation und Selektion weitere Funktionen entwickelte. Die selbstvermehrungsfähigen Nukleinsäuren wurden immer größer, funktionsreicher und effizienter in der Begünstigung ihrer eigenen Vermehrung.

Erfindung der Protein-synthese

Gen-Verdoppelung führt zu neuen Funktionen

Vielleicht eine halbe Milliarde Jahre nach der Entstehung des Lebens wurde die Photosynthese »erfunden«: Die Zellen sind nun nicht mehr auf energiereiche Nährstoffe aus der Umgebung angewiesen, die vermittels der ultravioletten Strahlung entstanden sind, sondern fangen selbst die Energie des Sonnenlichtes ein, um innerhalb der Zelle organische Verbindungen aus Kohlendioxid und Wasser zu erzeugen und dafür Sauerstoff freizusetzen. Dies war ein großer Ge-

Die Anfänge der Photosynthese

Sauerstoff als erstes »Umweltgift«

winn an Effizienz, aber auch die erste durch das Leben selbst erzeugte massive Umweltveränderung. Es entstand viel Sauerstoff in der Atmosphäre – ein extrem aggressives Element gegenüber organischen Substanzen. Nun wurden die meisten Frühformen des Lebens ausgerottet; einige jedoch entwickelten spezielle Mechanismen, die sie gegen Luftsauerstoff widerstandsfähig machten. Anstatt von Sauerstoff zerstört zu werden, nutzten sie ihn effizient zur Energieerzeugung durch Atmung und kontrollierte Verbrennung der Nährstoffe. Aus diesen Zellen entwickelten sich vor ein bis eineinhalb Milliarden Jahren komplexe Zellen mit ausgeprägter innerer Struktur und Funktion, einem Zellkern, der die Erbsubstanz enthält, und einem davon separierten Zellplasma. In der Folge wurde der biochemische Apparat immer mehr verfeinert. Darüber hinaus wurden die biochemischen Grundlagen für die Prozesse gelegt, die später für die Entwicklung vielzelliger Organismen entscheidend wurden: Feinregulation der Gene und Genprodukte durch ein Netz von miteinander verschalteten Regelmechanismen, Ausbildung komplizierter räumlicher Strukturen, Beweglichkeit, Reizleitung, Sexualität. Erst mit diesen biochemischen Erfindungen auf der Ebene der Mikroorganismen waren Voraussetzungen für die Entwicklung vielzelliger Organismen gegeben, war die Bühne für die Entstehung der höheren Pflanzen und Tiere unserer sichtbaren Umwelt vorbereitet.

Zellen mit Bewegungsapparat, Reizleitung, Sexualität

Vielzelligkeit hat große Vorteile für einen Organismus. Er kann Teile reparieren, ohne zu sterben. Zellen können sich spezialisieren für Verdauung, Sexualität, Bewegung, Schutz, Reizleitung und andere Funktionen. Gestalten können sich bilden, die der Funktion angepaßt sind, und große Lebewesen sind möglich. Von nun an wird die Evolution nicht mehr in erster Linie von der Erfindung und Verfeinerung biochemischer Grundprozesse beherrscht. Stattdessen wird das Repertoire verschiedenartiger Zellen und Gewebe und deren Untergliederung erweitert. Die Evolution der höheren Pflanzen und Tiere wird wesentlich von der quantitativen Regelung von Proportionen und räumlichen Mustern bestimmt; für die Entwicklung der Tiere sind verhaltenssteuernde Verschaltungen im Nervensystem entscheidend.

Vielzellige Organismen

Die ersten vielzelligen Tiere, die Schwämme, gibt es seit etwa einer Milliarde Jahren. Es folgten Tiere aus mehreren, einen Hohlraum umschließenden Zellschichten. Sie lebten auf dem Grund der Gewässer. Später entstanden freibewegliche Fische mit einem stützenden Gerüst; eine Entwicklungslinie entwickelte Bewegungsorgane, die Vorformen der späteren Arme und Beine, sowie Wirbel, Gebiß und Ansätze der Lunge. Darauf folgte der Übergang vom Wasser aufs Land, zunächst nur für kurze Zeit, bis mit der Entwicklung von Schutzhüllen um die Eier auch die Geburt auf das Land verlegt werden konnte. Landgebundene Pflanzen entstanden, die den Tieren als Nahrung dienten. Reine Landwirbeltiere, die Reptilien, gibt es seit 200 Millionen Jahren. Unter ihnen entwickelten sich die Dinosaurier zu riesiger Größe, bis sie aus noch unbekannten Gründen vor etwa 65 Millionen Jahren ausstarben. Seit etwa 150 Millionen Jahren gibt es neben den Reptilien schon Säugetiere. Im Gegensatz zu den eierlegenden Reptilien erzeugen die Säugetiere weniger Nachkommen, sorgen dafür aber intensiv für sie; dies ergibt eine stärkere Unabhängigkeit von speziellen Bedingungen der Umwelt und ermöglicht eine besonders beschützte Phase des Lernens und der Ausbildung sozialer Beziehungen in der ersten Lebensphase. Solange es noch Dinosaurier gab, waren die Säugetiere klein und nicht sehr zahlreich. Nach dem Aussterben der großen Echsen entstand eine Vielfalt von Arten großer Säugetiere, darunter die unmittelbaren Vorfahren der heute lebenden höheren Tiere. Ihr Gehirn zeichnet sich durch einen zunehmenden Anteil des Großhirns, und dieses wiederum durch einen wachsenden Anteil des Assoziationsbereichs aus; dies sind Hirnbereiche, die nicht ausschließlich der sinnlichen Wahrnehmung dienen oder Muskelbewegungen steuern, sondern integrierende Eigenschaften haben, wie sie zum Beispiel für zielgerichtetes soziales Verhalten wichtig sind. Bei den höheren Affenarten nehmen diese Bereiche bereits einen großen Teil des gesamten Gehirns ein.

Entwicklung des Großhirns

Vor einigen Millionen Jahren zweigte sich die Linie der Vormenschen von der anderer Primaten ab, und zwar vermutlich von der Linie, die zum heutigen Schimpansen führte. Aufrechter Gang, die Fähigkeit zur Herstellung von Werkzeugen, der Gebrauch des Feuers charakterisieren die Entwicklung der Vormenschen über Jahrmillionen hin. Mit diesem Prozeß geht eine Vergrößerung des Gehirns einher. Vermutlich ermöglichte ein vergrößertes, stark differenziertes Großhirn die Herstellung und den Gebrauch besserer Werkzeuge sowie umfassendere soziale Kommunikation, einschließlich der Vorformen der Sprache; damit aber ergaben sich wiederum stärkere Vorteile für *zusätzliche* Verbesserungen der Steuermechanismen, also auch Selektionsvorteile für eine *weitere* Vergrößerung und Differenzierung des Großhirns. Derartige Effekte könnten die Entwicklung des Menschen beschleunigt haben; dennoch – die Geschwindigkeit der Evolution war immer noch von der zufälligen Veränderung der Erbsubstanz sowie der Selektion günstiger Gene und Genkombinationen bestimmt, die an der Konstruktion des Gehirns beteiligt sind.

Entstehung des Menschen

Seit etwa hunderttausend Jahren gibt es die heute existierende Menschenart des »Homo Sapiens«, seit vierzigtausend Jahren ist er der auf der Erde vorherrschende Menschentyp. Sein Gehirn ist so ausgebildet, daß er erlernte Fähigkeiten seiner sozialen Umwelt mitteilen und in großem Umfang effizient von Generation zu Generation tradieren kann. Damit endet die vorwiegend biologische Evolution, und es beginnt die Kulturgeschichte. Die Entwicklung der menschlichen Gesellschaften mittels sprachlicher Kommunikation ist seither effizienter und schneller als jede Entwicklung, die auf genetischer Veränderung beruht.

Die Sprachfähigkeit und der Beginn der Kulturgeschichte

4. Naturwissenschaftliche Erklärung der Evolution

Wieweit können wir die Geschichte des Lebens auf der Erde naturwissenschaftlich verstehen? Hier sind zwei – verschieden weit gesteckte – Ziele zu unterscheiden: einmal die nachträgliche Erklärung, daß es so kommen konnte, wie es kam – dies leistet die Theorie der Evolution; zum anderen die strenge Ableitung, daß es so weit kommen mußte, wie es gekommen ist – das beweist bisher keine Theorie; vielleicht ist es nicht einmal wahr.

»Daß es so kommen konnte« heißt, daß alles, was wir über die Evolution wissen, in Einklang mit bekannten Naturgesetzen steht, daß nichts, was geschah, zusätzliche oder andere Naturgesetze erfordert als die, die wir kennen. Sämtliche Elemente der Skizze der Evolution, die wir gegeben haben, und viele andere Einzelheiten, die darüber bekannt sind, entsprechen dem Erklärungsprinzip der Evolution: Sie erfolgt durch zufällige Änderungen und zufällige Kombinationen der Erbsubstanz in Verbindung mit Selektion nach maximaler »fitness« – wobei unter »fitness« die Effizienz der Erzeugung von solchen Nachkommen verstanden wird, die überleben, bis sie selbst wieder Nachkommen erzeugen. Vergrößerte fitness ist allerdings, wie mathematische Analysen zeigen, zwar eine günstige, aber doch keine absolut notwendige Voraussetzung von Evolutionsvorgängen. Sogar ohne Zunahme der »fitness« hat eine Mutation – als sogenannte Neutralmutante – eine nicht zu vernachlässigende Chance, sich rein zufällig in der Population durchzusetzen. Nicht jedes Merkmal, das es gibt, muß durch »Nützlichkeit« erklärbar sein, besonders bei kleinen Populationen. ?? Ob dies allerdings in nennenswertem Maße zur Evolution im großen beiträgt, ist noch ungeklärt.

Mutation und Selektion erklären Vielfalt der Organismen

Auch die Entstehung der *Vielfalt* der Lebewesen ist aufgrund der Evolutionstheorie verständlich: Immer wieder wurden Gruppen von Individuen voneinander isoliert. Danach konnten sie unabhängige Entwicklungswege durchlaufen, bis sich verschiedene Arten gebildet hatten, die auch dann keine gemeinsamen Nachkommen mehr erzeugten, wenn sie wieder zusammenkamen. Strukturreichtum begünstigt die Entwicklung immer weiterer Strukturen: Nicht nur die Vielzahl ökologischer Bedingungen, die die Geographie bietet, auch die belebte Natur selbst schafft ökologische Räume für immer neue Arten; so bildet z. B. eine bestimmte Pflanzenwelt den ökologischen Raum für bestimmte Tiere.

Die Evolutionstheorie ist also in der Lage, sowohl die Komplexität als auch die Vielfalt der Organismen zu erklären. Allerdings gibt es einige Eigenschaften von Lebewesen, die zunächst schlecht in den Rahmen der Evolutionstheorie zu passen scheinen: Warum entwickeln manche Arten unpraktische, gar absurde Merkmale wie z. B. riesengroße Geweihe, obwohl doch die Evolution in der Richtung lebenstüchtiger Organismen verlaufen sollte? Warum gibt es nicht nur aggressives, sondern auch kooperatives Verhalten, wie vertragen sich altruistische Handlungen von Individuen, die bis zur eigenen Selbstaufopferung zugunsten von Artgenossen gehen können, mit der Auswahl angeborenen Verhaltens nach optimaler Überlebensstrategie? Wie erklärt man die Evolution der Mechanismen der Evolution selbst? Auch diese drei Fragestellungen lassen sich im Rahmen der Evolutionstheorie beantworten, wenngleich sie einige zusätzliche Überlegungen erfordern.

In den meisten Fällen führt die Selektion der für die Vermehrung des Individuums günstigsten Merkmale auch zu günstigen Merkmalen für die Art. Dies muß aber nicht immer gelten; Ausnahmen sind möglich, wenn verschiedene Merkmale in komplizierter Weise aufeinander einwirken. Wenn zum Beispiel weibliche Tiere einer bestimmten Art männliche Partner mit großen Geweihen bevorzugen, wird die Evolution dieses Merkmal begünstigen. Die theoretische Analyse zeigt, daß unter manchen Bedingungen die Wechselbeziehung zwischen einer erblichen Eigenschaft des Verhaltens (Bevorzugung großer Geweihe beim Partner) und einer erblichen Eigenschaft der Struktur (Ausbildung großer Geweihe) zur Evolution extremer Merkmale, wie zum Beispiel sehr großer Geweihe führt. Es ist dabei nicht ausgeschlossen, daß die Art im Ganzen an Lebensfähigkeit verliert, zumal unter sich verändernden äußeren Bedingungen. Dies ist allerdings eine Ausnahme, nicht der Regelfall der Evolution.

Wie verträgt sich Altruismus mit der Auswahl der Lebenstüchtigen?

Altruismus bis zur Selbstaufopferung wird durch die Einsicht verständlich, daß die Evolution primär auf der Selektion von Genen beruht. Das Muttertier, das zum Schutz der Nachkommen sein Leben riskiert, die Arbeitsbiene, die sich beim Stich selbst opfert, fördert damit indirekt die bevorzugte Fortpflanzung von Genen, die den eigenen gleichen. Eine Verhaltensmutation in Richtung auf Altruismus wird sich nach der Evolutionstheorie dann in der Population durchsetzen, wenn durch eigenes Risikoverhalten oder Selbstaufopferung die Überlebenschancen von Kindern und anderen Verwandten hinreichend stark erhöht wird; Verwandte gleichen sich in vielen Genen und haben daher auch mit erheblicher Wahrscheinlichkeit dasselbe Gen, das altruistisches Verhalten programmiert, wie das Tier, das sich opfert; deshalb kann sich dieses Gen – und das entsprechende Verhalten – in der Population durchsetzen. Altruismus ist in solchen Fällen kein Widerspruch zur Theorie der Evolution durch Selektion, sondern ihre natürliche, zwangsläufige Folge.

Derartige, auf Verwandte beschränkte Mechanismen sind nicht der einzige Grund dafür, daß die Evolution auch andere als aggressive Verhaltensweisen begünstigte. Aggression ist destruktiv und daher zumindest für Beteiligte, die gleich stark sind, auf Dauer kein Vorteil; Kooperation wäre in vielen Fällen günstiger. Wie jede Erklärung der Evolutionsmechanismen, so muß sich auch die Erklärung für die Begrenzung der Aggression zunächst auf die Gene der Individuen beziehen. Hierzu sind Überlegungen nützlich, die ursprünglich für die mathematische Theorie der strategischen Spiele angestellt und später auf Probleme der Evolution angewendet wurden. Als Beispiel soll ein ganz einfaches Modell dienen: Angenommen, in der Population der Tiere einer Art gibt es einen aggressiven und einen friedlichen Anteil. Begegnet ein aggressives einem friedlichen Mitglied, so nimmt das erstere dem letzteren etwas weg und erhöht damit seine Überlebenschance, während das friedliche zwar ärmer, aber doch unversehrt das Weite sucht. Begegnen sich hingegen zwei Aggressive, so kommt es zum Kampf. Dabei bleibt zwar dem Sieger auch noch ein Gewinn, der Verlierer verliert aber weit mehr, als der Sieger gewonnen hat, im Extremfall sein Leben. Aggression »lohnt« sich also nur, wenn die Wahrscheinlichkeit gering ist, bei einer Auseinandersetzung auf aggressive Gegenwehr zu treffen. Ist der Anteil Aggressiver zu groß, so ist es für die Aussicht auf Vermehrung der eigenen Gene günstiger, zu den Friedfertigen zu gehören, und die entsprechende Erbeigenschaft reichert sich

Aggression: Nicht immer lohnend

in der Population im Laufe der Generationen an; ist der Anteil der Aggressiven hingegen sehr klein, so wird wiederum deren Vermehrung begünstigt. Dies hat die Folge, daß sich im Laufe der Evolution ein bestimmtes Gleichgewicht zwischen dem Anteil aggressiver und friedfertiger Tiere einstellt, bei dem sich die Vorteile der Friedfertigkeit und der Aggression statistisch gerade die Waage halten. Es gibt noch eine andere Möglichkeit für ein Gleichgewicht der Verhaltensweisen: Alle Tiere sind unter sich genetisch ähnlich, aber jedes Tier verhält sich einmal so und einmal anders, je nach »Stimmung«. Mutationen beeinflussen die relative Häufigkeit von Aggression und Friedfertigkeit für das einzelne Tier. Auch in diesem Fall bewirkt die Evolution nach den Gesetzen der Spieltheorie, daß sich die relative Häufigkeit von aggressivem im Verhältnis zu friedfertigem Verhalten auf einen bestimmten Gleichgewichtswert einstellt.

Theorie der Spiele und Evolution des Verhaltens

Für die biologische Wirklichkeit, besonders für soziallebende Tiere sind diese Modelle allerdings viel zu einfach. Höhere Tiere können sich z. B. bei einer Begegnung an das vergangene Verhalten anderer Tiere erinnern. Solche Fähigkeiten lassen sich aber ebenfalls in die Anwendung der Spieltheorie einbeziehen. So wird die Kooperationsbereitschaft bei einer Begegnung davon abhängen, ob der Partner bei einer *früheren* Begegnung kooperationsbereit war. In solchen und anderen komplizierten Fällen gilt aber immer noch der gleiche allgemeine Schluß, den schon die einfachsten Modelle unterstützen: Die Evolution erzeugt weder rein aggressives bzw. egoistisches Verhalten, noch führt sie zu unbegrenzt kooperativem bzw. altruistischem Verhalten. Es entsteht vielmehr eine quantitativ festgelegte Mischform von Erbeigenschaften, die das Verhalten bestimmen, sei es als Mischung verschiedener »Charaktere« in der Population, oder verschiedener, wechselnder »Stimmungen« innerhalb der Individuen, oder einer Kombination von beidem.

Schwierig und umstritten ist die Bedeutung der biologischen Erkenntnisse über Aggression für das Verständnis *menschlichen* Verhaltens, das sowohl von Erbanlagen als auch durch kulturgeprägtes Lernen bestimmt ist. Das biologische Erbe ist zwar Voraussetzung der Kulturen, aber die

Entwicklung der verschiedenen Kulturen ergab eine sehr große Vielfalt von Verhaltensweisen, einschließlich solcher, die sich keineswegs in die Konzeption der biologischen Evolutionstheorie von der Auslese nach »fitness« einfügen lassen. Einseitige dogmatische Erklärungen, seien sie rein biologisch oder rein kulturdynamisch, würden dem kombinierten Einfluß der biologischen Ausstattung des Menschen und der von ihm selbst erzeugten kulturellen Entwicklung kaum gerecht. Weder ist der Mensch als ausschließlich kooperatives Wesen geboren, um erst später durch die Mißstände der Gesellschaft verdorben zu werden – noch ist er von Natur aus in erster Linie mit destruktiven Trieben versehen, die nur durch Kultur zu zähmen sind. Sowohl in der biologischen Evolution als auch in der kulturellen Entwicklung sind Potentiale für Aggression *und* Kooperation angelegt. Die Bewertung kooperativen Verhaltens als »gut« ist allerdings ein Produkt der Kultur – sie ist eine der wesentlichen Einsichten des Menschen über sich selbst.

Biologisches Erbe, kulturelle Tradition und menschliches Verhalten

Evolution der Evolution

Schließlich bedarf auch die »Evolution der Evolution« einer Erklärung: Bestimmte Mechanismen der Evolution werden durch die Evolution selbst hervorgebracht und verändert. Dafür ein Beispiel: Höhere Organismen – wie die Tiere – enthalten im allgemeinen mehr Gene und deshalb auch mehr Bausteine in ihrer Erbsubstanz DNS als sehr einfache Organismen, wie etwa die einzelligen Bakterien. Die Zahl der Kopierfehler bei der Vermehrung der Erbsubstanz muß sich aber in Grenzen halten, wenn genügend Nachkommen lebensfähig sein sollen. Daher erfordern höhere Organismen mit mehr Erbinformation auch eine größere Genauigkeit der Kopierung der DNS. Diese Bedingung wird durch besondere Reparaturmechanismen erfüllt, die einen wesentlichen Teil der Kopierfehler beseitigen. Erst wenn solche biochemische Mechanismen auf der niedrigeren Stufe der Evolution erfunden sind, kann sich eine höhere Stufe voll entfalten. In diesem Sinn läßt sich die Erfindung biochemischer Mechanismen zur Korrektur von Kopierfehlern der Erbsubstanz DNS als »Evolution der Evolution« auffassen. Entsprechendes gilt für die Sexualität, die – selbst ein Produkt der Evolution – ihrerseits die Mechanismen der Evolution wesentlich erweitert. Die Evolution der Evolution ist, verglichen mit den direkten Anpassungsprozessen an die Umwelt, logisch hintergründiger, aber auch begrifflich wie mathematisch schwieriger zu erfassen. Insgesamt ist der Erklärungsrahmen der modernen Evolutionstheorie sehr weit; er führt wesentlich über die naiven Schlüsse hinaus, die das einfache Konzept von der »Auswahl der Lebenstüchtigsten« suggeriert.

5. Deutung der Evolution: Offene Fragen

So einsichtig die nachträgliche Erklärung der Evolution des Lebens ist, wie man sie aus naturwissenschaftlichen Überlegungen und den Zeugnissen der Vergangenheit erschließt, so schwierig ist die Frage, ob und in welcher Hinsicht es so kommen mußte, wie es kam. Da Mutationen und Rekombinationen zufällige Ereignisse sind, die der Quantenunbestimmtheit unterliegen, spielt für die Evolution der Zufall eine große Rolle.

Zufall und Notwendigkeit in der Evolution

Wenn ein komplexes System von zufälligen Ereignissen mitbestimmt wird, so hängen manche Eigenschaften stark von den einzelnen Zufällen ab, während sich andere – unabhängig von Einzelereignissen – als Systemeigenschaft mit großer Wahrscheinlichkeit einstellen. So ist zum Beispiel in unseren Breiten das Wetter im nächsten Monat nur sehr ungenau zu prognostizieren, weil es stark von Zufällen (wie Schwankungen der Dichte und Temperatur in der Luft) beeinflußt wird, während andererseits der Wechsel von Regen- und Trockenzeiten in den Tropen mit größerer Regelmäßigkeit abläuft. Für komplizierte Systeme ist es schwer, theoretisch zu entscheiden, was nun von Zufällen abhängt und was zwangsläufig abläuft, und das gilt auch für die Evolution. Welche biologischen Eigenschaften sind vom Zufall bestimmt und wären ganz anders ausgefallen, wenn nur ein einziges Molekül anders reagiert hätte, welche sind durch die Mechanismen der Evolution überhaupt, welche sind wenigstens von einem bestimmten Stadium an festgelegt? Manche Merkmale von Lebewesen sind mehrmals im Laufe der

Evolution unabhängig voneinander aufgetreten; das ist ein Indiz dafür, daß die Entwicklung der Merkmale zumindest wahrscheinlich, wenn nicht gar zwangsläufig war, daß der Selektionsdruck der Umweltbedingungen sie erzwingt. Bei anderen Eigenschaften ist die Frage nach der Wahrscheinlichkeit schwer zu entscheiden, solange man nicht über eine viel genauere mathematische Theorie der Evolution verfügt. Für höhere Organismen ist Evolution zu einem wesentlichen Teil Anpassung von Verhaltens- und Gestaltmerkmalen sowohl innerhalb einer Art als auch zwischen den Arten; das heißt, daß die Selektion nicht von ziemlich stabilen, einfachen Umweltfaktoren der Geographie, sondern von komplexen, wandelbaren Eigenschaften anderer Lebewesen abhängt, die sich gleichzeitig durch Evolution verändern und anpassen. Es ist denkbar, daß für diese komplizierten Prozesse eine umfassende algorithmische Theorie grundsätzlich nicht möglich ist: Das finitistische Prinzip schließt die systematische Analyse einer superkosmischen Anzahl von Möglichkeiten aus, und dies könnte dann auch der Entscheidung zwischen Zufall und Notwendigkeit bei der biologischen Entwicklung bestimmter Fähigkeiten und Merkmale unüberwindliche Grenzen setzen.

Wie wahrscheinlich war die Entstehung des Lebens?

Von besonderer Bedeutung ist die Frage, ob die Entstehung des Lebens auf der Erde ein wahrscheinlicher Prozeß oder ein sehr unwahrscheinlicher Vorgang war. Auch hierauf ist eine Antwort schwierig. Angenommen, die Entstehung von Leben hätte erfordert, daß rein zufällig ein bestimmtes Nukleinsäuremolekül mit einer bestimmten Reihenfolge der Bausteine gebildet wurde; diese Sequenz wäre die Voraussetzung für eine bestimmte rückgefaltete Struktur des Moleküls, die den Stoffwechsel der Umgebung für die eigene Vermehrung günstig beeinflußt. Wie wahrscheinlich wäre die *zufällige* Entstehung eines solchen Moleküls? Die Antwort hängt sehr von der Größe dieses »Urmoleküls« ab. Reichte eine Kette mit 20 Nukleotiden aus, so wäre die Wahrscheinlichkeit ihrer spontanen Entstehung durch zufälliges Aneinanderfügen der Glieder aus den vier Bausteinen A, B, C und D dadurch gegeben, daß man die Wahrscheinlichkeit ¼, einen bestimmten Baustein einzubauen, 20mal mit sich selbst multipliziert. Dies ergibt eine Wahrscheinlichkeit von $1/4^{20}$; das heißt, die Entstehung eines bestimmten Moleküls dieser Größe wäre dann wahrscheinlich, wenn es mehr als 4^{20}, das sind etwa 1000 Milliarden derartige Moleküle gibt. Schon in einem Fingerhut mit einer Lösung von Nukleinsäuren können viel mehr als 1000 Milliarden Moleküle vorkommen, darunter dann mit großer Wahrscheinlichkeit auch dasjenige, mit dem Leben beginnen könnte. Wäre aber die Mindestlänge zum Beispiel eine Kette von 200 Bausteinen, so läßt sich nach dem gleichen Prinzip leicht ausrechnen, daß die zufällige Entstehung eines Moleküls mit einer bestimmten Folge der Bausteine selbst im gesamten Universum beliebig unwahrscheinlich wäre. Es gibt nämlich mehr als 10^{120} verschiedene Sequenzen von 200 Bausteinen aus vier Typen; so viele Moleküle müßten gebildet werden, damit es wahrscheinlich wird, daß eine *bestimmte* Sequenz *einmal* vorkommt, und das wiederum läge jenseits jeder finitistisch realisierbaren Zahl.

In Wirklichkeit kennen wir die Mindestgröße von Kettenmolekülen nicht, die Leben initiieren können; der ganze Bereich zwischen einigen Dutzend und einigen hundert Bausteinen liegt im Bereich des Plausiblen. Auch wissen wir nicht, wie viele *verschiedene* Sequenzen für einen Start des Lebens in Frage gekommen wären. Deshalb muß es offen bleiben, ob die Entstehung des Lebens auf der Erde oder im Kosmos insgesamt ein wahrscheinlicher oder unwahrscheinlicher Prozeß gewesen ist. Ebenso schwer wäre zu entscheiden, ob die Entstehung der *höheren* Stufen des Lebens ein physikalisch wahrscheinlicher Vorgang war oder nicht, ob Leben in sehr verschiedenen Formen, ob es gar auf verschiedenen chemischen Grundlagen möglich gewesen wäre. Kämen auch andere Stoffe als Nukleinsäuren als Erbsubstanz in Frage, oder wäre deren Kopierung und ihre Wirkung zur Steuerung des Stoffwechsels nicht genügend effizient, um Evolution zu ermöglichen?

Noch viel schwieriger zu beantworten wäre die Frage, ob die in unserer Welt geltende Physik die einzig mögliche ist – und wenn nicht, ob Leben gerade mit den uns bekannten unter allen denkbaren Naturgesetzen verbunden ist. Die

Fragestellung erscheint zunächst merkwürdig, hat aber doch auch einen gewissen Sinn. Dies läßt sich am Beispiel der reinen Zahlen erläutern, die in den Grundgesetzen der Physik vorkommen – etwa am Verhältnis der Massen der Teilchen, die das Wasserstoffatom aufbauen, des Kerns und des Elektrons; ihr Massenverhältnis beträgt 1837. Eine andere reine Zahl ist die sogenannte Feinstrukturkonstante, die für die quantitativen und qualitativen Eigenschaften der Atome und Moleküle bestimmend ist. Es handelt sich um ein Verhältnis, das mit Hilfe der elektrischen Ladung des Elektrons, der Naturkonstante der Quantenphysik (dem »Planckschen Wirkungsquantum«) und der Lichtgeschwindigkeit gebildet wird und ziemlich genau den Wert $1/137$ hat. Steckt hinter solchen Zahlen, die in den Grundgesetzen der Physik vorkommen, eine noch verborgene, aber unverrückbare Logik, die durch eine künftige Theorie der Elementarteilchen aufgeklärt wird, sind es letztlich mathematische Zahlen wie π? Oder sind es gar keine »absoluten« Konstanten, sondern freie Parameter? Im letzteren Fall wäre auch eine andere Physik mit anderen Zahlen denkbar; diese würden aber nicht mehr die Kohlenstoffchemie ergeben, so wie wir sie kennen – nicht die Nukleinsäuren und die Eiweißstoffe, nicht die materiellen Grundlagen des Lebens auf der Erde. Vielleicht gäbe es dann eine andersartige Chemie, die auch Leben ermöglicht; was aber, wenn es Leben *nur* mit der Physik gibt, bei der die Feinstrukturkonstante die Größe $1/137$ hat? Dann ist die Welt diejenige unter allen möglichen Welten, die Leben ermöglicht, und damit auch die einzige, in der es Wesen mit Geist gibt, die – unter anderem – auch Physik treiben. Nicht nur, daß die Physik die Grundlage zur Erklärung des Lebens ist, das Leben würde umgekehrt in gewissem Sinne erklären, warum wir die Physik so vorfinden, wie sie ist.

Evolution und die Konstanten der Physik

Hinsichtlich der Evolution des Menschen stellt sich besonders das Problem, ob sich das Leben auf der Erde nur mit unwahrscheinlichen Zufällen, oder aber mit naturwissenschaftlicher Zwangsläufigkeit zu der Höhe entwickelt hat, die Lebewesen mit Geist hervorbrachte. Wiederum ist es leichter, nachträglich zu verstehen, wie es dazu kommen

Evolutionäre Erkenntnistheorie: Wie kam der »Geist in die Welt«?

konnte, als zu erkennen, ob und in welcher Hinsicht es so kommen mußte. Wie es kommen konnte, lehrt die evolutionäre Erkenntnistheorie: Die Verhaltenssteuerung höherer Tiere erfordert eine Repräsentation von Prozessen und Strukturen der Wirklichkeit in den Steuerorganen, also im Gehirn. Die Naturwissenschaften zeigen in besonders eindrucksvoller Weise eine allgemeine Eigenschaft der Natur: Komplexe Vorgänge sind durch logische Operationen auf einfache Prinzipien zurückzuführen. Logische Operationen können aber auch von Zellen ausgeführt werden, wenn sie in geeigneter Weise miteinander verschaltet sind. Also erfand die Evolution zur Verhaltenssteuerung höherer Organismen entsprechende Zellsysteme – nämlich die der Nervenzellen im Gehirn. Das Netzwerk der Nervenzellen wurde so differenziert und verschaltet, daß sich in ihm die Struktur der Außenwelt und die Dynamik ihrer Veränderung abstrakt, symbolisch, allgemein und umfassend repräsentieren ließ. Dies ermöglichte die Steuerung, die Vorbereitung und schließlich – in hochentwickelten Gehirnen – auch die Planung von situationsabhängigem, zielgerichtetem Verhalten. Zur Wirklichkeit gehört der Umgang mit anderen Organismen. Deshalb können wir Gestalten so schnell, sicher und »anschaulich« erkennen. Für strategisches Verhalten ist zudem auch die »Selbstrepräsentation« des Organismus im eigenen Gehirn besonders nützlich, um ganz verschiedene Möglichkeiten *eigener* Reaktionen und Handlungen in die Auswahl zielgerichteten Verhaltens einzubeziehen. Höhere Formen der Abstraktion sowie die Selbstrepräsentation sind charakteristische Merkmale des menschlichen Geistes, sie ermöglichen »Erkenntnis«. Mit solchen Denkfiguren erklärt die evolutionäre Erkenntnistheorie die Tatsache, daß die Evolution schließlich Lebewesen mit Geist herausgebildet hat. Allerdings, die Erklärung ist eine nachträgliche Plausibilitätsbetrachtung. Daß sich die Entwicklung des Geistes nicht mit beliebig großer Wahrscheinlichkeit ergeben mußte, folgt aus der langen Dauer der Evolution, die Milliarden von Jahren zwischen dem ersten Einzeller und dem Menschen erforderte – einen Zeitraum von derselben Größenordnung wie das Alter der Erde. Daß es überhaupt geschehen konnte, zeigt die Tatsache, daß es Menschen gibt, die geistige Fähigkeiten haben – und irgendeine, wenn auch vielleicht noch so kleine Wahrscheinlichkeit gibt es ja für alles, was überhaupt physikalisch möglich ist. Wie wahrscheinlich oder unwahrscheinlich es nun wirklich war, daß Lebewesen mit Geist entstanden, weiß man nicht.

Wie wahrscheinlich war Entstehung von Leben mit Geist?

Überdies erklärt die Theorie, die Erkenntnis als Produkt der Evolution erklärt, keineswegs die Voraussetzung der Erklärung selbst – nämlich *daß* die komplexen Vorgänge der Welt *überhaupt* allgemeinen Gesetzen und logischen Regeln folgen; wäre das anders, so könnten Systeme von miteinander verschalteten Nervenzellen im Gehirn keine so effizienten Organe der Wahrnehmung und Erkenntnis, Planung und Verhaltenssteuerung sein. Wie wollen wir die große Tragweite des menschlichen Geistes verstehen? Es ist einzusehen, daß Evolution so unmittelbar zweckmäßige Fähigkeiten des Gehirns hervorbringt wie etwa die räumliche Anschauung. Dadurch können wir uns das Verhalten von Dingen vorstellen – zum Beispiel die Wurfbahn eines Steins oder die Bewegung von Artgenossen – und unser Verhalten danach richten. Wie erklärt sich aber die Fähigkeit, das Wissen von der Natur soweit zu entwickeln, wie es erst in diesem Jahrhundert geschehen ist? Die Grundgesetze der Naturwissenschaften bieten die allgemeine Basis für eine Erklärung von Ereignissen in Raum und Zeit, aber gerade in ihrer umfassenden Form sind sie zugleich sehr abstrakt; sie sind verbunden mit einem radikalen Verzicht auf die gewohnte, angeborene Anschauung von Raum, Zeit und Dingen. Die Naturgesetze *brechen* bewußt mit der naiven, intuitiven Anschaulichkeit, die die Evolution zuvor erst erzeugt hat.

Dies zeigte sich an der anfangs (Kap. I) besprochenen Quantenphysik. Es läßt sich besonders verdeutlichen, wenn man einen Seitenblick auf die Entwicklung der Relativitätstheorie wirft. Um die Jahrhundertwende erkannte man, daß die bislang selbstverständliche, intuitive Auffassung von Zeit im Bereich hoher Geschwindigkeiten zu Widersprüchen mit der Erfahrung führt. Darauf verließen Einstein und Minkovsky das Konzept des anschaulichen dreidimensionalen Raumes, erweiterten ihn mit Hilfe der Zeit um eine unanschauliche, vierte Dimension, benutzten dabei eine Zahl, die es nicht gibt – die Quadratwurzel aus minus eins –, entwarfen mathematisch-physikalische Gesetze nach Symmetrieregeln – Symmetrien nicht von Dingen in der Wirklichkeit, sondern von Formeln auf dem Papier – und leiteten Folgerungen ab, darunter diese: Masse entspricht Energie. Die Folgerungen haben sich dann in der experimentellen Erfahrung tausendfach bewährt, sie sind unter anderem die Grundlage der ganzen Kernphysik.

Die Fähigkeit von Gehirnen, so abstrakte Theorien zu entwerfen, die dann auch noch der erfahrenen, objektiven Wirklichkeit entsprechen, ist keine in sich selbstverständliche Folge der Evolution. Die Möglichkeit, Naturwissenschaft zu betreiben, ergibt vielmehr in erster Linie eine Erkenntnis über uns selbst: Grundgesetze und Grundstrukturen des Universums in Raum und Zeit sind so beschaffen, daß sie vom menschlichen Denken erfaßbar sind; deshalb kann das menschliche Gehirn in gewissem Umfang die Gesetze und die Geschichte der Schöpfung nachvollziehen. Betont man diesen Gesichtspunkt, so erscheint die Verstehbarkeit der Welt schon als Voraussetzung und nicht erst als Ergebnis der Evolution des menschlichen Gehirns, als notwendige Bedingung der Entwicklung des menschlichen Denkens, durch die »der Geist in die Welt« kam.

Ist Geist Voraussetzung oder Ergebnis der Evolution des Menschen?

Insgesamt erklärt die Evolutionstheorie die Entstehung und Entwicklung des Lebens auf der Erde im Rahmen der naturwissenschaftlichen und logischen Gesetze, wie wir sie kennen. Keine anderen oder zusätzlichen Gesetzmäßigkeiten sind nötig. Entgegengesetzte Behauptungen, Leben sei zu unwahrscheinlich, um »von selbst« entstanden zu sein, die Evolution widerspräche Gesetzen der Thermodynamik, oder sie sei schneller verlaufen, als man verstehen kann, oder sie könne nicht die Entstehung von Leben mit Geist erklären, werden durch die Naturwissenschaften nicht gestützt. Man kennt keine Tatsachen, Schritte oder Ergebnisse der Evolution, die mit der naturwissenschaftlichen Erklärung – zufällige Änderungen der Erbsubstanz in Verbindung mit Selektion nach »fitness« – in Widerspruch stünden.

Grundtatsachen der Evolution sind naturwissenschaftlich erklärbar

Andererseits gibt es aber Grundfragen des menschlichen

Selbstverständnisses, die von der Evolutionstheorie nicht geklärt werden. Die Grenzen unseres Wissens sind deutlich erkennbar, die Spannweite möglicher Interpretation ist hingegen groß: Der Mensch kann die Fähigkeit seines Geistes betonen, dieses Universum und seine Gesetze zu erfassen. Man kann sogar den Sinn der Gesetze des Universums darin sehen, daß in ihm der Mensch mit geistigen und schöpferischen Fähigkeiten möglich ist. Der Sinn der Schöpfung ist der Mensch – dies ist eine wissenschaftlich nicht zwingende, aber mögliche Interpretation, getragen von metatheoretischem Selbstbewußtsein, von metaphysischem Optimismus. Dieselben Tatsachen erlauben aber auch eine andere, düstere, pessimistische Auffassung. Man kann sich an den quantitativen physikalischen Dimensionen messen und erfährt sich dabei als Produkt des Zufalls: als klein, unbedeutend, kurzlebig, verloren im Kosmos. So formuliert es Monod in seinem Buch »Zufall und Notwendigkeit«: »Der Mensch weiß endlich, daß er in der teilnahmslosen Unermeßlichkeit des Universums allein ist, aus dem er zufällig hervortrat.« Diese Ansicht ist bei allem Dogmatismus, der dabei durchscheint, keine andere Wissenschaft, sie zeigt vielmehr ein anderes Lebensgefühl: »Der Mensch muß endlich aus seinem tausendjährigen Traum erwachen und seine totale Verlassenheit, seine radikale Fremdheit erkennen. Er weiß nun, daß er seinen Platz wie ein Zigeuner am Rand des Universums hat, das für seine Musik taub ist und gleichgültig gegen seine Hoffnungen, Leiden oder Verbrechen.«

Fragen zum Selbstverständnis des Menschen bleiben offen

Metaphysischer Optimismus

Metaphysischer Pessimismus

Ob der Geist als ein Produkt der Evolution anzusehen ist, ob und in welchem Sinne die Evolution den Geist schon voraussetzt, wird also mit Mitteln objektiver Wissenschaft allein nicht entschieden. Der Mensch hat in der Interpretation seiner eigenen Stellung die Wahl, sich als Ziel, Zwischen- oder Nebenprodukt der Weltentwicklung anzusehen. Er kann dabei seiner Intuition, sogar seinen Wünschen folgen, aber Eindeutigkeit und Übereinstimmung sind kaum zu erwarten.

Freiheit der Interpretation

V. Biologische Strukturbildung

Struktur und Form der Lebewesen sind in wesentlichen Zügen durch die Erbsubstanz festgelegt, die das Zellgeschehen biochemisch lenkt. Wie aber können chemische Reaktionen schließlich zu räumlichen Gestalten führen? Ein »Urprozeß« der Strukturbildung ist die »Selbstgliederung« von zunächst einförmigen Zellen und Geweben in verschiedene Teilbereiche. Hierfür reichen schon relativ einfache physikalisch-chemische Mechanismen aus: kurzreichweitige Aktivierung in Verbindung mit längerreichweitiger Hemmung. Sie vermögen aus einförmigen Anfangsbedingungen eine ungleichmäßige Verteilung aktivierender Stoffe zu erzeugen, die ihrerseits Zelldifferenzierung und Formbildung in sich entwickelnden Geweben räumlich organisieren können. Mechanismen dieses Typs ergeben fast von selbst bemerkenswerte Regeleigenschaften, die für die Entwicklung der Organismen charakteristisch sind. Insgesamt ist die biologische Strukturbildung zwar ein komplizierter Vorgang, an dem viele verschiedene Prozesse beteiligt sind; alle Erkenntnisse sprechen jedoch dafür, daß die Mechanismen ganz in den Geltungsbereich bekannter physikalischer Gesetze fallen.

1. *Neubildung von Gestalten im Generationszyklus*

Gestaltenreichtum der Lebewesen

Die Gestalten und Muster der Tiere und Pflanzen bestimmen unsere unmittelbare sinnliche Erfahrung der belebten Natur. Wir erleben sie in der Vielfalt und Schönheit der Formen, der offenen und verborgenen Regelmäßigkeiten biologischer Strukturen. In aller Vielfalt findet man immer wieder verwandte Grundmuster, wie den Aufbau der höheren Tiere aus Kopf, Rumpf und Gliedmaßen und den inneren Aufbau der Organe. Die Strukturen und Gestalten vielzelliger Lebewesen entstehen in jeder Generation neu aus der Eizelle. Dieser Prozeß gehört zu den erstaunlichsten Vorgängen in der Natur, und seine Erklärung ist eines der zentralen Probleme einer physikalisch begründeten Biologie.

Es ist ein Erlebnis, die Entwicklung eines Organismus, besonders die frühen Stadien, im Zeitrafferfilm zu beobachten – dafür sind manche Amphibien geeignet, die relativ große Eier mit durchsichtigen Hüllen ausbilden. Beschreiben läßt sich das Geschehen nicht so anschaulich, so daß hier nur eine kurze, sehr schematische und vereinfachende Zusammenfassung gegeben werden kann. Die Eizelle entsteht im Muttertier aus Vorstufen, bei denen das Zellplasma noch annähernd einförmig ist. In der Eizelle haben sich bereits einige voneinander verschiedene Teilbereiche gebildet, aber diese räumliche Untergliederung entspricht nach Struktur und Feinheit in keiner Weise dem später entstehenden Tier. Nach der Befruchtung teilt sich die Eizelle mehrere Male *(Abb. 4a–e)*, und es bildet sich eine aus vielen Zellen aufgebaute, geschlossene (bei Amphibien annähernd kugelförmige) Schicht, die einen teils zellfreien, teils mit verhältnismäßig großen Zellen gefüllten Innenraum umschließt. Bereits in solchen frühen Stadien kann man das spätere Schicksal von Teilbereichen des Embryos angeben: Manche bilden das Nervensystem, andere zum Beispiel Muskeln; bestimmte Teilbereiche tragen in vorhersagbarer Weise zum Aufbau innerer Organe bei.

Die aus Zellen bestehende Schicht, die die Hohlstruktur

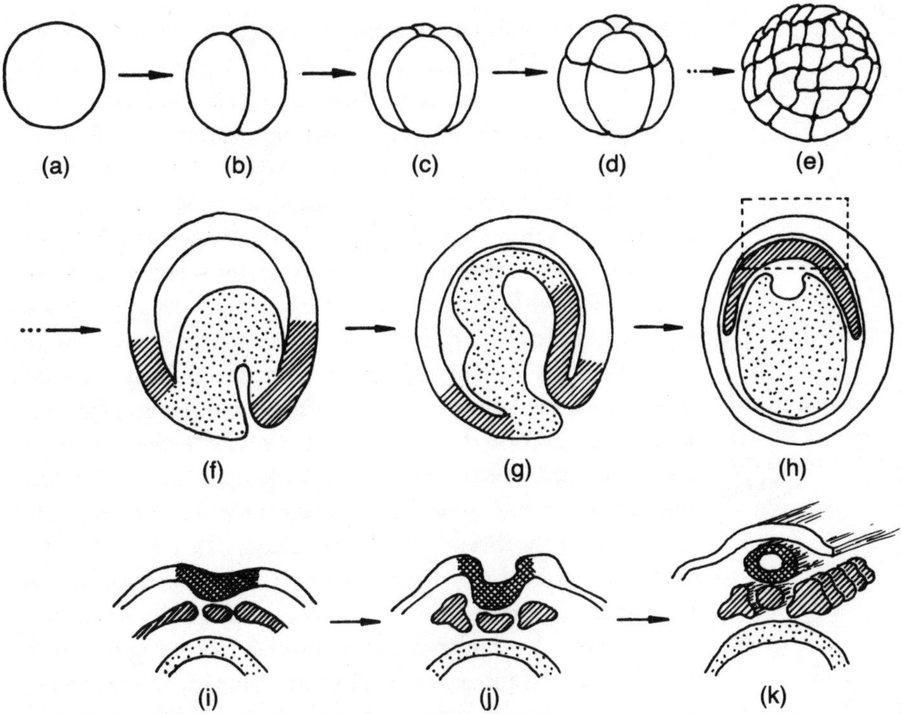

Abb. 4: **Entwicklung des Tieres aus der Eizelle**
Frühe Stadien der Entwicklung sind am Beispiel des Salamanders schematisch dargestellt. Die befruchtete Eizelle (a) teilt sich mehrere Male (b-e), und es entsteht schließlich eine Schicht aus vielen Zellen, die einen Hohlraum umschließt (Schnittbild f). Verschiedene Teilbereiche bilden in der Regel bei der späteren Entwicklung verschiedene Organe und Organbereiche im Tier: Der gepunktete Bereich, das »Entoderm«, ist an der Bildung innerer Organe beteiligt; der schraffierte Teil (»Mesoderm«) erzeugt unter anderem Muskeln, der übrige Teil (»Ektoderm«) zum Beispiel die Außenbereiche der Haut und das Nervensystem. Die Hohlstruktur (f) stülpt sich ein; die Mesoderm- sowie Entodermzellen werden in den Innenraum verlagert (g), bis das Mesoderm der Ektodermschicht anliegt (h). Im Kontaktbereich induziert das Mesoderm im Ektoderm die Bildung eines Wulstes (i), der sich einstülpt (j) und sich schließlich als röhrenförmiges Gebilde vom Ektoderm ablöst (k); dies ist das Neuralrohr, die Uranlage des Nervensystems. Zugleich wird in der Längsachse des Embryos das Mesoderm //// strukturiert, wie in Abb. k perspektivisch angedeutet; so entstehen die »Somiten«, die später an der Anlage der Wirbel beteiligt sind.

bildet, stülpt sich an einer Stelle ein; ein beträchtlicher Teil der Zellen wird in den Innenraum verlagert *(Abb. 4f–h)*. Dort berühren sich nun Bereiche von Zellschichten, die ursprünglich weit voneinander entfernt waren. Der Kontakt mit bestimmten Zellen der inneren Schicht löst in der äußeren Zellschicht neue Strukturbildungen aus, ein Vorgang, der als Induktion bezeichnet wird. Als erstes wird die Neuralleiste – die Vorform des Nervensystems – induziert *(Abb. 4h, i)*. Sie schließt sich zum Neuralrohr *(Abb. 4j, k)*, in dessen Längsrichtung eine Reihe von Ausstülpungen entstehen: die Anlagen verschiedener Teile des Gehirns und des Rückenmarks entlang der zukünftigen Längsachse des Tieres. Die Induktion des Nervensystems leitet einen der frühesten von zahlreichen ähnlichen Vorgängen räumlicher Untergliederung des Gewebes ein, die teils gleichzeitig, teils nacheinander während der Entwicklung des Tieres ablaufen und zur Ausbildung der einzelnen Organe an bestimmten Orten des Embryos führen. Dabei gliedern sich immer wieder Bereiche des Embryos, die zunächst einförmig waren, in verschiedene Teilbereiche; Zellbewegungen, insbesondere Ein- oder Ausstülpungen von Zellschichten, führen zu neuen Kontakten, die wiederum neue Strukturbildungen induzieren. Während dieser Entwicklung räumlicher Ordnung differenzieren sich Zellen zunehmend in verschiedene Typen. Um den Gesamtprozeß zu erklären, ist es angebracht, die Elementarvorgänge der Differenzierung von Zellen in verschiedene Typen einerseits und der räumlichen Untergliederung des sich entwickelnden Gewebes andererseits getrennt zu betrachten, um anschließend ihre Verknüpfung im Verlauf der Entwicklung des Organismus zu diskutieren.

Elementarvorgänge biologischer Strukturbildung

Die Differenzierung der Zellen läßt sich in Form eines Stammbaumes der Entwicklung beschreiben. Die Eizelle ist die »Stammzelle« sämtlicher Zelltypen; in späteren Stadien der Bildung des Embryos erzeugen dann bestimmte Zellen jeweils nur noch einen Teil aller Zelltypen. Die früheste Differenzierung des embryonalen Gewebes ist mit der Gliederung in drei Teilbereiche, nämlich Ektoderm, Mesoderm und Entoderm verbunden *(Abb. 4f)*. Ektodermzellen sind noch Vorstufen sowohl von Haut- als auch von Nervenzellen, unter ihren Nachkommen sind aber z. B. in der Regel keine Muskelzellen mehr. Die Induktion des Neuralrohres *(Abb. 4i)* legt dann für die weitere Entwicklung einen Teil des Ektoderms in die Entwicklungsrichtung »Nervengewebe« fest, während andere Teile Zellen der äußeren Schicht der Haut, aber keine Nervenzellen mehr machen. Später erfolgen weitere Verzweigungen der Entwicklung, z. B. die Festlegung der verschiedenen Zelltypen des Nervengewebes.

Stammbaum der Zelldifferenzierung

Wie das Beispiel der Differenzierung von Nervenzellen zeigt, durchlaufen bei der Entwicklung eines Organismus die Zellen eine Kette von einzelnen Differenzierungsschritten; man kann sie als Schaltprozesse, als Weichenstellungen, als Entscheidung zwischen verschiedenen Entwicklungsrichtungen auffassen. Zwischen aufeinanderfolgenden Schaltprozessen können eine oder mehrere Zellteilungen stattfinden. Im Verlauf der Differenzierung werden immer mehr Zelltypen mit immer engerem Repertoire gebildet: Dies ergibt den Stammbaum der Zelltypen. An dessen Ende stehen viele verschiedene, voll ausdifferenzierte Zelltypen, die sich entweder gar nicht mehr vermehren (wie Nervenzellen) oder nur noch Zellen ihres eigenen Typs erzeugen (wie Epithelzellen).

Differenzierung als Schaltvorgang

Der genaue Mechanismus der an der Differenzierung beteiligten Schaltprozesse ist noch nicht aufgeklärt, und es gibt verschiedene Möglichkeiten, die mit bekannten Mechanismen der Molekularbiologie vereinbar wären. Ein einfaches Modell wurde bereits im Zusammenhang mit Regelvorgängen an der Erbsubstanz DNS besprochen (S. 85): Ein Gen erzeugt ein Produkt, das – über eine Kette von Reaktionen – wiederum das produzierende Gen aktiviert. Unter bestimmten Voraussetzungen ergibt ein solcher Mechanismus der Selbstverstärkung zwei verschiedene stabile Zustände: Ist die Produktion niedrig, so bleibt sie niedrig, ist sie hoch, so bleibt sie hoch. Eine kurzzeitige Aktivierung durch ein chemisches Signal kann dauerhaft den Übergang von »wenig« zu »viel«, vereinfacht gesagt von »aus« zu »an«, bewirken. Ist der Regelkreis angedreht, so bleibt er an, selbst wenn das auslösende Signal nicht mehr wirkt. Der Zustand »an« kann nach Teilungen der Zelle auf Tochterzellen übertragen werden, da sie ja bei der Teilung die aktivierenden Produkte mitbekommen, die ihre eigene Produktion anregen.

Dies ist nur eines von vielen physikalisch-chemischen Modellen der Differenzierung. Neben Regelvorgängen an der chemisch unveränderten DNS könnten zum Beispiel auch chemische Veränderungen sowie Umordnungen der Erbsubstanz beteiligt sein. Darüber hinaus sind Prozesse denkbar, an denen die DNS überhaupt nicht unmittelbar mitwirkt: Wenn Enzyme durch ihre eigenen Reaktionsprodukte in einen aktiven Zustand überführt werden, so könnte dies ebenfalls verschiedene stabile Zustände zur Folge haben.

Nun ergibt eine einfache Entscheidung zwischen verschiedenen Zuständen noch keinen Stammbaum der Zelldifferenzierung, der ja eine geordnete Folge mehrerer Schaltprozesse erfordert. Hierzu müssen eine ganze Anzahl verschiedener Regelkreise in geeigneter Weise miteinander verknüpft werden – zum Beispiel dadurch, daß die Aktivierung bestimmter Gene die Voraussetzung für die Aktivierung weiterer Gene ist. Zellen in einem bestimmten Zustand der Differenzierung sind im Rahmen eines solchen Mechanismus durch eine bestimmte *Kombination* von an- bzw. abgeschalteten Regelkreisen charakterisiert.

Die Zelldifferenzierung ist ein wichtiger Prozeß der Entwicklung, sie erklärt aber noch nicht in sich die Entstehung der räumlichen Ordnung: Ein wirrer Haufen verschieden differenzierter Zellen wäre kein Tier. Erst eine bestimmte Ordnung von Zelltypen, Geweben und Organen im Raum ergibt den Organismus. Biologische Form kann sogar ohne jede sichtbare Differenzierung in verschiedene Zelltypen erzeugt werden, nämlich durch räumlich geordnete Ein- oder Ausstülpung bestimmter Unterbereiche von Schichten aus Zellen der gleichen Art. Wie entsteht die *räumliche* Ordnung und Gliederung des Gewebes bei der Entwicklung des Embryos?

Wie können biochemische Vorgänge zu räumlicher Ordnung führen?

Biologische Form ist in wesentlichen Zügen erblich, also für jede Tierart durch die Struktur der Erbsubstanz DNS festgelegt. Nun gibt es aber keinerlei Ähnlichkeit zwischen der Form der DNS-Moleküle und der Form des entsprechenden Organismus. Die Erbsubstanz bewirkt räumliche

Ordnung indirekt, sie bestimmt zunächst chemische Vorgänge in Zellen und Geweben – und die wiederum erzeugen Gestalten und Muster im Raum. Dies führt zu einem Kernproblem der biologischen Strukturbildung: Wie können physikalisch-chemische Vorgänge überhaupt aus sich selbst heraus räumliche Muster und Gestalten neu erzeugen?

Hierfür gibt es verschiedene physikalische Möglichkeiten: Selbstaggregation (ähnlich wie bei der Kristallbildung); die Umwandlung von Ordnung in der Zeit in Ordnung im Raum; und die »Selbstgliederung« von zunächst räumlich einförmigen Bereichen in verschiedene Teilbereiche.

»Self-assembly«

Strukturbildung durch Aggregation (»self-assembly«) von Atomen und Molekülen kennt man vielfach in der unbelebten Natur, zum Beispiel bei der Bildung von Salzkristallen, Schneeflocken und Eisblumen. Solche Mechanismen gibt es auch in der Biologie: Innerhalb von Zellen aggregieren manche Eiweißstoffe unter sich oder mit Nukleinsäuren zu definierten Strukturen. So verbinden sich Eiweißmoleküle von selbst zu mikroskopisch kleinen Fasern, die für die Form und Bewegung der Zelle wichtig sind. Die Bestandteile treffen rein zufällig durch die Wärmebewegung aufeinander und bleiben dann zusammen, wenn sie gut zueinander passen und eine starke Bindungsenergie aufweisen. Auf diese Weise entsteht die Faser – ein hochgeordneter Verband aus einer großen Zahl von Molekülen. Gute Paßform der Moleküle im kleinen bestimmt letztlich die Struktur in größeren Bereichen, so wie ja auch Zuckermoleküle die Gestalt von Zukkerkristallen bestimmen. Viele Strukturen innerhalb der Zellen scheinen durch Aggregation der Bestandteile zu entstehen, wenn auch dieser Prozeß im einzelnen viel komplizierter verläuft als bei der Bildung von Zuckerkristallen.

Selbst ganze Zellen können durch »self-assembly« räumliche Muster bilden. Wenn man Zellen aus dem Gewebe eines sich entwickelnden Organismus zuerst isoliert und sie dann untereinander aggregieren läßt, so sortieren sich in vielen Fällen Zellen verschiedener Typen gegeneinander aus, so daß schließlich ein Zelltyp den Innenbereich des Aggregats, der andere eine umschließende äußere Zellschicht bildet. Aus einem anfangs chaotischen Durcheinander der Zelltypen entstehen durch zufällige Bewegungen und Zusammenstöße immer wieder andere Kontakte zwischen Oberflächen der Zellen. Die Kontakte mit den stärksten Bindungskräften bleiben erhalten; auf diese Weise bildet sich schließlich eine energetisch günstige räumliche Ordnung.

Die natürliche Entwicklung der Tiere beginnt allerdings nicht mit chaotischen Mischungen von Zelltypen, die sich nachträglich aussortieren. Zwar tragen auch Umordnungen und Wanderungen von Zellen zur räumlichen Ordnung bei. Ein Beispiel hierfür ist die Ausbildung geschichteter Strukturen in Nervensystemen, die, wie unsere Großhirnrinde, aus einer bestimmten Aufeinanderfolge verschiedener Zellschichten besteht. Die Nervenzellen werden zunächst in einer bestimmten Schicht gebildet, wandern in eine andere Schicht und ordnen sich dort ein. Im großen und ganzen spielt aber für die Entwicklung der Organismen die räumliche Ordnung der Zelldifferenzierung im Vergleich zur Zellwanderung die beherrschende Rolle; Zellen in verschiedenen Bereichen des sich entwickelnden Embryos differenzieren sich nämlich von Anfang an in verschiedene Typen.

Ordnung in der Zeit kann Ordnung im Raum ergeben

Ein zweiter physikalischer Grundprozeß der Erzeugung räumlich gegliederter Strukturen beruht primär auf Ordnung in der Zeit. Die Reihenfolge der Produktion verschieden differenzierter Zellen kann unmittelbar ihre Positionen im Gewebe bestimmen. Wächst z. B. eine Struktur so, daß Zellvermehrung bevorzugt in einer bestimmten Zone (nämlich am Rand oder nahe der Spitze der auswachsenden Struktur) stattfindet, so werden verschiedene Teile nacheinander gebildet. Läuft nun in den sich vermehrenden Zellen ein bestimmtes Programm der Zelldifferenzierung ab, so verwandelt sich Ordnung in der Zeit in Ordnung im Raum, es entsteht eine räumliche Folge verschiedener Strukturen. Solche Mechanismen sind zum Beispiel an der Bildung der schönen Muster auf den Gehäusen exotischer Muscheln wesentlich beteiligt. Allerdings scheint auch dieses Prinzip nicht die Hauptrolle bei der Anlage einzelner Organe in höheren Organismen zu spielen. Vielfach ist der primäre Prozeß dabei die Ausstülpung eines bestimmten Teilbereiches einer bereits vorhandenen Zellschicht; Zellvermehrung beeinflußt in solchen Fällen zwar die *Proportionen* der entstehenden Struktur, ist aber nicht die erste Ursache ihrer Bildung. In jedem Fall ist aber Ordnung in der Zeit von großer Bedeutung für die Entwicklung des Organismus im ganzen, denn dafür ist eine bestimmte Reihenfolge von Prozessen der Zellvermehrung und Zelldifferenzierung erforderlich, die durch die Erbsubstanz DNS genau geregelt sein muß.

2. *Räumliche Organisation durch »Selbstgliederung«*

Ein besonders wichtiger Grundmechanismus der Strukturbildung ist die Erzeugung von verschiedenen Teilbereichen *innerhalb* von zunächst einheitlichen Geweben. Selbst in einzelnen Zellen können sehr ausgeprägte innere Strukturen aus zunächst einförmigem Zellplasma entstehen. Es muß daher ganz allgemein Mechanismen geben, die innerhalb von relativ uniformen Bereichen eine strukturreiche Selbstgliederung ermöglichen. Für ein vielzelliges Gewebe bedeutet »Selbstgliederung«, daß es durch innere Prozesse verschiedene Teilbereiche entwickelt, ohne daß hierfür Zellwanderung oder Zellvermehrung ausschlaggebend sind. Dieses Erzeugen räumlicher Ordnung aus »nichts«, aus strukturarmen Anfangsbedingungen, ist für das Verständnis der Neubildung von Mustern und Gestalten in jeder Generation von zentraler Bedeutung. Selbstgliederung kommt bei der Entwicklung eines Tieres in verschiedenen Stadien und Bereichen vor; die enge zeitliche und räumliche Verknüpfung mit vielen anderen Prozessen im sich entwickelnden Embryo – wie Vermehrung, Differenzierung und Bewegung der Zellen – erschwert jedoch die Analyse. Der *elementare* Vorgang der Selbstgliederung läßt sich besser am Beispiel eines viel einfacheren Modellsystems studieren, nämlich dem des regenerierenden Süßwasserpolypen Hydra.

Strukturbildung durch Selbstgliederung

Dieses primitiv gebaute Tier *(Abb. 5)* besteht aus zwei Zellschichten, die einen Hohlraum umschließen. An einem

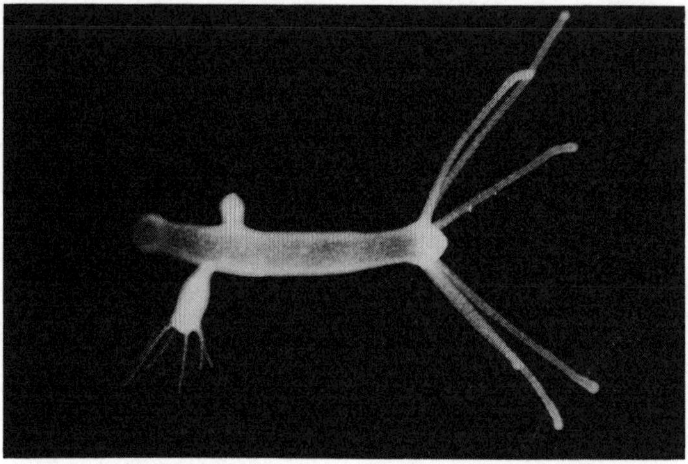

Abb. 5: **Hydra** ist ein kleiner Süßwasserpolyp von einigen Millimetern Länge; er besteht aus einem zweischichtigen Gewebe, das einen Hohlraum umschließt. Das Tier hat an einem Ende einen Kopf mit Fangarmen, am anderen einen »Fuß«. Gut gefüttert, vermehrt sich Hydra durch Knospung; das Bild zeigt zwei Knospen, die sich nacheinander an entgegengesetzten Seiten der Bauchregion gebildet haben. 1744 entdeckte Trembley, daß herausgeschnittene Teilstücke des Tieres wieder einen ganzen Polypen regenerieren. Seither dient Hydra als Modell für die Neubildung räumlicher Strukturen in zunächst einförmigen Bereichen eines Gewebes.

Ende der Längsachse befindet sich die Kopfregion mit Mundöffnung und einem Kranz von Fangarmen, darauf folgt die Bauchregion, die Knospungsregion (in der gut gefütterte Tiere Knospen ausbilden, die sich wiederum zu neuen Tieren entwickeln) und schließlich, am anderen Ende, die Fußregion mit einer Zellplatte zur Anheftung auf dem Untergrund. Dieser Polyp erregte 1744 das wissenschaftlich interessierte Publikum; Abraham Trembley hatte entdeckt, daß Teilstücke eines Tieres wieder zu einem ganzen Tier regenerieren können; insbesondere entsteht aus jedem Gewebestück, das man aus der Bauchregion herausschneidet, wieder ein ganzer Polyp mit Kopf und Fuß. Es ist in unserer Zeit schwer vorstellbar, welch großen Eindruck diese

Hydra, Modell der Selbstgliederung

»Selbsterzeugung« eines Tieres aus einem Teilstück seiner selbst damals hervorrief – es war Salongespräch, Gegenstand vieler philosophischer, theologischer und literarischer Erörterungen. Die Regenerationsfähigkeit geht noch viel weiter: Man kann diese Tiere in Zellen zerlegen und dann durch Zentrifugieren aus den Zellen Klumpen bilden; aus ihnen entstehen letztlich wieder vollständige Polypen. Dabei sortieren sich die Zellen zunächst innerhalb des Klumpens aus, sie bilden durch »self-assembly« das für Hydra typische zweischichtige, einen Hohlraum umgebende Gewebe. Danach bilden sich in Teilbereichen neue Köpfe, später auch Fußstrukturen; diese Vorgänge beruhen nun, ähnlich wie die Regeneration eines vollständigen Tieres aus einem Teilstück der Hydra, auf einer Selbstgliederung des Gewebes, nicht auf Zellwanderung und Sortierung. Schließlich zerfällt das Aggregat in einzelne »fertige« Tiere mit Kopf und Fuß.

Regeneration des Kopfes der Hydra

Die Regeneration der Hydra aus einem herausgeschnittenen Teilstück zeigt einen Grundprozeß der Form- und Musterbildung vielzelliger Organismen: die Entstehung eines Organs aus einem Teilbereich des Gewebes. Bei der Regeneration wächst der Kopf nicht durch Neubildung von Kopfzellen nach, er entsteht im wesentlichen durch Formänderung und Differenzierung des bestehenden Gewebes; ein Teil hiervon wird zum Kopf umgebildet, ohne daß hierfür ein besonderes Maß an Zellvermehrung nötig wäre. Köpfe können sogar dann noch regenerieren, wenn man die Zellvermehrung mit geeigneten Chemikalien blockiert.

Die Bildung von Teilstrukturen in zunächst einförmigem Gewebe setzt einen Prozeß voraus, der entscheidet, *wo* ein bestimmtes Organ gebildet wird – wo zum Beispiel in einem regenerierenden Teilstück der Hydra ein neuer Kopf entsteht. Dessen Position ist keineswegs zufällig: In einem Teilstück der Hydra entsteht der Kopf im allgemeinen an der ursprünglich kopfnächsten Stelle des Gewebes. Zwar dauert es zwei Tage, bis ein neuer Kopf gebildet ist, aber bereits wenige Stunden nach Beginn der Regeneration läßt sich nachweisen, daß die zukünftige Kopfregion schon aktiviert ist: Trennt man ein Stück davon ab und verpflanzt es in bestimmte Bereiche eines anderen Polypen, so regt es dort die Kopfbildung an, obwohl die Verpflanzung des gleichen Stückes am Beginn der Regeneration (zum Zeitpunkt Null) dort keine Kopfbildung bewirkt *(Abb. 6)*.

Aktivierung durch »morphogenetische Felder«

Das zeigt, daß bei der Regeneration als erstes – schnell und noch unsichtbar – eine Aktivierung der künftigen Kopfregion erfolgt und diese dann erst die Bildung des Kopfes auslöst. Die regionale – also räumlich geordnete – Aktivierung wird nach Beginn der Regeneration neu erzeugt; am

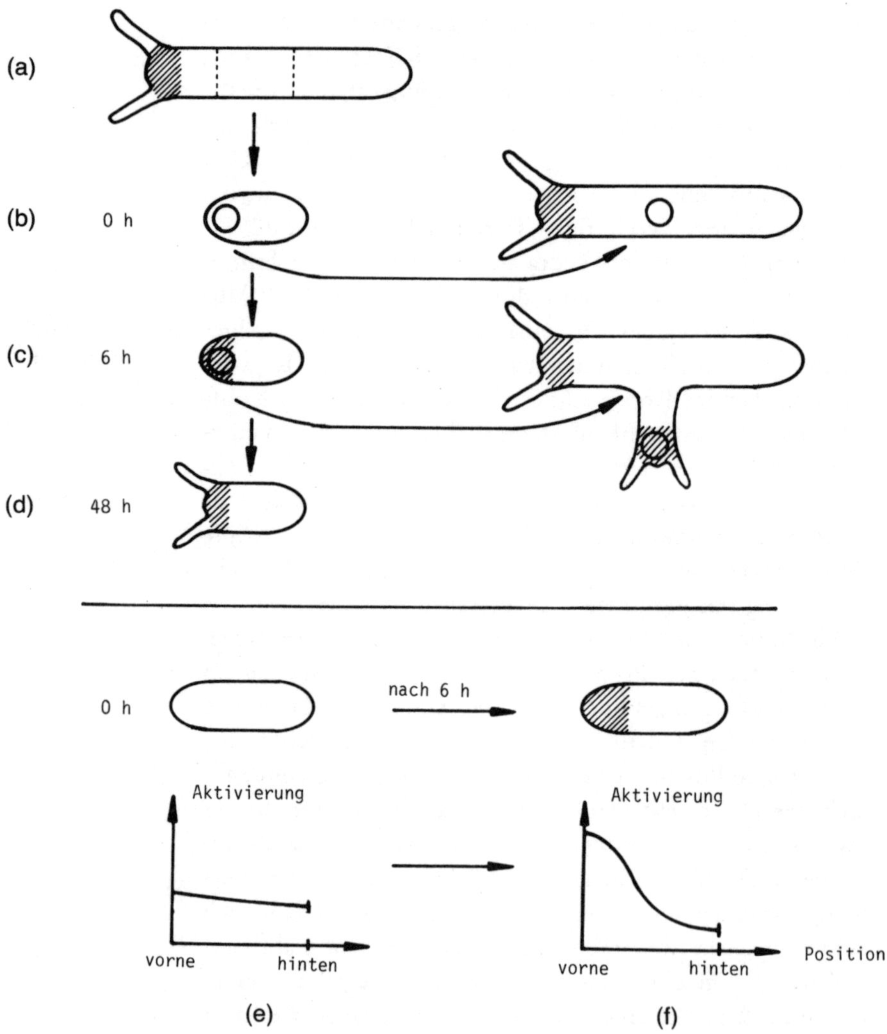

Anfang war sie noch nicht da, sie kann nicht durch eine präexistierende räumliche Verteilung erklärt werden. Der Vorgang ist ein Beispiel für ein verbreitetes Prinzip räumlicher Ordnung bei biologischen Entwicklungsprozessen: Es entsteht eine (in der Regel unsichtbare) räumlich ungleiche Verteilung physikalischer Eigenschaften im Gewebe, die die Orte künftiger Strukturbildungen festlegt, also »morphogenetisch« wirkt. Die physikalisch-chemische Natur dieser Verteilungen ist bisher nicht genau bekannt. Daran liegt es wohl auch, daß es für sie keinen eindeutigen, einheitlich verwendeten Fachausdruck gibt. Verschiedene Begriffe wurden dafür eingeführt, so der des »morphogenetischen Feldes«. Der Ausdruck ist nicht schlecht, und wir

Wie kann man dann andernorts behaupten, die Lebensprozesse seien alle im Rahmen der z. Zt. gültigen Physik erklärbar?

Abb. 6: **Strukturbildung durch »Selbstorganisation«** findet statt, wenn man eine Hydra in zwei Teile zertrennt oder – wie in Abb a, b skizziert – ein Stück aus ihrer Mitte herausschneidet. In 48 Stunden entsteht aus einem Teilbereich des anfangs ziemlich einförmigen Gewebes wieder ein neuer Kopf (d). Der erste Vorgang bei der Kopfregeneration ist die Bildung eines »morphogenetischen Feldes«: In wenigen Stunden wird die künftige Kopfregion »aktiviert« – im Bild (c) durch Schraffierung //// angedeutet – und diese noch unsichtbare Aktivierung bewirkt in der Folge die Bildung des neuen Kopfes.

Der Nachweis für die frühe Bildung des morphogenetischen Feldes ist allerdings nicht einfach, er erfordert Experimente mit transplantierten Gewebestücken; das Prinzip ist in den Abbildungen b, c sehr schematisch dargestellt: Verpflanzt man unmittelbar nach Beginn der Regeneration einen Teil ○ der künftigen Kopfregion in (– nicht allzu kopfferne –) Bereiche einer anderen Hydra, so ruft das verpflanzte Gewebe dort in der Regel keine Veränderung hervor, sondern bleibt Teil der Bauchregion (b) – die künftige Kopfregion ist noch nicht aktiviert. Führt man diese Operation dagegen etwa sechs Stunden nach Beginn der Regeneration durch, so induziert das Transplantat in der Bauchregion meist die Bildung eines zweiten Kopfes (c) – nach sechs Stunden ist die künftige Kopfregion des Regenerats also bereits aktiviert. Aktivierung bedeutet wahrscheinlich: hohe lokale Konzentration eines aktivierenden Stoffes. Die Entstehung des morphogenetischen Feldes ist dann gleichbedeutend mit der Erzeugung (e⟶f) einer gradierten Verteilung mit hoher Konzentration an einem Ende des Gewebes (f) aus einer anfangs annähernd gleichmäßigen Verteilung (e).

werden ihn im folgenden verwenden – als kurze Bezeichnung für »räumliche Verteilung von strukturaktivierenden Eigenschaften in Zellen und Geweben«. An der Existenz morphogenetischer Felder lassen die erwähnten Transplantationsexperimente keine Zweifel: In wenigen Stunden bildet sich im regenerierenden Gewebe eine gradierte Verteilung der Eigenschaft »Kopfaktivierung« mit hohen Werten an einem Ende und niedrigen Werten im übrigen Bereich

Morphogenetische Felder sind vermutlich Konzentrationsmuster

(Abb. 6 e, f). Wahrscheinlich ist »Aktivierung« gleichbedeutend mit »hohe Konzentration eines aktivierenden Stoffes«, und das morphogenetische Feld ist einfach die gradierte Verteilung des aktivierenden Stoffes im Gewebe. An dem Ende des Gewebestückes mit hoher Konzentration des Aktivators kann dann die Bildung einer bestimmten Struktur, im Beispiel der Hydra die Kopfbildung, ausgelöst werden. Es sind jedoch auch kompliziertere physikalisch-chemische Mechanismen der räumlichen Untergliederung von Geweben denkbar.

Morphogenetische Felder bieten in sich noch keine Erklärung der Strukturbildung, sie müssen ja selbst erst erklärt werden. Sie schlagen aber eine Brücke von der physikalischen Chemie zur wirklichen biologischen Struktur. Hat man die ursprüngliche Gliederung in Teilgebiete unterschiedlicher Aktivierung verstanden, so läßt sich auch die Strukturbildung erklären, die von der Aktivierung ausgelöst

Wie entstehen räumliche Konzentrationsmuster »von selbst«?

und räumlich geordnet wird. Die erste Frage ist daher, welche physikalisch-chemischen Mechanismen überhaupt morphogenetische Felder erzeugen können, zum Beispiel eine gradierte Verteilung von Molekülen mit hoher Konzentration an einem und niedriger Konzentration am anderen Ende. Darüber hinaus ist es aber besonders wichtig, diejenigen Regeleigenschaften zu erklären, die für die biologische Entwicklung charakteristisch sind.

Wie wird Orientierung geregelt?

Ein Beispiel biologischer Regelung ist die Orientierung einer neu gebildeten Struktur im zunächst annähernd gleichförmigen Gewebe. Da bei der Regeneration der Hydra Köpfe jeweils am ursprünglich kopfnahen Ende eines herausgeschnittenen Stückes der Bauchregion gebildet werden, muß es im Gewebe von vornherein – schon bei Beginn der Regeneration – eine »Polarität« geben; d. h. »vorn« ist in jedem Teilbereich verschieden von »hinten«. Dies liegt wahrscheinlich daran, daß es eine Substanz gibt, die in der Hydra von Kopf bis Fuß gradiert ist, deren Konzentration also von einem zum anderen Ende abfällt. In jedem herausgeschnittenen Teilstück gibt es demnach einen kleinen Konzentrationsunterschied zwischen »vorn« und »hinten«. Dies ist aber noch nicht das oben definierte morphogenetische Feld: Die örtliche Konzentration von Stoffen zu Beginn der Regeneration kann keinesfalls unmittelbar bestimmen, ob und wo ein neuer Kopf gebildet wird – dies ist schon rein logisch ausgeschlossen, denn ein und dieselbe Stelle des ursprünglichen Tieres kann ja Kopf *oder* Fuß erzeugen, je nachdem, ob man das Stück weiter hinten oder weiter vorne aus der Hydra herausgeschnitten hat *(Abb. 7)*. Der kleine Konzentrationsunterschied zu Beginn der Regeneration gibt lediglich einem Ende des Stückes einen kleinen, *relativen* Anfangsvorteil über das andere. Erst die *Neubildung* des morphogenetischen Feldes (die, wie bereits erörtert, in wenigen Stunden nach Beginn der Regeneration erfolgt, siehe *Abb. 6)* verstärkt diesen relativen Anfangsvorteil, aktiviert das kopfnahe Ende und löst die Bildung eines neuen Kopfes aus. Der Konzentrationsvergleich zwischen »vorn« und »hinten« erfordert eine Kommunikation der Zellen über das regenerierende Gewebe hinweg. Man erkennt, daß die *Neu*bildung des morphogenetischen Feldes eine *logische* Voraussetzung der Regeneration ist. Seine *Orientierung* wird von den schon zu Anfang vorhandenen Konzentrationsunterschieden bestimmt, seine *Form* – mit hoher Aktivierung an einem Ende – ist jedoch selbstregelnd und von räumlichen Anfangsverteilungen weitgehend unabhängig.

Die raffinierte Logik der Polarität

Die Proportionsregelung

Eine weitere Eigenschaft biologischer Regelung – die Anpassung der Größe von Teilstrukturen an die verfügbare Gesamtgröße des Gewebes – ist bei Hydra zu beobachten: Ein kleines Gewebestück des Polypen regeneriert ein Tier mit einem kleinen Kopf, ein großes Stück ein Tier mit großem Kopf. Außerdem ist Hydra auch ein Modell für Induktionsvorgänge: Verpflanzt man ein kleines Gewebestück aus kopfnahen Bereichen in eine andere Hydra, so kann dort im

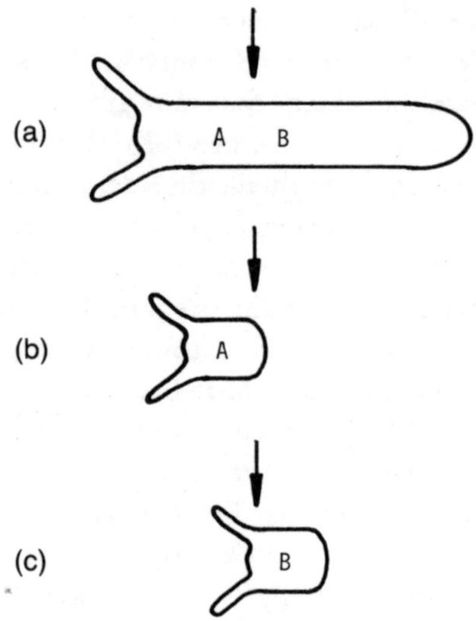

Abb. 7: **Strukturen entstehen innerhalb eines Gewebes meist in bestimmter Orientierung,** nicht durch zufälligen »Symmetriebruch«. Das zeigt sich ebenfalls am Modell der Hydra: Jedes Teilstück aus der Bauchregion regeneriert im allgemeinen den Kopf an der ursprünglich kopfnächsten Stelle. Das einfache Schema ist für die Logik der »Selbstgliederung« sehr instruktiv: Es zeigt nämlich, daß es auf keinen Fall die *lokale* Konzentration irgendwelcher Stoffe zu *Anfang* der Regeneration sein kann, die über den Ort der Kopfbildung entscheidet. Die gleiche Stelle ↓ des ursprünglichen Gewebes (a) kann nämlich einen Fuß (b) oder einen Kopf (c) bilden, je nachdem, ob das Stück weiter vorn (A) oder weiter hinten (B) aus dem ursprünglichen Tier herausgeschnitten wurde. Die Entscheidung über den Ort der Kopfbildung erfordert vielmehr einen Vergleich zwischen »vorn« und »hinten« über das ganze regenerierende Gewebe hinweg. Sehr wahrscheinlich sind an der Kopf-Fuß-Orientierung im Regenerat Stoffe beteiligt, deren Konzentration im ursprünglichen Tier von Kopf nach Fuß abnimmt. Deren gradierte Verteilung gibt in jedem Teilstück – gleichgültig, wo man es herausschneidet – dem jeweils kopfnächsten Ende zunächst nur einen kleinen *relativen* Anfangsvorteil gegenüber dem übrigen Bereich des Gewebes. Der kleine Unterschied reicht aber aus, um das morphogenetische Feld zu orientieren, das in wenigen Stunden neu gebildet wird. Erst das *neue* Feld aktiviert das Gewebe im »vorderen« Bereich und löst dort die Kopfregeneration aus.

Wirtsgewebe die Bildung eines zweiten Kopfes ausgelöst werden – ein begrenzter Bereich des Wirtsgewebes wird also für die Kopfbildung aktiviert. Das geschieht aber nur, wenn das Gewebestück weit genug vom Kopf des Wirtstieres eingepflanzt wird: Köpfe üben über eine gewisse Entfernung hinweg eine Hemmwirkung auf die Entstehung weiterer Köpfe aus. Es gibt also bei der Induktion eines zweiten Kopfes sowohl eine Aktivierung geringer Reichweite als auch eine Hemmung größerer Reichweite im Gewebe.

Periodische Strukturen

Die Knospenbildung der Hydra zeigt ebenfalls eine elementare Eigenschaft der biologischen Musterbildung. Als Folge von Hemmwirkungen, die vom Kopf ausgehen, werden Knospen erst in einem gewissen Abstand von der Kopfregion gebildet. Von Knospen geht wiederum eine Hemmwirkung aus, die in das umgebende Gewebe hinein wirkt. Sie führt dazu, daß eine neue Knospe in der Regel auf derjenigen Seite des zylinderförmigen Körpers der Hydra gebildet wird, die der zuletzt gebildeten Knospe gegenüberliegt (*Abb. 5*, S. 130); solche alternierende Positionen beobachtet man auch bei den Blattständen vieler Pflanzen.

Die Regeleigenschaften, die man im Polypen Hydra in einfacher Form findet – Festlegung der Position und der Orientierung einer neu zu bildenden Struktur, Größenregelung, Induktion, Hemmung sowie regelmäßige Anordnungen in periodischen Strukturen – kennt man in vielen Kombinationen, Stadien und Bereichen der Entwicklung der Tiere. Ein physikalisch begründetes Verständnis der biologischen Gestaltbildung muß nicht zuletzt eine Erklärung solcher Regeleigenschaften bieten.

3. Selbstgliederung im Wechselspiel von Aktivierung und Hemmung

Auf welchen physikalischen Prinzipien beruht der Prozeß der »Selbstgliederung«, der zur Ausbildung verschiedener Strukturen in verschiedenen Teilbereichen des Gewebes führt? Mit anderen Worten, wie bilden sich morphogenetische Felder? Zwar weiß man genau, daß es sie gibt, und dennoch ist ihre materielle Basis bislang nicht bekannt. Für die folgenden Überlegungen ist das auch nicht im Detail erforderlich. Allerdings muß man eine begründete Annahme über das Teilgebiet der Physik einführen, zu dem das Phänomen »morphogenetische Felder« gehört, wenn man die biologischen Vorgänge im Zusammenhang mit Grundgesetzen der Physik verstehen will. Handelte es sich um Magnetismus, so würde man mit den Grundgleichungen der Elektrizitätslehre beginnen. Dies wäre aber nach allem, was wir über Physik und Chemie der Zellen und Gewebe wissen, ganz unsinnig. Die physikalisch vernünftige Annahme ist, daß die Erzeugung räumlicher Ordnung in der Biologie auf gewöhnlichen molekular-biologischen Prozessen beruht, also letztlich auf Reaktionen und Bewegungen von Molekülen im Zellplasma, auf Zellmembranen und in interzellulären Bereichen zurückzuführen ist. Diese Annahme wird durch die Beobachtung gestützt, daß bestimmte organische Stoffe schon in sehr kleinen Konzentrationen in die Bildung biologischer Strukturen auslösend und steuernd eingreifen können. Morphogenetische Felder sind demnach räumliche Konzentrationsverteilungen von Molekülen. Für ihre Bildung gelten die Grundgesetze der physikalisch-chemischen Kinetik. Sie geben in mathematischer Form die Änderungen der Konzentration der verschiedenen Moleküle in Raum und Zeit wieder. In ihrer einfachsten Form besagen sie, daß sich die Konzentrationen von Molekülen mit der Zeit als Funktion der Konzentration der verschiedenen Moleküle am gleichen Ort ändern – dies beschreibt chemische Reaktionen der Moleküle untereinander. Außerdem erfolgt eine Konzentrationsänderung durch Bewegung von Molekülen, insbesondere durch Diffusion aus Bereichen hoher in Bereiche niederer Konzentration. Das einfachste Schema – »Reaktion plus Diffusion« – schließt zwar noch nicht alle denkbaren Fälle ein; sind zum Beispiel Pumpmechanismen beteiligt, die Moleküle in einer Richtung transportieren, so müssen die Grundgleichungen in geeigneter Weise erweitert werden; aber schon chemische Reaktionen und Diffusionsvorgänge decken einen weiten Bereich physikalisch-chemi-

Molekulare Reaktionen, die räumliche Ordnung erzeugen

scher und damit molekularbiologischer Prozesse ab. Man kann zeigen, daß sie bereits ausreichen, um aus einförmigen Anfangsbedingungen ausgeprägte räumliche Konzentrationsverteilungen zu erzeugen.

Trotz Diffusion: Strukturen entstehen »von selbst«

Ein solcher Vorgang widerspricht zunächst der Alltagserfahrung, denn gewöhnlich entstehen Konzentrationsunterschiede in Lösungen nicht von selbst. Im Gegenteil, bestehende Differenzen gleichen sich durch Diffusion aus: Gibt man Milch in Tee, so hat man nach einiger Zeit gleichförmigen, milchigen Tee. Jedoch hat der Mathematiker Turing gezeigt, daß zwei oder mehr gekoppelte chemische Reaktionen mit indirekter Rückwirkung von Produkten auf die Produktion durchaus in der Lage sind, aus ursprünglich fast gleichmäßigen Verteilungen spontan Konzentrationsmuster zu bilden, trotz Diffusion, sogar wegen der Diffusion. Hierfür ist es zwar nötig, daß im System ständig chemische Reaktionen ablaufen, die Energie freisetzen. Anders ließen sich räumliche Konzentrationsunterschiede gegen die Tendenz zum Ausgleich durch Diffusion nicht aufrechterhalten oder gar erzeugen; aber der dafür nötige Energieumsatz ist quantitativ sehr gering.

Kann man auf diese Weise Bildung, Form und Regelung morphogenetischer Felder verstehen, um so die Erzeugung biologischer Strukturen zu erklären? Dies ist nicht selbstverständlich und läßt sich auch nicht beantworten, indem man beliebige Netzwerke chemischer Reaktionen in Betracht zieht. Man muß vielmehr von der Frage ausgehen, ob es bestimmte Bedingungen für solche Reaktionen gibt, die zum einen mit bekannten molekularbiologischen Vorgängen in Einklang stehen und zum anderen zu tatsächlich beobachteten Merkmalen biologischer Entwicklung und ihrer Regelung führen. Die Antwort darauf ist positiv: Selbstgliederung mit derartigen Regeleigenschaften erfolgt, wenn ein selbstverstärkender, »autokatalytischer« Prozeß mit kurzer Reichweite an eine Hemmwirkung längerer Reichweite gekoppelt ist.

Selbstverstärkende Aktivierung

Das Prinzip »Selbstverstärkung« kennt man bereits bei vielen Strukturbildungen in der unbelebten Natur (ein Beispiel ist die Entstehung eines Flußtals in einer Ebene: Eine zunächst ganz flache Rinne zieht fließendes Wasser an, der Fluß vertieft die Rinne, wodurch noch mehr Wasser angezogen wird, und so entsteht schließlich ein tiefes Tal). Weniger offensichtlich als die Rolle der Selbstverstärkung ist die Notwendigkeit einer langreichweitigen Hemmung. Sie beschränkt selbstverstärkende Aktivierung auf einen Teil des Gesamtgebiets – nur so ist eine räumliche Selbstgliederung möglich. Zur Erklärung der Prinzipien ist zunächst der Begriff der »Reichweite« der beteiligten Moleküle einzuführen. Ein Molekül wird gebildet, diffundiert danach vom Bildungsort weg und wird irgendwo abgebaut. Der mittlere Abstand zwischen Produktion und Zerfall ist als Reichweite des Moleküls definiert; sie ist ein Maß für das Ausbreitungsgebiet um die Orte der Produktion herum. Die Reichweite ist um so größer, je schneller die Moleküle diffundieren, und um so kleiner, je schneller sie abgebaut werden. Von den Reichweiten der Moleküle hängt es wesentlich ab, ob überhaupt räumlich ungleiche Konzentrationsverteilungen gebildet werden und, wenn ja, welche Form sie dann annehmen. Die Reichweiten bestimmen die Ausdehnung aktivierter Bereiche sowie ihre Abstände untereinander, sofern mehr als ein Bereich der Aktivierung entsteht.

»Selbstgliederung«: Physikalisch-mathematische Bedingungen

Die physikalisch-mathematische Analyse der Dynamik von Reaktionen und Ausbreitungseffekten der Moleküle ergibt nun eine Reihe von Bedingungen für räumliche »Selbstgliederung«. Die Prinzipien lassen sich besonders gut am einfachsten Fall erläutern, der Ausbildung von räumlichen Konzentrationsunterschieden durch zwei gekoppelte Reaktionen. Kopplung bedeutet, daß die beiden Stoffe, die in den Reaktionen gebildet werden, wechselseitig die Produktion des jeweils anderen Stoffes beeinflussen; eine Rückwirkung auf die eigene Produktion kann ebenfalls erfolgen. Für die Selbstgliederung erweist es sich mathematisch als notwendig, daß der eine der beiden Stoffe *aktivierend,* also selbstverstärkend auf seine eigene Produktion zurückwirkt. Dieser Aktivator darf nicht weit diffundieren, bevor er zerfällt oder abgebaut wird, er muß eine kurze Reichweite im Verhältnis zum Gesamtgebiet des Gewebes haben; sonst würde sich jede lokale Aktivierung überall ausbreiten, und eine räumliche Gliederung wäre unmöglich. Der zweite Stoff übt eine Hemmwirkung auf die Produktion des Aktivators aus. Eine entscheidende Bedingung ist nun, daß die Reichweite des Hemmstoffs groß ist im Vergleich zur Reichweite der Aktivierung. Wo viel Aktivator ist, wird viel Hemmstoff produziert. Der Hemmstoff diffundiert dann aber über den Bereich, in dem er gebildet wurde, hinaus in die weitere Umgebung: Im Umfeld aktivierter Bereiche wird dadurch weitere Aktivierung verhindert.

»Selbstgliederung« erfordert langreichweitige Hemmung

Sind die genannten Bedingungen erfüllt, so können räumliche Konzentrationsmuster »von selbst« entstehen *(Abb. 8)*: Gibt es zu Beginn eine nahezu gleichförmige räumliche Verteilung der Moleküle – mit Ausnahme eines kleinen Anfangsvorteils für die Aktivierung an einer Stelle – so ist der Anfangsvorteil selbstverstärkend: Wo etwas mehr ist als anderswo, entsteht als Folge der Autokatalyse noch mehr. Zugleich wird im aktivierten Bereich viel Hemmstoff erzeugt, der sich wegen der größeren Reichweite der beteiligten Moleküle auf einen weiteren Bereich verteilt. Dies bewirkt, daß die steigende Aktivierung an einer Stelle eine Gegenwirkung – Entaktivierung – in der Umgebung hervorruft. Die Kopplung von Selbstverstärkung und Hemmung führt zu einer immer stärkeren Aktivierung in einem immer engeren Bereich; schließlich wirkt aber die Diffusion der aktivierenden Moleküle einer weiteren Verkleinerung des aktivierten Gebiets entgegen, da sich die Moleküle ja in jedem Fall zwischen Produktion und Zerfall in einen Bereich ausbreiten, dessen Größe der Reichweite der Aktivierung entspricht. So ergibt sich eine stabile Aktivierung eines Teils des Gesamtgebietes; um einen aktivierten Teilbereich von der Größenordnung der Reichweite der Aktivierung liegt ein weiteres Umfeld, bestimmt von der Reichweite der Hemmung, das keine Aktivierung zuläßt. Das Gebiet ist in aktivierte und nichtaktivierte Bereiche aufgeteilt, ein morphogenetisches Feld ist entstanden. Ist der Gesamtbereich des Gewebes nicht viel größer als die Reichweite der Aktivierung, so bildet sich in jedem Fall eine gradierte Konzentrationsverteilung mit hoher Aktivierung an einem und niederer am anderen Ende.

Wie ein räumliches Muster entsteht

Ein solcher Mechanismus vermag die Erzeugung räumli-

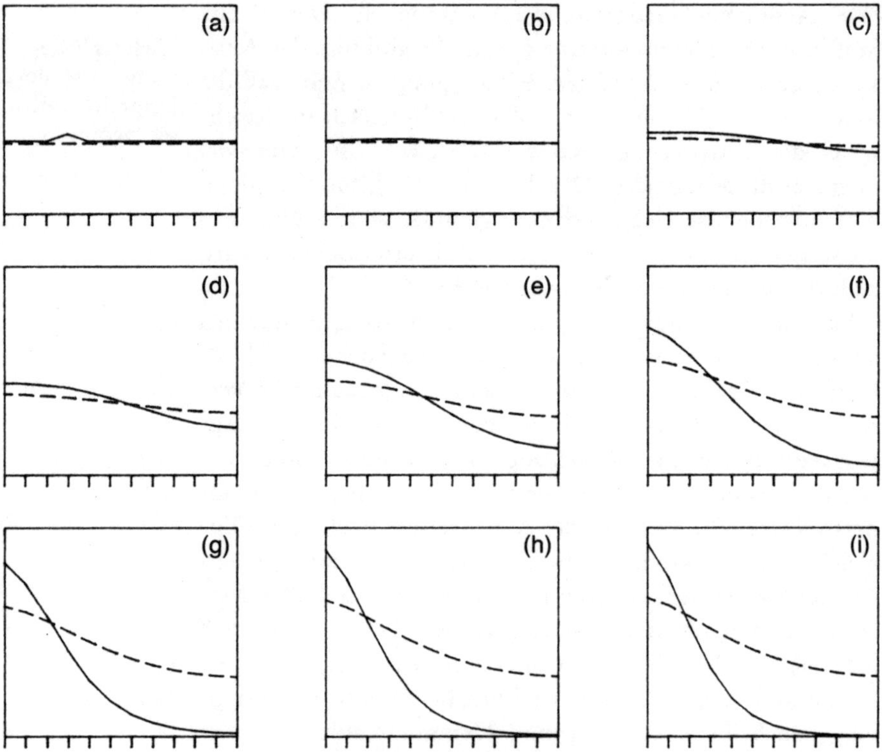

Abb. 8: **Gewöhnliche physikalisch-chemische Prozesse können räumliche Ordnung erzeugen,** wenn eine kurzreichweitige, selbstverstärkende (d. h. aktivierende) Reaktion mit einer längerreichweitigen Hemmwirkung gekoppelt ist. Aus fast einförmigen Anfangsverteilungen entstehen starke Konzentrationsunterschiede zwischen verschiedenen Positionen; im einfachsten Fall wird eine gradierte Verteilung ausgebildet, mit hoher Konzentration an einem, niedriger am anderen Ende. Die Serie der neun Bilder a–i zeigt Computer-Berechnungen für den Zeitverlauf einer solchen »Selbstgliederung«, wobei die Rechnung auf einem relativ einfachen Modellsystem mit einem Aktivator und einem Hemmstoff beruht. In jedem der Bilder ist von links nach rechts die Position im Gewebe dargestellt, nach oben ist in jedem Bild die Stärke der Aktivierung (——) und der Hemmung (– – –) aufgetragen. Am Anfang der Modellrechnung (a) steht eine gleichmäßige Verteilung, mit Ausnahme einer sehr kleinen lokalen Aktivierung (Zacke links), die sich schnell durch Diffusion ausbreitet (b). Der sehr geringe Anfangsvorteil der Aktivierung (——) (links) ist nun selbstverstärkend, aber die längerreichweitige Hemmung (– – –),

die sich vom aktivierten Bereich aus verbreitet, unterdrückt die Aktivierung in der Nachbarschaft (c–h). »Aktivierung« in einem Teilbereich erfolgt also auf Kosten der »Entaktivierung« in anderen Bereichen, bis sich eine stabile gradierte Verteilung gebildet hat (i). Damit ist ein morphogenetisches Feld entstanden, das die Strukturbildung (z. B. Kopfbildung in Hydra-Regeneraten) räumlich organisieren kann.

---

cher Ordnung zu erklären, wie wir sie am Beispiel der Regeneration von Stücken der Hydra diskutiert haben: In jedem herausgeschnittenen Gewebestück bildet sich »von selbst« eine gradierte Verteilung mit hoher Konzentration an einem Ende, an dem dann die Bildung eines neuen Kopfes ausgelöst wird. Die *Orientierung* des Gradienten hängt davon ab, welcher Teilbereich, grob gesagt welche Hälfte des herausgeschnittenen Gewebestückes, einen kleinen *relativen* Anfangsvorteil hat, wobei es auf Details überhaupt nicht ankommt. Die *Form* der neu erzeugten gradierten Verteilung ist hingegen weitgehend unabhängig von der Anfangsverteilung. Sie ist selbstregelnd, denn sie ist ja im wesentlichen durch physikalisch-chemische Parameter bestimmt, nämlich durch Reaktions- und Diffusionsgeschwindigkeiten der beteiligten Moleküle. Wegen der Selbstregelung ist es zum Beispiel gleichgültig, ob die *Anfangs*verteilung eine kleine »Zacke« lokaler Aktivierung enthält *(Abb. 8)* oder ob sie gleichmäßig vom einen zum anderen Ende flach abfällt, sie findet sich in der Form der ausgebildeten Konzentrationsverteilung nicht wieder.

Morphogenetische Felder sind selbstregelnd

Hat sich eine gradierte Verteilung gebildet, so besteht eine eindeutige Beziehung zwischen der Konzentration einerseits und der Position im Gewebe andererseits; der numerische Wert der örtlichen Konzentration enthält die Information über die Position innerhalb des Gewebes. Das Prinzip ist ähnlich wie beim Meilenstein der alten Römer, bei dem die Angabe einer Zahl ein Maß für die Position ist, ausgedrückt als Entfernung zum Kapitol in Rom. Reagieren Zellen auf bestimmte Konzentrationsbereiche, indem sie dort eine bestimmte Struktur bilden, so legt das gradierte morphogenetische Feld fest, wo die Struktur gebildet wird.

Gradienten ergeben »Positionsinformation«

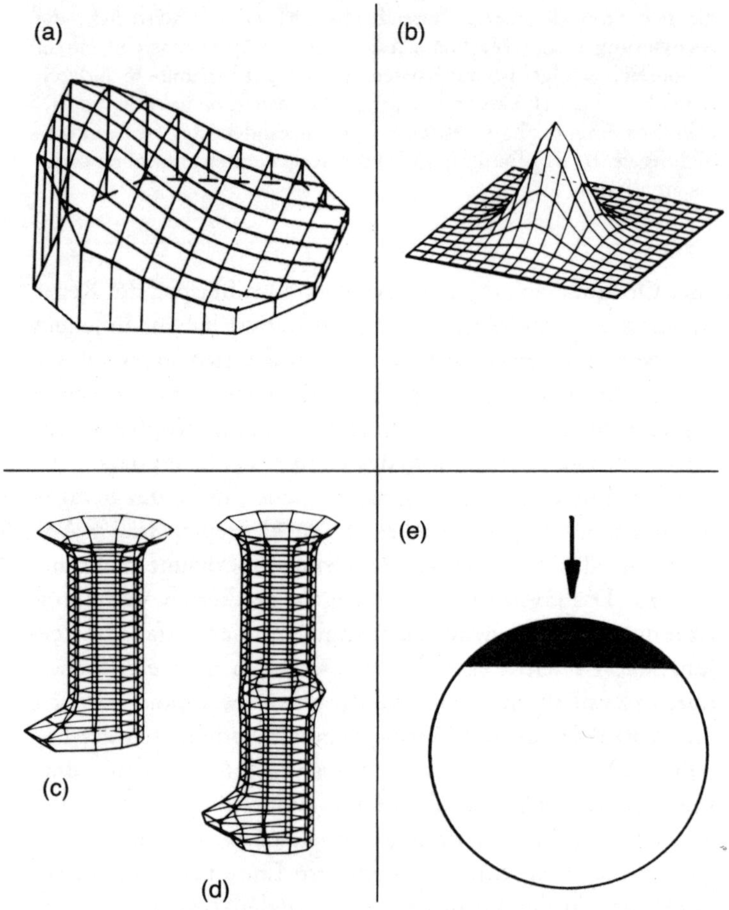

Abb. 9: **Formen und Muster der Aktivierung** hängen in erster Linie von den Reichweiten der Aktivierung und Hemmung ab. Die Diagramme a–d zeigen Computerberechnungen der Konzentrationsverteilung der Aktivierung, wie sie sich durch Autokatalyse und langreichweitige Hemmung in einer (zweidimensionalen) Zellschicht ergibt. In den Bildern ist die Aktivierung senkrecht zur perspektivisch gezeichneten Zellschicht dargestellt. Die einfachste Form ist eine gradierte Verteilung (a). Ist die Reichweite der Aktivierung wesentlich kleiner als die Größe des Gewebes, so kann ein Teilbereich *innerhalb* einer Zellschicht aktiviert werden (b). Wächst ein Gewebe über die Reichweite der Hemmung hinaus, die von aktivierten Stellen ausgeht, so bilden sich neue Gipfel der Aktivierung. Dies ist ein verbreitetes Prinzip der Erzeugung periodischer Muster in der Biologie, zum Beispiel bei der Bildung von

4. *Physik und Dynamik biologischer Strukturbildung*

Es zeigt sich, daß Mechanismen der Selbstverstärkung in Verbindung mit langreichweitiger Hemmwirkung fast von selbst die eindrucksvollen Regeleigenschaften ergeben und erklären, wie man sie bei vielen entwicklungsbiologischen Prozessen beobachtet. Strukturen bilden sich aus einförmigen Anfangsbedingungen. Eine kleine Asymmetrie der Verteilung zu Beginn der Strukturbildung reicht aus, um die entstehenden Strukturen verläßlich zu orientieren. In manchen – keineswegs in allen – Fällen wird die Bildung eines Feldes der Aktivierung durch einen induzierenden äußeren Anstoß ausgelöst, zum Beispiel durch den Kontakt mit einem anderen Gewebe. Wenn es bereits ein Zentrum der Aktivierung (z. B. einen Kopf in einer Hydra) gibt, so kann auch eine zweite Aktivierung erzeugt werden, wenn ein induzierender Anstoß hinreichend stark ist und hinreichend weit entfernt von der ursprünglich aktivierten Region erfolgt, also außerhalb der Reichweite der von ihr ausgehenden Hemmwirkung liegt. Deswegen induzieren kopfnahe Gewebestücke der Hydra, die man in eine andere Hydra – genügend weit von deren Kopf – verpflanzt, dort einen zweiten Kopf.

Blattanlagen oder der Anlage von Knospen in Hydra (siehe Abb. 5). Die Modellrechnung zeigt, wie Knospenanlagen in einem annähernd zylinderförmigen, wachsenden Gewebe der Hydra nacheinander auf entgegengesetzten Seiten des Körpers entstehen können (c→d). Räumliche Ordnung innerhalb der einzelnen Zelle kann ebenfalls durch kurzreichweitige Aktivierung in Verbindung mit langreichweitigen Hemmwirkungen hervorgerufen werden. Im einfachsten Fall (e) bildet sich ein aktivierter Pol in der Nähe der Zellmembran in einer bestimmten Richtung (↓). Die Ausrichtung wird durch kleinste Anfangsvorteile, zum Beispiel durch kleine Konzentrationsunterschiede von Substanzen in der Umgebung der Zelle, verläßlich bestimmt. Als Folge polarer Aktivierung können Zellen zum Beispiel unsymmetrische innere Strukturen ausbilden, in bestimmten Richtungen wachsen, sich ausrichten oder bewegen.

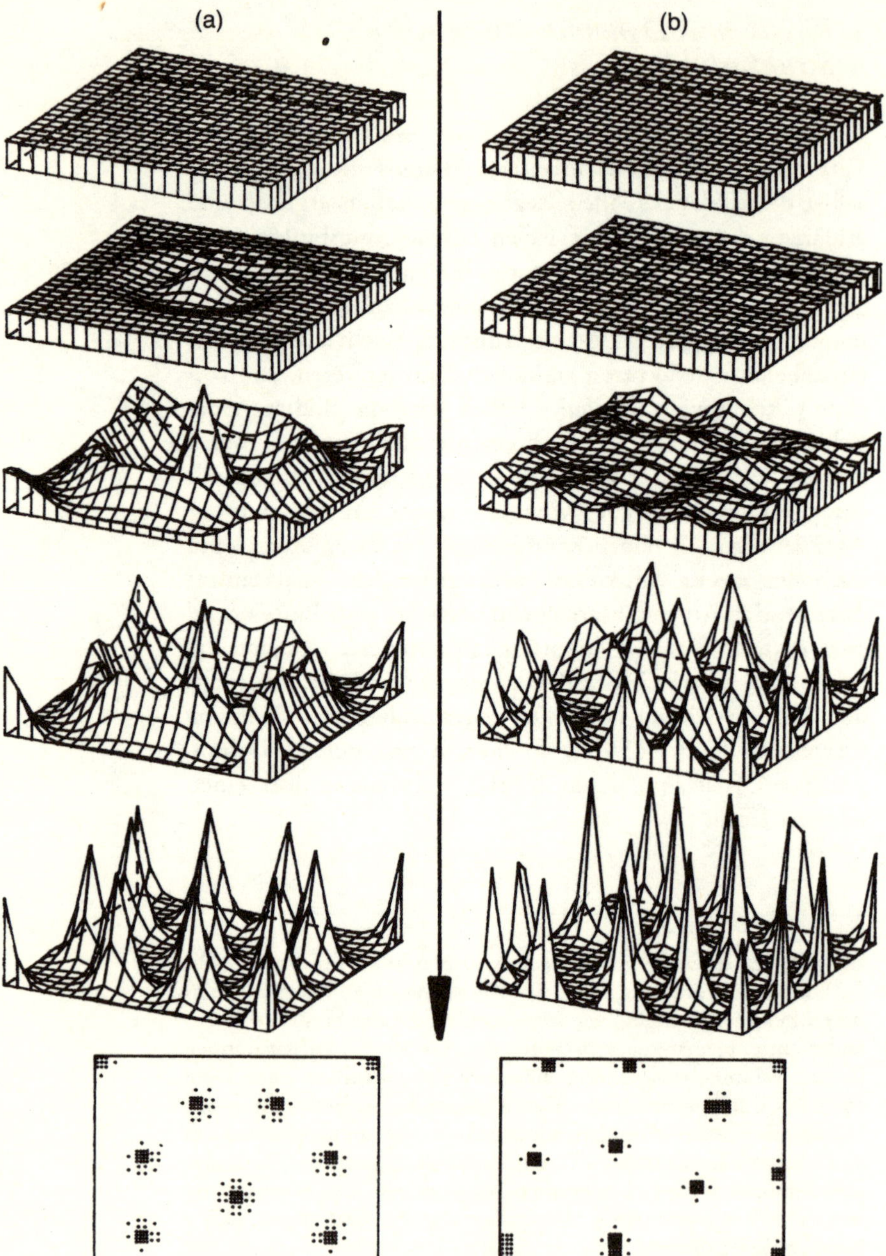
(a)
(b)

An einigen Modellfällen wollen wir illustrieren, wie nach dem gleichen Grundprinzip verschiedene Muster zu erzeugen sind, je nach den quantitativen Parametern des physikalischen Systems. Ist ein Gewebe wesentlich größer als die Reichweite der Aktivatoren und Inhibitoren, so können symmetrische *(Abb. 9b)* und periodische Muster entstehen. Regelmäßige Abstände zwischen gleichartigen Strukturen ergeben sich zum Beispiel dann, wenn in einem auswachsenden Gewebe Gipfel der Aktivierung nacheinander gebildet werden. Jeder Gipfel erzeugt um sich herum eine Hemmung begrenzter Reichweite, außerhalb dieser Reichweite erfolgt die nächste Aktivierung. Dies führt zu einer gleichmäßigen Anordnung *(Abb. 9c, d)*, wie man sie bei Knospen in Hydra (*Abb. 5*, S. 130) oder bei Blattständen von Pflanzen findet. Wenn hingegen die Musterbildung überhaupt erst ausgelöst wird, nachdem der Bereich weit größer ist als die Reichweite der Aktivierung, so hängt das Ergebnis von der Art der Auslösung ab. Eine lokale Induktion führt zu einem ziemlich regelmäßigen Muster von Gipfeln der Aktivierung *(Abb. 10a)*. Erfolgt die Auslösung jedoch durch kleine statistische Schwankungen von Konzentrationen der Moleküle,

Polare, symmetrische und periodische Felder

Abb. 10: **Musterbildung.** Sind die Reichweiten der Aktivierung und Hemmung *viel* kleiner als die Ausdehnung der Zellschicht, so bilden sich Muster mit zahlreichen aktivierten Bereichen. Jede der beiden senkrechten Bilderreihen a und b zeigt von oben nach unten die Entstehung eines räumlichen Musters, wie sie vom Computer aufgrund kurzreichweitiger Aktivierung und längerreichweitiger Hemmung berechnet wurde. Das unterste Bild stellt jeweils das endgültige Muster der Aktivierung bei senkrechter Aufsicht auf die Fläche dar. Wenn die Musterbildung durch eine kleine Aktivierung an einer einzelnen Stelle induziert wird, so entsteht eine sehr regelmäßige Anordnung (Reihe a). Erfolgt die Auslösung durch statistische Schwankungen, so zeigt die Position der einzelnen aktivierten Stellen, für sich betrachtet, keine Regelmäßigkeit (Reihe b); dennoch ist das Muster im ganzen nicht statistisch: Wegen der Hemmung, die von jedem aktivierten Bereich ausgeht, werden kleine Abstände *zwischen* zwei aktivierten Bereichen systematisch vermieden.

zum Beispiel als Folge der Temperaturbewegung, so ergeben sich für die Gipfel der Aktivierung zufällige Positionen und ungleiche Abstände voneinander *(Abb. 10 b);* ihre gegenseitige Anordnung ist aber auch in diesem Fall keineswegs ganz zufällig; die Hemmwirkung schließt nämlich kleine Abstände *zwischen* aktivierten Bereichen systematisch aus. Ein biologisches Beispiel für solche verborgenen Regelmäßigkeiten ist die Verteilung der Luftspältchen (stomata) auf den Blättern der Pflanzen, ein anderes das Oberflächenmuster eines Fisches. Dieser Mustertyp wird uns noch in Zusammenhang mit Problemen der Gestalterkennung (*Abb. 17*, S. 175) beschäftigen.

Muster mit verborgenen Regelmäßigkeiten

Eine besonders interessante Regeleigenschaft biologischer Systeme ist die Anpassung der Größe von Teilstrukturen an die Größe der Gesamtstruktur. Wie kann zum Beispiel beim Polypen Hydra ein kleines Gewebestück einen kleinen Kopf, ein großes aber einen großen Kopf bilden? Solche Größenregelung *(Abb. 11)* ist zwar nicht automatische Folge jeder Selbstgliederung durch Autokatalyse und langreichweitige Hemmung, aber Zusatzbedingungen für Größenregelung sind einfach. Ist die Stärke der Aktivierung auf einen Höchstwert begrenzt – für derartige Sättigungseffekte gibt es viele biochemische Mechanismen – so breitet sich der aktivierte Bereich räumlich so weit aus, bis eine noch größere Ausbreitung durch die dabei zunehmende Hemmung verhindert wird. Wenn die Reichweite der Hemmung groß genug ist, um sich in das Gesamtgebiet des Gewebes ziemlich gleichmäßig zu verdünnen, so stellt sich die Größe des aktivierten Teilbereichs auf einen bestimmten festen Prozentsatz des Gesamtbereichs ein. Auf diese Weise könnte sich zum Beispiel bei der Regeneration des Polypen Hydra die Kopfgröße der Gewebegröße anpassen; allerdings sind auch noch andere physikalisch-chemische Erklärungen für die Proportionsregulierung denkbar. Gerade die Proportionsregelung (bekanntestes Beispiel: ein halber früher Embryo des Seeigels bildet noch ein vollständiges Tier mit gleichmäßig verkleinerten Organanlagen) hat historisch ganz wesentlich zu Zweifeln an der physikalischen Erklärbarkeit biologischer Grundvorgänge beigetragen, die nun widerlegt sind. Heute

Modelle der Proportionsregelung

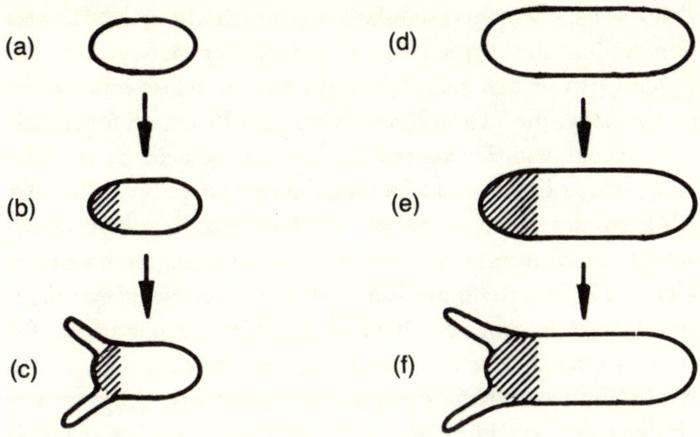

Abb. 11: **Größenregulation** ist eine der eindrucksvollsten Regeleigenschaften biologischer Systeme. In manchen Fällen bildet ein halber früher Embryo wieder ein ganzes Tier in verkleinertem Maßstab. Ein einfaches Beispiel für Größenregulation ist die Regeneration des Polypen Hydra aus Teilstücken der Bauchregion: Kleine Gewebestücke bilden einen kleinen Kopf (a–c), größere einen größeren Kopf (d–f). Kurzreichweitige Aktivierung in Verbindung mit langreichweitiger Hemmung ergibt solche Größenregulation, sofern der biochemische Mechanismus so beschaffen ist, daß die Konzentration des Aktivators einen bestimmten Wert nicht überschreitet. In einem großen Gewebestück kann sich der aktivierte Bereich (////) deswegen relativ weit ausdehnen, weil auch die Hemmwirkung in einen weiten Bereich hinein verdünnt wird.

---

kennt man eher zuviel als zuwenig denkbare physikalisch-chemische Mechanismen, die eine Proportionsregelung hervorbringen könnten.

Die gleichen Prinzipien, die die Musterbildung in gleichförmigen, vielzelligen Geweben erklären, sind auch auf die räumliche Ordnung innerhalb von Zellen anwendbar. Vermutlich sind Mechanismen der räumlichen Selbstgliederung während der Evolution sogar zuerst innerhalb von Zellen »erfunden« worden, bevor es überhaupt vielzellige Organismen gab, zum Beispiel für die räumliche Organisation der

Selbstgliederung der einzelnen Zelle

Zellteilung. Die intrazelluläre Strukturbildung ist für das Verständnis der Entwicklung von großer Bedeutung. Bei vielen Organismen zeigt schon die Eizelle selbst verschiedene Bereiche, die sich in der Struktur des Plasmas unterscheiden. Auch ausdifferenzierte Zellen der Gewebe haben eine ausgeprägte Form und eine detaillierte innere Struktur; das gilt besonders für die Epithel- und Nervenzellen. Kurzreichweitige Aktivierung in Kombination mit langreichweitiger Hemmung innerhalb der Zelle oder an ihrer Membran kann eine Gliederung in verschiedene Teilbereiche bewirken. Im einfachsten Fall wird eine Polarität in der Zelle erzeugt, die die Ausbildung verschiedener Strukturen an entgegengesetzten »Polen« ermöglicht (*Abb. 9e*, S. 144); eine auch nur etwas unsymmetrische Umgebung reicht aus, um die Zellen, was ihre Polarität angeht, verläßlich zu orientieren. Darüber hinaus gibt es auch noch andere Mechanismen, wie zum Beispiel Pumpvorgänge und Plasmaströmungen, die zur räumlichen Strukturbildung in Zellen wesentlich beitragen können.

Strukturbildung durch Aktivierung und langreichweitige Hemmung

Zusammenfassend läßt sich sagen, daß molekülphysikalische Prozesse mit kurzreichweitiger Aktivierung und längerreichweitiger Hemmung in der Lage sind, sehr verschiedene Grundformen räumlicher Selbstgliederung von Zellen und Geweben zu erzeugen. Nach dem gleichen physikalischen Prinzip können polare, symmetrische und periodische Verteilungen in ein oder mehreren Dimensionen entstehen. Hierfür reicht schon die Kopplung der Produktion eines Aktivators und eines Hemmstoffes aus, die sich durch Diffusion ausbreiten – aber dieses einfachste Schema ist nur ein Beispiel, wie das viel allgemeinere Prinzip verwirklicht werden kann: Die Hemmwirkung muß nicht auf einem Hemmstoff beruhen, sie kann auch indirekt durch die Erschöpfung einer Substanz zustande kommen, die bei der Aktivierung verbraucht wird. Weder Aktivierung noch Hemmung müssen auf einzelnen Stoffen beruhen, sie können sich jeweils als Systemeigenschaft einer Gruppe von Substanzen ergeben (Beispiel: Aktivierung als Hemmung einer Hemmung). Die räumliche Ausbreitung von Aktivierung bzw. Hemmung muß nicht auf gewöhnlicher Diffusion in Flüssigkeit und auf

Membranen beruhen; sie kann auch durch die Bewegung von Molekülen entlang von Fasern, durch Plasmaströmungen, Pumpvorgänge oder mittelbare Übertragung chemischer Signale von Zelle zu Zelle über die Zellmembran hinweg zustande kommen. Schließlich ist zu erwähnen, daß nicht nur statische, sondern auch pulsierende Felder entstehen können: Wenn sich die Hemmung als Folge der Aktivierung nur relativ langsam entwickelt, so wechseln sich Phasen hoher Aktivierung und niedriger Hemmung mit Phasen geringer Aktivierung und hoher Hemmung periodisch ab. Auch pulsierende Konzentrationsmuster sind in der Lage, räumliche Ordnung in Zellen und Geweben zu erzeugen.

Zahlreiche experimentelle Ergebnisse der Entwicklungsbiologie weisen darauf hin, daß bei der Bildung biologischer Strukturen verschiedene der hier aufgezählten Typen von Mechanismen tatsächlich vorkommen. Ihre biochemische Aufklärung kann im Einzelfall nur die weitere Forschung erbringen; dabei ist durchaus mit molekularen Prozessen zu rechnen, an die man bei bisherigen Modellen nicht gedacht hat. Allen Mechanismen, die überhaupt zum Typ »kurzreichweitige Aktivierung plus langreichweitige Hemmung« gehören, ist aber gemeinsam, daß räumliche Strukturen neu gebildet werden können und daß sich dabei Regeleigenschaften ergeben, die für viele (nicht alle!) entwicklungsbiologische Prozesse charakteristisch sind; sie umfassen Polarität, Induktion, Aktivierung sowie Hemmwirkungen, die von Bereichen der Aktivierung ausgehen, und nicht zuletzt die Regelung der Größe von Teilbereichen im Verhältnis zum Gesamtbereich.

Physikalische Erklärung »ganzheitlicher« Regelvorgänge

Diese Eigenschaften morphogenetischer Felder erfordern eine im naiven, räumlichen Sinn »ganzheitliche« Erklärung – was in einem Teil des Feldes geschieht, beeinflußt das, was in anderen Bereichen passiert. Das ist nötig, damit überhaupt eine Selbstgliederung in verschiedene Teilbereiche erfolgt; es ist aber auch in voller Übereinstimmung mit Gesetzen der Physik – es erfordert nur eine räumliche Ausbreitung physikalisch-chemischer Wirkungen, zum Beispiel durch Diffusion von Molekülen.

Dies führt auf die Ausgangsfrage zurück: Ist die Bildung biologischer Strukturen auf einer physikalischen Grundlage zu verstehen? Wollte man das für sämtliche Vorgänge bei der Entwicklung eines Organismus einzeln nachweisen, so würde unsere Betrachtung sehr wenig dazu beitragen: Sie beruht auf ausgewählten Merkmalen, dargestellt an wenigen Beispielen, und erklärt sie mit allgemeinen, theoretisch begründeten physikalischen Prinzipien, die auf vielerlei Weise verwirklicht werden können; sie stößt nicht bis zur Identifizierung der wirklich beteiligten Moleküle vor. Nun ist es aber nicht vernünftig, die Gültigkeit der Physik in der Biologie erst dann zu akzeptieren, wenn man jeden Teilprozeß und jeden Einzelfall untersucht und verstanden hat – schließlich sind wir ja auch von der allgemeinen Anwendbarkeit physikalischer Gesetze auf die Meteorologie und die Geologie überzeugt, obwohl man nicht jede Wolkenbildung, jeden Vulkanausbruch daraufhin analysiert hat. Was zählt, ist die allgemeine Erklärung typischer Eigenschaften und Vorgänge; das Ziel kann nur sein, begründete Zweifel an der physikalischen Erklärbarkeit bestimmter biologischer Prozesse auszuräumen. Diesem bescheideneren, dafür aber realistischen Anspruch wird unsere Betrachtung über die biologische Strukturbildung aber durchaus gerecht: Die Regeneration von Hydra zeigt typische Merkmale entwicklungsbiologischer Vorgänge, die räumliche Ordnung in gleichförmigen Geweben erzeugen. Deren allgemeine Erklärung auf der Basis der Eigenschaften von Systemen von Molekülen ist uneingeschränkt physikalisch, sie beruht auf mathematisch ableitbaren Folgerungen aus physikalisch-chemischen Gesetzen. Die Prinzipien der Erklärung – lokale Selbstverstärkung und längerreichweitige Hemmwirkung – stützen sich auf biologische Experimente, auf Eingriffe in die natürliche Entwicklung durch Verpflanzung von Gewebeteilen. Die Erklärung bezieht sich zwar nur auf einen kleinen Teil aller Vorgänge, die in einem Lehrbuch der Entwicklungsbiologie vorkommen, sie betrifft aber gerade solche Eigenschaften, die in der Vergangenheit tatsächlich bei klugen Denkern Zweifel an der Tragweite der Physik für die Biologie geweckt haben: die Erzeugung neuer Strukturen aus einförmigen Anfangsbedingungen; die Anpassung der Größe von Teilstrukturen an die Gesamtgröße des Gewebes; den Einfluß von Strukturbildungen in einem Teil des Gewebes auf Strukturbildungen in einem anderen.

Biologische Strukturbildung und physikalische Gesetze

Noch vor einigen Jahrzehnten kannte man keine physikalisch vernünftig erscheinenden Mechanismen für Selbstgliederung und Selbstregelung bei der Entwicklung der Organismen. Vor allem glaubte man nicht, daß chemische Reaktionen räumliche Konzentrationsmuster produzieren können. Als man lernte, daß es doch geht, hielt man dies zunächst für einen Spezialfall, wenig typisch für die allgemeine Entwicklungsbiologie. Inzwischen weiß man, daß geeignete Kombinationen einfacher molekularer Prozesse in der Lage sind, selbst komplizierte räumliche Ordnungen verläßlich zu erzeugen, und daß sie charakteristische Eigenschaften biologischer Regelung ergeben. Wie auch immer die beteiligten Moleküle und Prozesse im einzelnen aussehen mögen, beim heutigen Erkenntnisstand gibt es keine Gründe mehr für die Vermutung, daß die Neubildung räumlicher Strukturen im Generationszyklus Erklärungen außerhalb der Physik erfordert; sie liegt im Gegenteil völlig in der Reichweite der gewöhnlichen Molekularbiologie, spielt sich also im Rahmen bekannter physikalischer Grundgesetze ab.

5. Räumliche Ordnung der Zelldifferenzierung

Zellreaktionen auf morphogenetische Felder

Morphogenetische Felder ergeben zunächst eine in der Regel unsichtbare Selbstgliederung des Gewebes; zur Ausbildung sichtbarer Strukturen bedarf es im allgemeinen bestimmter »Antworten« von Zellen auf diese Felder. Im einfachst denkbaren Fall bestünde die Antwort in bestimmten Reaktionen der Zellen auf die lokalen Konzentrationen eines morphogenetischen Stoffes. Zellreaktionen können unter anderem in Orientierung oder Wanderung, Wachstum oder Tod bestehen. Von besonderer biologischer Bedeutung sind zwei Vorgänge: die räumliche geordnete Differenzierung von Zellen in Abhängigkeit von der Position im Gewebe, und die Ausbildung von Formen durch die Aktivierung bestimmter Bereiche innerhalb von Zellschichten.

Differenzierung entspricht, wie bereits ausgeführt (S. 125), dem Übergang der Zellen von einem annähernd stabilen Zustand in einen anderen. Im einfachsten Fall wird ein solcher Übergang durch ein chemisches Signal ausgelöst, wenn dessen Stärke oberhalb eines Schwellwertes liegt. Ein mechanisches Beispiel des täglichen Lebens für den Übergang zwischen stabilen Zuständen eines dynamischen Systems ist die Umklappreaktion eines aufgespannten Regenschirms im Sturm *(Abb. 12a)*: Oberhalb eines Schwellwertes der Windstärke klappt der Schirm um und bleibt in dem neuen Zustand, auch wenn der Wind nicht mehr bläst. Für die räumliche Ordnung der Zelldifferenzierung besagt das einfachste, durch biologische Befunde gestützte Modell, daß die Zelle von einem Zustand in einen anderen Zustand übergeht, wenn in Analogie zur Windstärke die Konzentration einer morphogenetischen Substanz einen Schwellwert überschreitet. Folgt diese Konzentration einer gradierten Verteilung im Gewebe *(Abb. 12b)*, so führt dies zu einer Aufteilung des Gewebes in zwei verschiedene Gebiete mit scharfer Grenze – einen Bereich unterhalb und einen oberhalb des Schwellwertes *(Abb. 12c)*. Die Gliederung in verschiedene Gebiete mit verschieden differenzierten Zellen bleibt auch dann erhalten, wenn das morphogenetische Feld im weiteren Verlauf der Entwicklung gelöscht wird. Gibt es mehrere Schwellwerte der Zelldifferenzierung, so erfolgt eine Unterteilung eines Gewebes in mehrere Teilbereiche mit scharfen Grenzen. Darüber hinaus sind bei der biologischen Entwicklung sicher auch kompliziertere Mechanismen verwirklicht – zum Beispiel Rückwirkungen der Differenzierung von Zellen auf die Ausbildung morphogenetischer Felder sowie gekoppelte Wirkungen mehrerer Felder.

Differenzierung eines Gewebes in verschiedene Teilbereiche

Sind im Embryo erst einmal verschiedene Teilbereiche entstanden, so können sie wachsen und wiederum durch neue morphogenetische Felder untergliedert werden. In manchen Fällen werden an den Grenzen zwischen verschiedenen Teilbereichen weitere Stoffe gebildet, die morphogenetisch wirksam sind und in der Umgebung der Grenze zusätzliche Differenzierungsprozesse auslösen. Im Laufe der Entwicklung entstehen immer wieder neue Kontakte zwi-

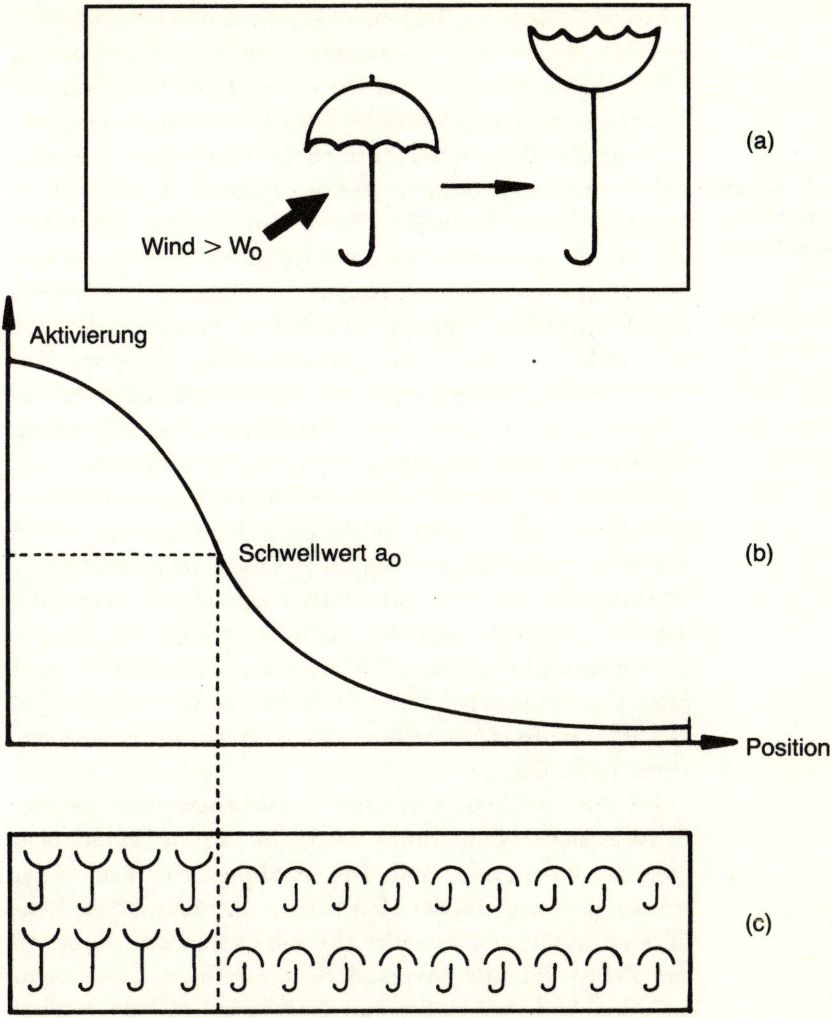

Abb. 12: **Ein einfaches Modell räumlicher Organisation der Zelldifferenzierung.** Differenzierung entspricht dem Übergang der Zelle von einem stabilen Zustand in einen anderen, wobei der Übergang jeweils dann erfolgt, wenn eine Aktivierung einen bestimmten Schwellwert a_0 übersteigt, ähnlich wie das Umklappen eines Regenschirms im Sturm oberhalb einer bestimmten Windstärke W_0 geschieht (Abb. a). Liegt ein morphogenetisches Feld mit einer gradierten Verteilung des aktivierenden Stoffes vor (Abb. b), so bewirkt dies die Unterteilung des Gewebes in zwei Teilbereiche mit verschiedenen Differenzierungszuständen (Y) und (Ͻ) (c).

schen verschiedenen Teilbereichen, die dann eine noch weitergehende Gliederung induzieren können. Allgemein gilt: Ist erst einmal Struktur da, so ist die Erzeugung weiterer Strukturen und Teilstrukturen auf vielfache Weise möglich.

Kombinatorik räumlicher Gliederung

Wahrscheinlich ist der Zustand der Differenzierung einer Zelle durch eine bestimmte *Kombination* an- oder abgeschalteter Gene bestimmt. Wenn nun das An- bzw. Abschalten einzelner Regelkreise durch morphogenetische Felder in Gebieten, Teilgebieten und Teil-Teilgebieten räumlich geordnet wird, so werden schließlich in verschiedenen Regionen des Gewebes verschiedene *Kombinationen* von Regelkreisen im Zustand »an« sein. Dies entspricht einem regionalen Code, ähnlich dem System der Postleitzahl, das ein Land durch eine Kombination von Ziffern unterteilt. Ein begrenzter Satz von geregelten Genen, die »an«- oder »ab«-gedreht werden können, reicht im Prinzip aus, um jedem von sehr vielen Teilgebieten eines Organismus spezifische Merkmale zu verleihen. Schon der Formvergleich legt nahe, daß das kombinatorische Prinzip in der Entwicklungsbiologie verwirklicht ist, etwa bei der Anlage von Vorder- und Hinterbeinen und bei der Wirbelbildung. Vermutlich spielt es auch bei der Unterteilung des Nervensystems eine wesentliche Rolle.

Da die räumliche Ordnung eines Lebewesens von der Erbsubstanz DNS bestimmt wird, gibt es viele Mutationen, die sich auf die Form- und Musterbildung auswirken. In der weitaus größten Zahl der Fälle betrifft die Mutation die Zelldifferenzierung, sie bewirkt also eine veränderte Reaktion der Zellen auf das unveränderte morphogenetische Feld, während Änderungen der morphogenetischen Felder selber zwar zweifelsfrei vorkommen, aber doch selten sind. Das macht es wahrscheinlich, daß morphogenetische Felder von einfacher Form sind (Beispiele sind gradiert abfallende, symmetrische oder periodische Verteilungen aktivierender Stoffe), und daß nicht allzu viele Stoffe an ihrer Bildung beteiligt sind. Die Reaktion der Zellen auf diese Felder ist hingegen sehr subtil: Sie kann direkt oder indirekt auf einer Vielzahl von Genwirkungen beruhen. Für die Erzeugung morphogenetischer Felder ist nur ein kleiner Teil der Erbinformation nötig, und doch sind sie von zentraler Bedeutung für das Verständnis der Neubildung der Gestalten im Generationszyklus.

6. *Formbildung*

Formbildung als Krümmung von Oberflächen

So interessant die Selbstgliederung von Geweben und die Differenzierung der Zellen für die Entwicklungsbiologie sind, ergeben sie für sich doch noch keine Erklärung der eigentlichen Gestaltbildung, der Entstehung wirklicher Formen im Raum. Formen sind Krümmungsmuster der Oberflächen von Organen und Organismen. In der Biologie der letzten Jahrzehnte wurde das Gestaltproblem durch abstrakte Aspekte der Biochemie und Genetik in den Hintergrund des Interesses gedrängt, obwohl es doch die sichtbaren Formen und Gestalten der Tiere und Pflanzen sind, die unsere sinnliche Erfahrung der belebten Natur unmittelbar bestimmen. In gewissem Maße ist dies verständlich; die an der Gestaltbildung beteiligten Prozesse sind so vielfältig, daß man keine allgemeine Erklärung erwartet, die es etwa mit der molekularen Genetik an Geschlossenheit aufnehmen kann. Bestimmte elementare Vorgänge der Formbildung sind aber einer Analyse durchaus zugänglich. Dazu gehört ein Prozeß, der in der Entwicklungsbiologie eine beträchtliche Rolle spielt: die Bildung von Strukturen und Organanlagen durch Einstülpung oder Ausstülpung von Teilbereichen aus zunächst annähernd flachen Zellschichten *(Abb. 13).* Beispiele hierfür sind die Einstülpung des frühen Embryos, das Einrollen des Neuralrohres *(Abb. 4 i–k)*, seine Unterteilungen in verschiedene Beulen und Bläschen bei der Entwicklung des Gehirns. Ein weiteres Beispiel ist die Entstehung von Fangarmen und Knospen im Polypen Hydra *(Abb. 5).* Ausstülpung heißt geometrisch, daß die Zellschicht sich krümmt; die Innenfläche der Zellschicht wird kleiner als die Außenfläche. Wie kommt die Krümmung zustande? Man könnte zunächst vermuten, daß in einem bestimmten Entwicklungsstadium ein kurzes lokales Signal in

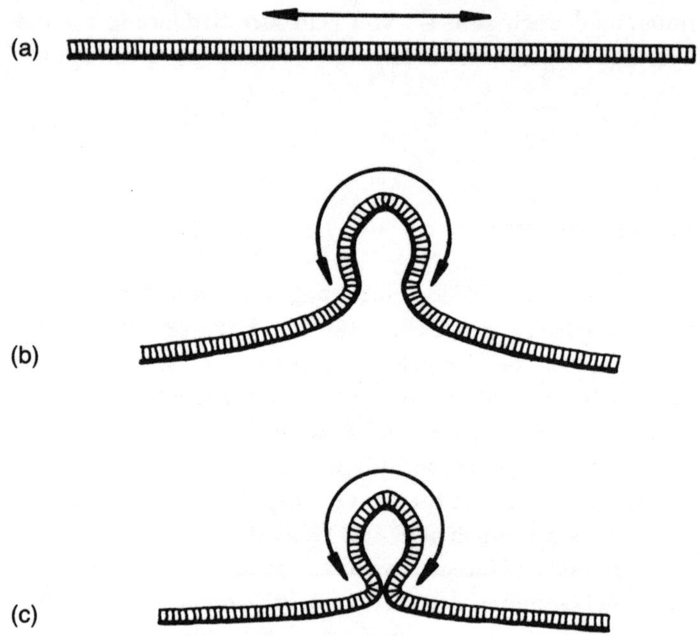

Abb. 13: **Ein Grundprozeß biologischer Formbildung** ist die Ein- bzw. Ausstülpung einer Teilstruktur aus einer ursprünglich ziemlich flachen Zellschicht: ein Teilbereich ⟷ wird aktiviert, sei es durch interne Selbstgliederung der Zellschicht, sei es durch Induktion als Folge des Kontakts mit anderen Zellschichten. Die Aktivierung erzeugt Biegemomente, Krümmung und Form (a–c).

der Zellschicht eine einmalige, nicht umkehrbare Kontraktion der Innenfläche erzeugt. Dem widerspricht aber die Regelung solcher Prozesse. Sie können in manchen Fällen durch Hemmstoffe aufgeschoben oder sogar rückgängig gemacht und dann wiederholt werden. Diese Selbstregelung läßt vermuten, daß die Formbildung die Annäherung an einen neuen dynamischen Gleichgewichtszustand darstellt: Ein Teilbereich der Zellschicht wird aktiviert; dort verschiebt die hohe Konzentration einer morphogenetischen Substanz die Gleichgewichte von bestimmten dynamischen Prozessen, die die Form der Zellen bestimmen. Das hat zur Folge, daß sich die Krümmung der Schicht lokal verändert;

war sie zunächst annähernd flach, so wird sie nun gekrümmt. Welche Mechanismen kommen für Vorgänge dieses Typs in Betracht? Dies sei für Schichten diskutiert, die aus einer einzigen Lage von Zellen bestehen. Solche »Epithelzellschichten« grenzen bei vielen Organen und Organismen das Außenmedium vom Innenbereich ab. In manchen Fällen ist der Innenbereich zellfrei, meist befinden sich dort weitere Zelltypen des Gewebes. Die Form des Organs ist durch die Krümmung der Epithelzellschicht gegeben, die wiederum von der Form der Epithelzellen abhängt.

Die Krümmung einer Schicht hängt von der Form der Zellen ab

Die Form der einzelnen Zelle ist eine Funktion von Strukturen im Inneren und an ihrer Grenzfläche *(Abb. 14a, b)*; manche Strukturen tragen zur Erzeugung der Form bei, andere nur zu ihrer Stabilisierung. Im Inneren der Zelle gibt es eine »Architektur«, aufgebaut aus verschiedenen Fasertypen, die teils Bündel und Netzwerke in der Nähe der Membranen bilden, teils den Innenraum erfüllen. Manche der Fasern können sich aktiv kontrahieren, ähnlich wie in Muskelzellen. Das Innere der Zelle ist »polar«, der Bereich nahe der inneren Grenzfläche der Zell*schicht* ist verschieden von dem nahe der Außenfläche, was zum Beispiel Verankerung, Bündelung und Orientierung der Fasern angeht. Die Polarität zeigt sich erst recht an den beiden Grenzflächen selbst: Sie enthalten jeweils verschiedene membran-gebundene Moleküle, und sie sind oft mit spezifischen Schichten aus extrazellulärem Material bedeckt. Die Kontaktfläche zwischen den Zellen innerhalb der Schicht unterscheidet sich wiederum von den beiden Grenzflächen nach innen und außen. Zwischen benachbarten Zellen gibt es mehrere Typen von Verbindungsstrukturen (»junctions«), darunter »tight junctions«, die das Organ vom Außenmedium abschirmen, und »gap junctions«; letztere enthalten Kanäle zwischen benachbarten Zellen, die für kleine Moleküle durchlässig sind. Dadurch ermöglichen sie Diffusion und andere Formen der Ausbreitung chemischer Signale zwischen den Zellen innerhalb der Schicht.

Grenzflächen und innere Fasern bestimmen Zellformen

Die verschiedenen Strukturen an den Grenzflächen und im Inneren der Zelle werden in der Regel ständig auf- und abgebaut. Die Form der Zellen im sich entwickelnden Orga-

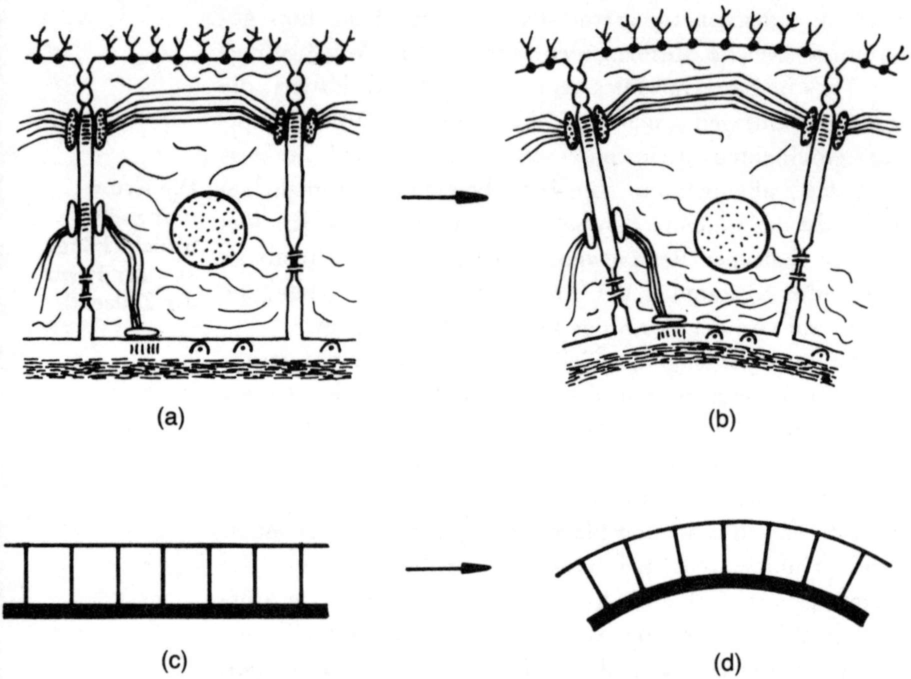

Abb. 14: **Krümmung und Formbildung von Zellschichten.** Die Gestalt von Organismen, Organen und ihren Teilbereichen ist häufig durch den Krümmungsverlauf der begrenzenden Zellschicht (der sogenannten »Epithelzellschicht«) gegeben. In der Abbildung sind die Zellen, die eine Schicht bilden, schematisch als rechteckige bzw. trapezförmige Klötze dargestellt. Die einzelne Zelle hat mindestens drei verschiedenartige Grenzflächen (Abb. a): eine zum Außen- und eine zum Innenbereich des Organs und jeweils eine zu den Nachbarzellen in der Schicht. Einige typische Strukturen an Grenzflächen der Zellen sind Moleküle , die in den Außenbereich hineinragen; Substanzen , die mit extrazellulärem Material an der Innenseite der Zellschicht in Kontakt stehen; verschiedene Verbindungsstrukturen zu Nachbarzellen, darunter solche , die das Organ vom Außenmedium abschirmen, ferner Strukturen , die Nachbarzellen verbinden und zugleich mit Fasern im Zellinneren verknüpft sind, sowie Verbindungen , durch die kleinere Moleküle von Zelle zu Zelle wandern können. Innerhalb der Zellen gibt es verschiedene Typen von Fasern, die zum Teil an der Zellmembran verankert sind. Manche Fasern können sich zusammenziehen und dabei die Zellform verändern. Die Zellform ergibt sich aus dem Zusammenwirken vieler Auf- und Abbauvorgänge von Fasern und anderen Strukturen an den Grenzflächen

und im Inneren der Zelle. Außerdem wird die Zellform durch äußere Kräfte beeinflußt, die auf die Zelle einwirken, insbesondere von den Nachbarzellen der Schicht.
Da sich die Innenseite der Zellschicht stark von der Außenseite unterscheidet, reagiert sie in der Regel auf eine Aktivierung unsymmetrisch, selbst dann, wenn der aktivierende Stoff über jede einzelne Zellschicht gleichmäßig verteilt ist. Im Gesamtergebnis entstehen biegende Kräfte, die entweder die Innenseite der Zellschicht auf Kosten der Außenseite kontrahieren oder umgekehrt. Diese Formänderung führt, schematisch dargestellt, zu einer trapezförmigen anstelle einer rechteckigen Grundform und damit zum Übergang von einer flachen zu einer gekrümmten Schicht (dargestellt durch den Übergang von a nach b, bzw., noch stärker schematisiert, von c nach d).

---

nismus wird durch das Gleichgewicht dieser Auf- und Abbauprozesse sowie von den Kräften bestimmt, die von Nachbarzellen auf die betreffende Zelle einwirken. Wird nun in einer Zellschicht ein »Fleck« aktiviert – sei es durch ein morphogenetisches Feld innerhalb der Schicht, sei es durch einen induzierenden Kontakt mit einem anderen Gewebe – so wird dies im allgemeinen das Gleichgewicht der Auf- und Abbauprozesse in und an der Zelle verschieben. Da die Zellen, die die Schicht bilden, polar sind, wird sich die Verschiebung des Gleichgewichts an der Innenseite der Schicht anders auswirken als an der Außenseite – von Ausnahmen abgesehen, in denen sich die Wirkungen rein zufällig gleichen – und so entstehen biegende Kräfte, die zu Krümmung und Formbildung führen.

Zellform als dynamisches Gleichgewicht

Dieses Prinzip, das nur auf der Asymmetrie der Zellschicht beruht und von Details der Mechanismen unabhängig ist, läßt sich an einem vereinfachten geometrischen Modell erläutern *(Abb. 14 c, d)*. Rechteckige Klötze, die einzelne Zellen darstellen, bilden aneinander gelagert eine flache Zellschicht. Diese Schicht grenzt einen Innenraum gegen einen Außenraum des Organs ab. Die Polarität der Zellen ist wesentlicher Teil des Modells: Im Bereich, der an die Innenseite der Zellschicht angrenzt, befinden sich andere Strukturen als an der Außenseite. Jede Grenzfläche der Zelle ist in einer Art Gleichgewicht zwischen kontrahierenden und expandierenden Kräften. Wenn nun ein morphogenetisches Feld einen Bereich der Zellschicht aktiviert, so führt dies zu verschiedenen Effekten an der Innen- bzw. Außenseite der Schicht. Auch wenn die aktivierende Substanz selbst innerhalb der einzelnen Zellen ganz gleichmäßig verteilt ist, die Wirkung ist dennoch asymmetrisch, weil die Bestandteile der Zelle, auf die die aktivierende Substanz einwirkt, asymmetrisch verteilt sind. Wie auch immer die Prozesse im einzelnen verlaufen mögen, insgesamt ergeben sich im Regelfall *verschiedene* Kräfte, die auf die äußeren und inneren Grenzflächen einwirken, sie dehnen bzw. kontrahieren. Sind diese Kräfte verschieden, so entsteht damit ein sogenanntes »Biegemoment« und bewirkt eine Biegung der Schicht: Je nach Vorzeichen dehnt sich die Innen- auf Kosten der Außenfläche aus oder umgekehrt. Im aktivierten Bereich der Zellschicht werden aus den rechteckigen Klötzen trapezförmige Gebilde, die ähnlich wie die Bausteine in Rundbögen eines römischen Viadukts eine gekrümmte Schicht ausbilden. Biegende Kräfte werden über die Kontaktflächen auf Nachbarzellen übertragen, so daß sich die Aktivierung eines Teilbereichs einer Zellschicht auch auf die Krümmung in anderen, nicht aktivierten Bereichen der Zellschicht auswirken kann.

Anwendung der technischen Schalentheorie auf biologische Formbildung

Die mechanischen Eigenschaften gekrümmter Schichten sind Gegenstand der technischen Schalentheorie, die von Ingenieuren und Architekten entwickelt wurde; sie liegt zum Beispiel der Konstruktion dünner Betondecken zugrunde, die große Flächen überspannen. Auch für die Formbildung in Zellschichten ist die Schalentheorie anwendbar. Es gibt allerdings einen bemerkenswerten Unterschied zu den meisten technischen Problemen: In der Technik konstruiert man Formen so, daß Kräfte hauptsächlich *parallel* zur Oberfläche entstehen, da festes Material solche Kräfte gut verträgt. *Biegemomente* werden hingegen möglichst vermieden, da sie eine Kuppel oder eine Schalendecke leicht zum Einsturz bringen. Dagegen spielen für die Entwicklung biologischer Formen in Zellschichten die Biegemomente wahrscheinlich die Hauptrolle. Die *Abbildung 15* zeigt einige einfache Mo-

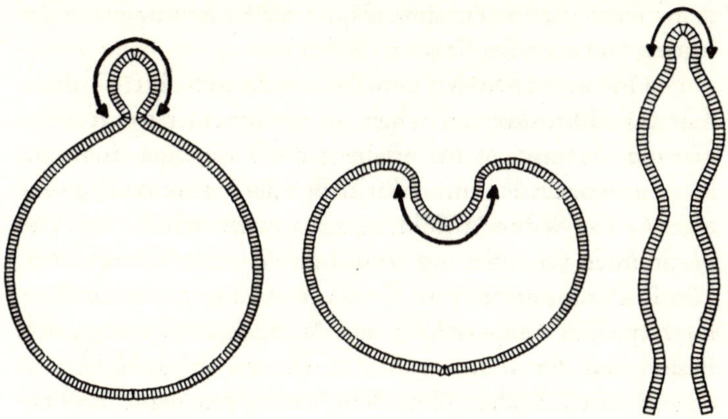

(a) (b) (c)

Abb. 15: **Formbildung durch Aktivierung eines »Flecks« auf einer Zellschicht:«** Für Modellrechnungen eignet sich die technische Schalentheorie, die von Architekten und Ingenieuren verwendet wird, um zum Beispiel die Form von Kuppelbauten und gekrümmten Betondecken zu berechnen – nur daß für die Biologie biegende Kräfte (»Biegemomente«) entscheidend sind, die in der Architektur nach Möglichkeit vermieden werden. Alle Bilder a–c zeigen Schnitte durch dreidimensionale (rotationssymmetrische) Strukturen (ähnlich einem senkrechten Schnitt durch eine Vase). ⟵⟶ aktivierter Bereich; (a) Ausstülpung einer Teilstruktur aus einer anfangs kugelförmigen Zellschicht; (b) wenn die Aktivierung ein negatives an Stelle eines positiven Biegemoments bewirkt, so erfolgt eine Einstülpung (Invagination). (c) Die Aktivierung eines einzelnen Flecks in einer Zellschicht kann auch außerhalb des aktivierten Bereichs zu einer Gliederung des Gewebes führen: Man erhält Einschnürungen (»Taillen«), in denen positive (»konvexe«) Krümmung in der einen durch negative (»konkave«) Krümmung in der anderen Dimension der Zellschicht kompensiert wird.

---

dellrechnungen für Formen, die sich durch Aktivierung von »Biegemomenten« im Bereich eines »Flecks« auf einer Zellschicht ergeben: Ein- und Ausstülpung eines Teilbereichs einer Kugel sowie die Erzeugung einer länglichen Struktur, die durch taillenförmige Einschnürungen gegliedert ist. Die errechneten dreidimensionalen Formen ergeben sich aus dem mechanischen Zusammenspiel der Krümmungen in den beiden Dimensionen ihrer Oberfläche.

Asymmetrie der Zellschichten und die Logik der Formbildung

Die Innen-Außen-Asymmetrie der Zellschichten – oft direkt im Mikroskop zu sehen – unterscheidet sie von den meisten technischen Materialien; diese Eigenschaft ist die logische Voraussetzung dafür, daß eine lokale Aktivierung eines Gewebes zur Ausbildung einer neuen Struktur in einer bestimmten Orientierung (zum Beispiel: nach außen) führt. Das Erklärungsprinzip ist davon unabhängig, ob die Form im Einzelfall hauptsächlich auf Wirkungen intrazellulärer Fasern, auf der Wirkung von Molekülen an den Grenzflächen der Zellen oder auf beidem beruht. Die neu entstehende Struktur wächst bei dieser Art der Formbildung nicht etwa durch besonders schnell erfolgende Zellteilungen aus, sie wird auch nicht durch Kräfte parallel zur Oberfläche in der Zellschicht hinausgeschoben, sondern sie wird durch lokale »Biegemomente« herausgebogen. Im Laufe der Entwicklung werden Formen dann durch Wachstum modifiziert und durch viele verschiedene Prozesse (z. B. Knochenbildung) stabilisiert, so daß in der fertigen Gestalt die auslösenden Mechanismen meist nicht mehr wirken.

Strukturen werden herausgebogen, nicht herausgeschoben

Die Mechanismen, die hier diskutiert wurden, bilden nur einen kleinen Teil des Repertoires, das zur biologischen Gestaltung beiträgt; dennoch wären sie in der Lage, im Prinzip jede denkbare Form zu erzeugen. Sie erfordern nur geeignete Verknüpfungen von bekannten Prozessen der Molekular- und Zellbiologie, die unter der Kontrolle der Erbsubstanz stehen. Wenn sie schon für sich allein die reproduzierbare Ausbildung komplexer Gestalten ermöglichen, so gilt dies erst recht für das sehr viel weitere Repertoire von physikalisch-chemischen Prozessen, die in der Entwicklungsbiologie vorkommen. Diese Überlegung zeigt, daß biologische Formbildung im Prinzip auf einer physikalischen Grundlage verstanden werden kann.

Biologische Formbildung folgt physikalischen Prinzipien

VI. Gestaltbildung, Gestalterkennung, Gestalterklärung

Biologische Strukturen und Gestalten entstehen unter der Kontrolle der Erbsubstanz in jeder Generation wirklich neu, sie sind nicht in der räumlichen Vorordnung der Eizelle bzw. ihrer Vorstufen verborgen. Für den biologischen Grundprozeß der Selbstgliederung von Zellen und Geweben spielen Mechanismen der Selbstverstärkung eine wesentliche Rolle. Das gleiche Prinzip findet sich aber auch für Strukturbildungen im anorganischen und sozialen Bereich; sogar bei Prozessen der Gestalterkennung zeigen sich abstrakte Ähnlichkeiten mit Mechanismen der biologischen Gestaltbildung. Andererseits gibt es aber auch solche Merkmale, die für die biologische Entwicklung charakteristisch sind: Insbesondere spielt im Gegensatz zu vielen Strukturbildungen der unbelebten Natur der zufällige Symmetriebruch für die Erzeugung biologischer Form keine große Rolle; Lage und Orientierung von Teilstrukturen sind im allgemeinen nicht zufällig, sondern erblich festgelegt und vorhersagbar.

Biologische Strukturen ergeben sich in letzter Konsequenz aus der Wechselwirkung der beteiligten Moleküle. Die Strukturen der Organismen beruhen auf Eigenschaften von Systemen und Molekülen, nicht etwa auf Eigenschaften der einzelnen Moleküle selbst. Ihr umfassendes Verständnis erfordert daher letztlich sowohl die Physik und Chemie der beteiligten Moleküle als auch die mathematische Analyse allgemeiner Eigenschaften von Systemen: Erkenntnisse über Materie und Mathematik bilden zusammen die Erklärungsgrundlagen der biologischen Gestaltbildung.

1. Logik und Physik des Generationszyklus

Strukturbildung unter der Kontrolle der Erbsubstanz

Jeder kennt die alte Scherzfrage: »War das Huhn vor dem Ei, oder das Ei vor dem Huhn?« Sie deutet an, daß die Logik des Generationszyklus kein triviales Problem ist. Eine Erklärung der biologischen Gestaltbildung auf physikalischer Grundlage darf nämlich keine verborgenen Zirkelschlüsse enthalten; sie muß eine logisch geschlossene Begründung für die Neubildung biologischer Form über eine praktisch unbegrenzte Zahl von Generationen hinweg liefern. Primär ist es die Struktur der Erbsubstanz DNS, die kopiert und von Generation zu Generation weitergegeben wird. Sie steuert den Stoffwechsel und bestimmt damit die Bildung der Enzyme und anderer Proteine; dazu gehört auch der biochemische Apparat zur Erzeugung morphogenetischer Felder, der anfangs einförmige Zellen oder Gewebe in wesentlich verschiedene Teilbereiche gliedert. Mittels biochemischer Signale legt die Erbsubstanz außerdem die Bedingungen fest, unter denen sich im Verlauf der Entwicklung des Embryos morphogenetische Felder bilden, Zelldifferenzierungen stattfinden, Zellen sich vermehren und Gewebe wachsen. Sie regelt auf diese Weise die Reihenfolgen, Kombinationen und Verschachtelungen der Entwicklungsprozesse. Diese sind so miteinander verbunden, daß im Laufe der Entwicklung die spezifische räumliche Ordnung des Organismus entsteht.

Die logische Konsistenz eines aus solchen Elementen bestehenden Generationszyklus läßt sich an einem stark vereinfachten Modell erläutern: Eine befruchtete Eizelle teilt sich vielfach und produziert Zellen, die eine geschlossene, zum Beispiel kugelförmige Schicht bilden. In ihr wird ein morphogenetisches Feld erzeugt, das das Gewebe in Bereiche unterschiedlicher Aktivierung aufteilt; darauf folgen räumlich geordnete Ausstülpungen aktivierter Bereiche, so daß eine bestimmte Gestalt entsteht. In verschiedenen Teilbereichen werden verschiedene Gene angeschaltet, was zur Bildung verschieden differenzierter Zelltypen führt. Eine der Teilstrukturen enthält die Geschlechtszellen und damit die Vorstufen der Eizellen für die nächste Generation. Bei den Prozessen der Zellvermehrung und Zelldifferenzierung wird die Erbinformation der DNS unverändert weitergegeben bzw. erhalten. Deswegen besitzen die neugebildeten Geschlechtszellen auch wieder die volle Erbinformation über die Bildung des ganzen Organismus in der folgenden Generation.

Natürlich sind die wirklichen Vorgänge im Generationszyklus viel komplizierter als dieses Modell. Das simple Schema zeigt aber bereits, daß ein Zyklus mit Zellvermehrung, räumlicher Gliederung in verschiedene Teilbereiche, Ausbildung von Formen und Strukturen und Spezialisierung von Zelltypen beliebig oft wiederholbar und daher mit einer unbegrenzten Zahl von Generationen logisch vereinbar ist. Die logische Konsistenz wird nicht beeinträchtigt, wenn man das Modell realistisch ausgestaltet, indem man zahlreiche weitere Prozesse in den Generationszyklus einfügt. Es spielt zum Beispiel keine Rolle, ob schon bei der Entwicklung der Eizelle aus der Vorstufe, der Oocyte, eine detaillierte räumliche Unterteilung des Plasmas erfolgt oder ob, wie bei den meisten höheren Organismen, der Strukturreichtum zum größeren Teil erst im vielzelligen Embryo erzeugt wird; Selbstgliederung ist in jedem Fall an der Entwicklung beteiligt.

Gestaltbildung: Neu in jeder Generation

Welches auch immer die Mechanismen der Gestaltbildung im einzelnen sind, die Logik des Generationszyklus erfordert es, daß räumliche Gestalt in jeder Generation wirklich neu gebildet wird und nicht verborgen schon vorhanden ist. Im 18. Jahrhundert war eine Theorie der biologischen Entwicklung sehr populär, nach der im Ei unsichtbar klein das neue Lebewesen schon enthalten ist, das dann nur noch zu wachsen braucht. Wäre das richtig, so müßten darin die Eizellen für die übernächste Generation vorhanden sein, in diesen wiederum die Gestalt des Organismus, darin die Eizelle der Folgegeneration usw. Diese Theorie setzt vielfache Verschachtelungen nach dem Modell russischer Spielpuppen voraus, die die Puppe in der Puppe in der Puppe enthalten. Setzt man aber eine solche Serie für eine größere Zahl von Generationen fort, so würde sich ergeben, daß räumliche Gebilde in unvorstellbar kleinen, subatomaren Dimensionen ausgebildet sein müßten. Das ist physikalisch unmöglich.

Man kann sich diese Problematik auch an einem Gedankenexperiment zur Regeneration des Polypen Hydra klarmachen: Man schneidet eine Scheibe von einem Zehntel der Länge einer Hydra heraus, läßt eine neue Hydra mit Kopf und Fuß regenerieren, füttert sie und läßt sie wachsen, schneidet erneut ein Zehntel heraus und läßt sie wieder regenerieren, und wiederholt das achtmal. Wäre jede Gestalt, die irgendwann gebildet wird, immer schon in irgendeiner Weise räumlich vorgegeben, so müßte die Form der Hydra, die nach acht Regenerationen entsteht, im ursprünglichen Tier in einer Scheibe von weniger als einem hundertmillionstel Zentimeter Dicke angelegt sein. Dies ist weniger als ein Atomdurchmesser und kann auf Grund der Unbestimmtheit der Quantenphysik prinzipiell keine stabile Gestalt enthalten. Die Entwicklungstheorie der Puppen in den Puppen widerspricht Grundgesetzen der Physik, sie ist mit keinem physikalischen Mechanismus verträglich.

Das Gedankenexperiment führt aber noch zu einem anderen Schluß, der weniger offensichtlich ist: Bei der Regeneration der Hydra entsteht der neue Kopf im allgemeinen an der ursprünglich kopfnächsten Stelle des herausgeschnittenen Gewebes. Kein physikalisches oder logisches Gesetz wird verletzt, wenn diese Orientierung über eine beliebige Zahl von Regenerationen verläßlich erfolgt. Allgemein gilt: Während die Erklärung der *Bildung* von Gestalten im Generationszyklus durch präexistierende Gestalten zu Widersprüchen mit Grundgesetzen der Physik führt, ist die *Orientierung* neugebildeter Strukturen durch die Orientierung vorhandener Strukturen weder ein logischer Zirkelschluß, noch im Widerspruch zu irgendwelchen physikalischen Gesetzen. Die Erzeugung morphogenetischer Felder durch kurzreichweitige Aktivierung in Verbindung mit längerreichweitiger Hemmung ist ein physikalischer Mechanismus, der dieser Logik entspricht: Der Mechanismus der Selbstverstärkung bewirkt, daß asymmetrische Felder durch kleine vorgegebene Asymmetrien verläßlich orientiert werden. Besteht zum Beispiel in der Hydra eine gradierte Verteilung bestimmter Substanzen zwischen Kopf und Fuß, so zeigt auch jedes herausgeschnittene kleine Teilstück einen geringen Unterschied zwischen »vorne« und »hinten«; es enthält also eine »kleine« Asymmetrie, die zur verläßlichen Orientierung eines neuen Feldes wiederum ausreicht. Das neue Feld organisiert die Regeneration einer neuen Hydra mit Kopf, Fuß und einer gradierten Stoffverteilung dazwischen. Dieser Prozeß kann sich praktisch unbegrenzt wiederholen. Im Gegensatz zur bloßen Orientierung wird jedoch die *Form* des morphogenetischen Feldes in jeder Generation *neu* erzeugt und ist selbstregelnd: Räumliche Information, die über die Orientierung hinaus in den Anfangsbedingungen enthalten war, wird im allgemeinen gelöscht. Diese Löschung ist für das Verständnis des Generationszyklus bedeutsam: So wirken sich zum Beispiel zufällige räumliche Schwankungen von Stoffkonzentrationen im Plasma der Eizelle in der Regel nicht auf die Struktur des gebildeten Organismus aus. Dies ist die Voraussetzung dafür, daß die Neubildung der Strukturen in jeder Generation im wesentlichen von der Erbsubstanz DNS bestimmt wird.

2. *Die Entwicklung der Organismen im Vergleich mit anderen Strukturbildungen*

Es gehört zu den faszinierenden Aspekten der neueren Systemtheorie, daß man in ganz verschiedenen Bereichen der belebten und unbelebten Natur, ja sogar in sozialen Beziehungen trotz verschiedener Mechanismen doch ähnliche formale Prinzipien der Strukturbildungen auffindet. Dies gilt besonders für das Prinzip der autokatalytischen Aktivierung: Auch Strukturen der unbelebten Natur entstehen häufig durch lokale Selbstverstärkung. In anfangs gleichförmigen Verteilungen entsteht an einer Stelle durch zufällige Schwankungen eine Art Keim, ein kleiner Anfangsvorteil für die Initiation einer Struktur, der sich, wenn auch meist indirekt, verstärkt. Eine kleine, zufällige Anhäufung von Sand auf einer Fläche, über die der Wind weht, ist ein Hindernis, an dem sich weiterer Sand ablagern kann: Der Sandhaufen wird größer, eine Düne entsteht. Wenig Schnee, der

Selbstverstärkung als Ursache der Strukturbildung

den Hang hinunterrutscht, kann zur Lawine werden. Ein sehr kleiner Kristallkeim wächst zu einem größeren Kristall aus. Eine sehr geringe Ansammlung von Materie zieht durch Gravitation weitere Materie an, ein Ansatz zur Bildung eines Sterns oder eines Sternsystems. Zufällige kleine Dichteunterschiede können zu großen Turbulenzen in der Atmosphäre führen. Die Strukturen bleiben in der Regel räumlich begrenzt: Erschöpfungs- oder Hemmeffekte, die in die weitere Umgebung der sich bildenden Struktur hineinwirken, verhindern eine explosive Ausbreitung. Analog zur biologischen Gestalt- und Musterbildung können somit auch im anorganischen Bereich durch die Verbindung von lokaler Selbstverstärkung und langreichweitiger Hemmung oder Erschöpfung stabile Ungleichheiten im Raum entstehen.

Kristalle, Sterne, Dünen, Turbulenzen

Im sozialen und wirtschaftlichen Bereich finden sich ebenfalls Mechanismen der Selbstverstärkung, die Ungleichheiten erzeugen. Dies gilt offensichtlich für die Ansammlung von Kapital: Kapital erzeugt Zinsen, und Zinsen erzeugen noch mehr Kapital. Ein anderes Beispiel ist die Bildung von städtischen Zentren: Wo Leute sind, ziehen Leute hin. Struktur in der Zeit kann ebenfalls selbstverstärkend sein: Eine kleine Verkehrsbehinderung vermag einen großen Verkehrsstau zu erzeugen. Ein weniger offensichtlicher Fall, bei dem das Prinzip der Selbstverstärkung beteiligt zu sein scheint, ist die Erzeugung wirtschaftlicher Ungleichheiten hinsichtlich der Arbeitseinkommen der Individuen in einer Gesellschaft. Die Wirtschaftsstatistik zeigt, daß die Lohn- und Einkommensverteilung stark von einer Verteilung abweicht, die nur auf zufälligen Schwankungen beruht. Eine Zufallsverteilung wäre annähernd glockenförmig, die wirkliche Verteilung hingegen zeigt einen flachen weiten Abfall bei höheren Einkommen *(Abb. 16)*. Dies ist nicht einfach zu erklären, solange man nur direkte Auswirkungen verschiedener sozialer Ausgangsbedingungen – wie Intelligenz und Ausbildung – auf das Einkommen in die Überlegungen einbezieht, denn für derartige Effekte ist eine Zufallsverteilung zu erwarten. Ein besseres Verständnis läßt sich vermutlich gewinnen, wenn man die *Selbstverstärkung* sozialer Vorteile bedenkt, das Prinzip »Wer da hat, dem wird gegeben, und er

Selbstverstärkung im sozialen Bereich

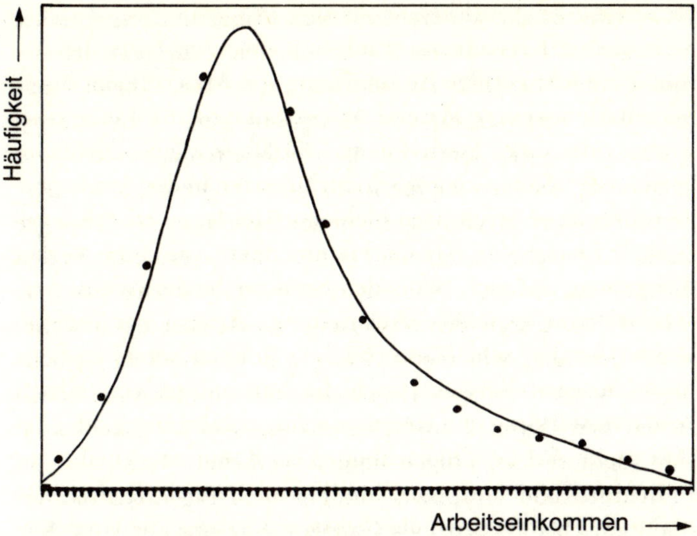

Abb. 16: **Sozio-ökonomische Ungleichheiten** weichen in der Regel stark von einer Zufallsverteilung ab. Ein Beispiel ist die Verteilung der Arbeitseinkommen (· · ·) in den Vereinigten Staaten 1961. Eine Zufallsverteilung wäre glockenförmig; die wirkliche Verteilung zeigt hingegen einen weiten flachen Abfall zugunsten höherer Arbeitseinkommen. Vermutlich beruhen die tatsächlichen Ungleichheiten in erheblichem Maße auf der Selbstverstärkung von Vorteilen, der dann noch zufällige Schwankungen überlagert sind. Für derartige »autokatalytische« Prozesse kann man die Theorie, die ursprünglich für die biologische Musterbildung entwickelt wurde, erweitern und anwenden. Eine Computer-Berechnung (——) zeigt, daß eine Selbstverstärkung von Vorteilen im Prinzip die beobachtete Abweichung von einer Zufallsverteilung zugunsten höherer Arbeitseinkommen erzeugen kann.

Einkommens-Ungleichheiten durch Selbstverstärkung von Vorteilen

wird die Fülle haben«. Solche Selbstverstärkung gibt es nicht nur für materielle, sondern auch für immaterielle Aspekte wie Ausbildung und soziale Beziehungen, Selbstbewußtsein und Erfolg. Vorhandene Vorteile erleichtern in der Regel die Erzielung weiterer Vorteile. Die Selbstverstärkung ist mit einer indirekten Hemmwirkung auf diejenigen verbunden, die keine Vorteile haben, da die Ressourcen insgesamt begrenzt bleiben und Vorteile für die einen im allgemeinen

Nachteile für die anderen mit sich bringen. Diese Effekte erzeugen und verstärken Ungleichheiten. Nun läßt sich die biologische Theorie der Erzeugung räumlicher Ungleichheiten durch Aktivierung und Hemmung auf die Erzeugung solcher sozio-ökonomischer Ungleichheiten ausweiten und adaptieren. Sie gibt die merkwürdigste Eigenschaft von Arbeitseinkommen, nämlich die in der *Abbildung (16)* gezeigte starke Abweichung von einer reinen Zufallsverteilung in den Grundzügen wieder. Natürlich ist dies kein strenger Beweis für die Richtigkeit der Erklärung. Es ist aber doch wahrscheinlich, daß Selbstverstärkung von Vorteilen an tatsächlichen wirtschaftlichen Ungleichheiten einen wesentlichen Anteil hat; Ausmaß und Begrenzung von Ungleichheiten sind nicht einfach Folgen unterschiedlicher Merkmale von Individuen und Gruppen, sondern auch Eigenschaften des ökonomischen Systems als Ganzem. Für eine derartige Anwendung einer zunächst für die Biologie entwickelten Strukturtheorie auf soziale Beziehungen wird keineswegs vorausgesetzt, die Wirtschaft funktioniere wie ein lebender Organismus oder wie ein physikalischer Apparat – man macht nur davon Gebrauch, daß die Mathematik der Strukturbildung, wie jede Mathematik, universelle Züge hat.

Andererseits gibt es trotz der Ähnlichkeit von Strukturbildungen in verschiedenen Bereichen auch solche Merkmale biologischer Gestaltbildung, die nur für die belebte Natur charakteristisch sind. Hierzu gehört die genaue Reproduktion von komplizierten Strukturen: Elefanten sind sich untereinander viel ähnlicher im Detail als Wolken. Im Gegensatz zur Formbildung einer Wolke ist bei der Gestalt eines Elefanten kaum etwas dem Zufall überlassen: Vorder- und Hinterbeine, Rüssel und Stoßzähne entstehen unter der Kontrolle der Gene an definierten Stellen in definierter Orientierung. Die Stoßzähne eines Elefanten sind immer nach oben gekrümmt, die Zehen der Füße nach vorn gerichtet. Die Orientierung ist vorgegeben, sie erfolgt nicht durch zufälligen »Symmetriebruch«; eine statistische Orientierung von Teilstrukturen eines Organismus würde die biologische Entwicklung völlig desorganisieren.

Symmetriebruch ist nicht typisch für die biologische Entwicklung

Logisch wäre es zwar noch denkbar, daß sich in den frühesten Entwicklungsstadien die beiden ersten Asymmetrien der Eizelle (nämlich die Achsen, die später die Dimensionen »Kopf–Fuß« und »Rücken–Bauch« bestimmen) zufällig orientieren. Theoretisch könnten sie in einer zunächst kugelsymmetrischen Vorstufe der Eizelle durch zwei echte »Symmetriebrüche« als Folge zufälliger räumlicher Konzentrationsschwankungen entstehen; die räumliche Organisation des entstehenden Organismus wäre dadurch nicht beeinträchtigt. Allerdings ist in Wirklichkeit oft nicht einmal die allererste Achse zufällig angelegt. So erzeugen zum Beispiel asymmetrische Fliegen von vornherein asymmetrische Eier, und diese entwickeln sich wieder zu asymmetrischen Fliegen. Die dritte Achse (»Rechts-links«) schließlich kann in Beziehung zu den beiden anderen (»Vorne-hinten« und »Oben-unten«) schon allein aus logischen Gründen nicht durch Zufall orientiert werden, sofern der Organismus nicht spiegelsymmetrisch ist. Wenn also zum Beispiel im entwickelten Lebewesen das Herz in der Regel links ist, *muß* die räumliche Organisation in der frühen Entwicklung (vermutlich schon in der Eizelle) durch asymmetrische Strukturen beeinflußt werden. Wahrscheinlich sind daran asymmetrische Moleküle wie Aminosäuren und die aus ihnen aufgebauten Eiweißstoffe beteiligt. Wie die Asymmetrie von Molekülen in die Asymmetrie von Lebewesen übersetzt wird, ist noch ungeklärt.

Warum ist das Herz links?

Insgesamt spielt für die Erzeugung biologischer Strukturen im Gegensatz zur Strukturbildung in der unbelebten Natur der echte, also der statistische Symmetriebruch keine große Rolle. Während bei der Strukturbildung in der unbelebten Natur die Lage und Orientierung der Strukturen und Teilstrukturen, zum Beispiel bei einer Wolke, weitgehend von zufälligen Schwankungen der Ausgangsbedingungen abhängen, ist Lage und Orientierung der Teilstrukturen eines Organismus durch die spezifische, von der Erbsubstanz bestimmte Regelung der biologischen Gestaltbildung festgelegt.

3. Gestaltbildung und Gestaltwahrnehmung

Die Formen und Gestalten der belebten Natur werden unmittelbar, ohne Vermittlung bewußten Denkens und systematischer Analyse, erlebt. Körperhaltungen von Menschen und höheren Tieren versteht man als Ausdruck innerer Zustände, zum Beispiel als Signale der Aggression oder Zuwendung. Viele Formen der Tiere und Pflanzen werden ganz spontan als schön empfunden. Dieses subjektive Gestalterlebnis hat scheinbar mit der naturwissenschaftlichen Erklärung der Gestaltbildung bei der Entwicklung von Organismen gar nichts zu tun, und doch lassen sich allgemeine, wenn auch abstrakte Beziehungen zwischen Prinzipien der Gestaltbildung und der Gestalterkennung auffinden.

Unmittelbare Wahrnehmung

Unser Gehirn vermag bestimmte Merkmale räumlicher Ordnung in Sekunden zu erfassen, ohne daß bewußtes Denken hierzu nötig wäre. Diese Fähigkeit wird »immediate perception« – unmittelbare Wahrnehmung – genannt. Modulationen von Strukturen, die sich wiederholen, Kombinationen und Verschachtelungen von Gestaltsmerkmalen werden oft unmittelbar wahrgenommen. Ein Beispiel für Modulation bei einer biologischen Struktur ist das Rückgrat der Wirbeltiere, etwa eines Dinosauriers. Die Wirbel wiederholen sich, aber sie werden von vorn nach hinten immer kleiner. Kombination und Verschachtelung von Merkmalen bestehen, wenn Elemente eines Musters selbst wieder ein Muster enthalten. Gestaltmerkmale, die man als kombiniert wahrnimmt, werden höchstwahrscheinlich auch beim Entwicklungsprozeß auf kombinatorische Weise festgelegt: Bestimmte Gene erzeugen die Struktur eines Wirbels, andere wiederum bewirken die gradierte Veränderung der Größe der Wirbel der Tiere, die von vorne nach hinten abnimmt. Bei Pflanzen legen bestimmte Gene die innere Struktur der Blätter, andere die Anordnung der Blätter am Stiel fest.

Weniger offensichtlich ist eine Verbindung zwischen Gestaltbildung und Gestalterkennung bei verborgenen Regelmäßigkeiten in scheinbar chaotischen Mustern. Ein Beispiel ist das Oberflächenmuster eines japanischen Ballonfisches *(Abb. 17a)*. Die einzelnen Erhebungen der Oberfläche sind

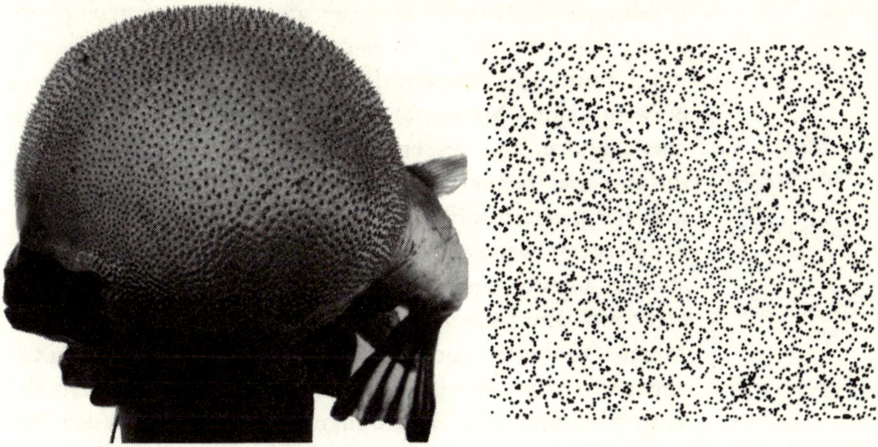

(a) (b)

Abb. 17: **Musterbildung und Mustererkennung** beruhen zwar auf verschiedenen Mechanismen, aber dennoch – wenigstens in manchen Fällen – auf verwandten Prinzipien. Als Beispiel dienen unregelmäßige Muster, bei denen kleine Abstände zwischen Strukturen systematisch vermieden werden, wie etwa beim Oberflächenmuster eines japanischen Ballonfisches (a). Die Erzeugung solcher Muster läßt sich auf der Grundlage von Reaktionen mit kurzreichweitiger Aktivierung und längerreichweitiger Hemmung leicht erklären (siehe Abb. 10b, S. 146). Wie B. Julesz entdeckt hat, werden Muster dieses Typs vom Sehsystem unseres Gehirns »unmittelbar« (das heißt in kurzer Zeit und ohne Nachdenken) wahrgenommen. Wenn man nämlich ein derartiges Muster (Mittelbereich der Abb. b) auf ein anderes mit gleicher Punktdichte, aber ohne »Verbot« kurzer Abstände (Außenbereich der Abb. b) legt, so sieht man unmittelbar, daß sich das Muster im Mittelbereich vom Außenbereich (wie eine »Figur« vom Hintergrund) deutlich unterscheidet und abhebt. Vermutlich wirken bei den Sehvorgängen Prozesse der Signalverarbeitung im Nervensystem mit, für die ebenfalls Prinzipien kurzreichweitiger Aktivierung und langreichweitiger Hemmung eine Rolle spielen.

---

unregelmäßig verteilt, aber sehr kleine Abstände *zwischen* ihnen werden systematisch vermieden. Eine ähnliche Verteilung haben die Luftspältchen auf den Blättern der Pflanzen. Die Erzeugung solcher Muster läßt sich, wie schon gezeigt (*Abb. 10b*, S. 146), als Folge gegenseitiger Hemmung von aktivierten Bereichen über eine gewisse Entfernung hinweg verstehen: Die langreichweitige Hemmung erzwingt einen Mindestabstand zwischen aktivierten Bereichen. Muster mit diesen Eigenschaften werden aber auch durch unser Sehsystem unmittelbar wahrgenommen: Legt man bei gleicher Punktdichte ein unregelmäßiges Muster *mit* Mindestabständen zwischen den Punkten auf ein völlig statistisches Muster *ohne* Mindestabstände, so erkennt man sofort und ohne nachzudenken die Verschiedenheit beider Muster, ähnlich wie bei einer *»Figur«*, die vom *»Untergrund«* abgegrenzt ist *(Abb. 17b)*. Obwohl die Mechanismen der Gestaltbildung und Gestalterkennung sehr verschieden sind – der eine Prozeß beruht primär auf der Kinetik der Reaktion und Ausbreitung von Molekülen in Geweben, der andere auf der Verarbeitung elektrischer Signale im Nervensystem – findet man ähnliche formale Prinzipien. Insbesondere ist es wahrscheinlich, daß kurzreichweitige Aktivierung in Verbindung mit langreichweitiger Hemmung nicht nur für Erzeugung von biologischen Mustern, sondern auch für ihre Erkennung eine wesentliche Rolle spielt. Tatsächlich findet man im Sehbereich des Gehirns sowohl kurzreichweitige aktivierende als auch längerreichweitige inhibierende Verschaltungen zwischen Nervenzellen. Diese Typen der Verschaltung, »laterale Inhibition« genannt, spielen eine erhebliche Rolle für Theorien des Sehvorgangs auf der Grundlage der Signalverarbeitung im Nervensystem.

Muster mit verborgenen Regelmäßigkeiten

Langreichweitige Hemmung bei Bildung und Erkennung von Mustern

Verborgene Ordnung in scheinbar unregelmäßigen Mustern empfindet man besonders dann als reizvoll, wenn man sie unmittelbar erlebt, ohne das dahinterliegende Prinzip zu durchschauen. Die Struktur handgewebter Textilien ist schöner als die offensichtlich regelmäßige und daher als langweilig empfundene Struktur von Maschinenwaren, und auf einer subtileren Ebene erscheint der japanische und englische Landschaftsgarten gerade deshalb als besonders reizvoll, weil er zwar ungleichmäßig aussieht, dahinter aber eine Vielzahl von Regeln räumlicher Anordnung verborgen ist.

Beziehungen zwischen Bildung und Erkennung gibt es vermutlich nicht nur für Muster, sondern auch für Formen.

Die Form eines Objekts ist durch die Krümmung der Oberfläche gegeben. Strukturen, die weder platt, noch kugel-, noch zylinderförmig sind, zeichnen sich durch variable Krümmung in den beiden Dimensionen der Oberfläche aus – die Krümmungen sind von Ort zu Ort verschieden. Die – unbewußte – Analyse der Krümmungsmuster von Oberflächen scheint von großer Bedeutung für die Verarbeitung optischer Information im Gehirn und für die Erkennung von Gestalten zu sein. Vermutlich errechnet das Nervensystem die Orientierung und Krümmung aus der Schattierung, der Tiefenwahrnehmung beim Sehen mit zwei Augen und weiteren Merkmalen.

Erzeugung und Wahrnehmung von Formen

An der Bildung biologischer Formen wirken viele verschiedene Mechanismen mit; ein einfacher Grundprozeß ist, wie zuvor besprochen, die Erzeugung von biegenden Kräften in einem aktivierten Teilbereich einer Zellschicht; dies führt zu einer Ausbeulung und somit zu einer neuen Teilstruktur. Der Zusammenhang zwischen biegenden Kräften und der entstehenden Form ist unter Umständen sehr subtil, da sich die Krümmungen in den beiden Dimensionen einer Zellschicht gegenseitig mechanisch beeinflussen. Deswegen kann zum Beispiel die Aktivierung eines einzelnen »Flecks« auf einer anfangs flachen Zellschicht schon ausreichen, um eine gegliederte Struktur zu erzeugen, die außerhalb des aktivierten Bereichs mehrere taillenförmige Einschnürungen aufweist (*siehe Abb. 15 c*, S. 163). Dort kompensieren sich Krümmungen in den beiden Dimensionen der Oberfläche durch verschiedene »Vorzeichen« (konkav-konvex). Diese Kompensation könnte aber nicht nur der *Bildung* solcher Einschnürungen zugrundeliegen, sie wird auch vom Sehsystem des Gehirns unmittelbar erkannt. »Taillenformen« sind ein »Blickfang«, sie sprechen das ästhetische Empfinden direkt an; dies gilt für Merkmale der menschlichen Gestalt wie Nacken, Fessel und Hüfte. Man sieht sie an Blumen wie der Rose, deren Blütenblätter kelchförmige Blüten bilden.

»Taillen« als Blickfang

Variable Krümmung spielt insgesamt eine große Rolle für das ästhetische Empfinden. Dies bezeugt die Kunst der Töpferei seit mehr als 8000 Jahren. Viele Ornamente beziehen ihren Reiz ebenfalls aus diesem Merkmal. In die Architektur

Ästhetik variabler Krümmung

fanden Formen mit variabler Krümmung wegen der großen technischen Schwierigkeiten erst relativ spät Eingang. Es begann im 17. Jahrhundert mit Borrominis ovalen Grundrissen und Kuppeln in Rom und erreichte besonders raffinierte Formen im süddeutschen Spätbarock.

Naturwissenschaftlich ist biologische Form ein Ergebnis physikalisch-chemischer Prozesse unter der Kontrolle der Erbsubstanz der Organismen. Psychologisch ist Form eine Quelle ästhetischer Erlebnisse; sie ermöglicht den Ausdruck innerer Zustände von Tieren und Menschen. Die beiden Perspektiven schließen sich nicht aus. Die erwähnten Beziehungen zwischen Gestaltbildung und Gestalterkennung, die Ähnlichkeit mancher formaler Grundlagen bei aller Verschiedenheit der Mechanismen, weist sogar auf eine innere Beziehung zwischen Erklärung und Erleben der Gestalten hin. Allerdings tragen zum ästhetischen Empfinden noch viele andere Komponenten bei; besonders der Symbol- und Signalgehalt der Formen, der teils kulturell tradiert, teils sogar angeboren ist.

Wer das Erleben von Formen in der Tier- und Pflanzenwelt als ursprüngliches Motiv zur Beschäftigung mit der Biologie ansieht, braucht ihre physikalische Erklärbarkeit deswegen nicht zu bestreiten; wer Gestalt als Systemeigenschaft von Zellen und Zellbestandteilen versteht, die durch molekulare Prozesse erzeugt wird, entwertet dadurch nicht das subjektive Gestalterlebnis.

4. Mathematik und Materie: Erklärungsgrundlagen biologischer Gestaltbildung

Biochemie allein erklärt nicht die Formbildung

Eine physikalisch begründete Erklärung biologischer Formen und Gestalten führt die räumliche Ordnung auf Wechselwirkungen und Bewegungen von Molekülen und Zellen zurück. Da Zellen ihrerseits aus Molekülen bestehen, ist in letzter Konsequenz biologische Form eine Eigenschaft bestimmter Systeme von Molekülen. Eine Erklärung der Gestaltbildung muß deshalb auf die Strukturen und andere physikalische Merkmale der beteiligten Moleküle zurückgreifen. Dies reicht aber nicht aus, da ja Systeme aus vielen Bestandteilen Eigenschaften besitzen, die die einzelnen Bestandteile für sich allein nicht haben. Sie zu verstehen, erfordert Systemtheorie, also Mathematik. Selbst eine vollständige Liste aller an der Formbildung einer Maus beteiligten Moleküle würde uns, für sich betrachtet, ziemlich ratlos machen. Die Struktur der Maus wäre sicher nicht unmittelbar zu erkennen. Erst ziemlich hintergründige mathematische Gesetze und Zusammenhänge ergeben dann die Brücke zur Erklärung von Formen und Gestalten als Eigenschaften des Gesamtsystems. Klar erkennbar ist die Bedeutung mathematischer Zusammenhänge für das Verständnis der Formbildung auch an einem alltäglich zu beobachtenden Beispiel, den Wolken am Himmel. In diesem Fall ist die Struktur der beteiligten Moleküle längst aufgeklärt: Es handelt sich um Wasser, H_2O. Diese Einsicht nützt aber wenig, wenn man Schichtenwolken, Haufenwolken und andere Wolkenformen wirklich verstehen will; dazu sind mathematisch-physikalische Analysen notwendig, die sich ganz allgemein auf Systeme von Molekülen in Tropfen und auf Systeme von Tropfen in Wolken beziehen.

Begrenzter Erklärungswert mathematischer Begriffe

Manche Theoretiker gehen nun so weit zu behaupten, daß es eigentlich völlig gleichgültig wäre, auf welcher materiellen Grundlage im einzelnen Formen und Gestalten gebildet werden, solange man nur die formalen Prinzipien versteht. Sie sehen daher in mathematischen Begriffsbildungen den eigentlichen Schlüssel zum Verständnis biologischer Strukturen. Beispiele solcher Schlüsselbegriffe sind die »Bifurkation«, die »Gabelung« (gemeint ist die Entscheidung zwischen zwei alternativen Entwicklungen, wie sie zum Beispiel bei der Zelldifferenzierung erfolgt), die »Katastrophe« (worunter – ohne negative Wertung – ein rascher Übergang von einem in einen wesentlich anderen Zustand als Folge eines kleinen Anstoßes zu verstehen ist) oder die »dissipative Struktur«, die außerhalb des thermodynamischen Gleichgewichtes entsteht (betont wird hier der Gesichtspunkt, daß zur Bildung und Erhaltung bestimmter Strukturen ein gewisser Fluß an freier Energie aufgebracht werden muß). Solche Begriffsbildungen können für ein Verständnis der Strukturerzeugung hilfreich sein, sie geben aber nur Teilaspekte wieder und sind sicher nicht hinreichend für eine Erklärung, warum, zum Beispiel, die Hand fünf Finger hat. Das biologisch interessante Problem besteht beim gegenwärtigen Wissensstand nicht darin, daß überhaupt Strukturen gebildet werden – dies ist bekanntlich auf vielerlei Weise physikalisch möglich – die wesentliche Frage ist, wie die für die Entwicklungsbiologie charakteristischen Eigenschaften zu verstehen sind. Aber auch wenn Begriffsysteme von Strukturtheorien so angelegt würden, daß sie den spezifisch biologischen Merkmalen gerecht werden, so würde ein rein formaler Zugang für sich genommen immer noch nicht ganz befriedigen. Um wirklich sicher zu sein, daß und in welchem Sinne eine formale Erklärung zutrifft, braucht man schließlich die Bestätigung durch die Analyse wirklicher molekularer und zellulärer Vorgänge. Diese erlaubt dann auch die Untersuchung weiterführender Fragen, zum Beispiel die nach der »Erfindung« der Mechanismen der Gestaltbildung im Laufe der Evolution.

Materie, Mathematik und biologische Strukturen

Ein umfassendes und voll befriedigendes Verständnis der biologischen Gestaltbildung erfordert letztlich sowohl die Kenntnis materieller Strukturen der beteiligten Moleküle als auch mathematischer Gesetze und Zusammenhänge, die die Wechselwirkung in Systemen betreffen. Dies hindert uns natürlich nicht, den einen oder anderen Aspekt interessanter zu finden. Schließlich ist der relative Erklärungswert des »Materiellen« und »Mathematischen« Gegenstand eines Jahrtausende alten philosophischen Grundlagenstreits, der sich auf Demokrit für die Materie, auf Pythagoras und Plato für die Mathematik zurückführen läßt, der aber kaum je objektiv entscheidbar sein wird.

VII. Verhalten und Gehirnprozesse

Das Verhalten des Menschen und der höheren Tiere wird vom zentralen Nervensystem gesteuert; dabei wird vermittels elektrischer und chemischer Vorgänge Information verarbeitet und gespeichert. Im Detail sind diese Prozesse erst in begrenztem Umfang aufgeklärt. Für informationsverarbeitende Systeme gilt jedoch ein sehr allgemeines Gesetz: Alles, was formalisierbar ist, ist mechanisierbar, ist physikalisch realisierbar. Angewandt auf Nervensysteme folgt daraus, daß im Prinzip jede Leistung, die sich exakt beschreiben läßt, auch von einem Netzwerk aus untereinander verschalteten Nervenzellen erbracht werden könnte. Daher ist zu erwarten, daß die Verhaltenssteuerung höherer Organismen aufgrund von physikalisch-chemischen Prozessen im Nervensystem zu erklären ist.

Bei der Evolution des Menschen entwickelten sich Fähigkeiten des Gehirns, die zwar im Ansatz auch schon bei höheren Tieren zu finden sind, die aber insgesamt eine neue Qualität des Umgangs mit der Wirklichkeit und des Verhältnisses zu sich selbst ergeben: Abstraktion, Erinnerung, Kommunikation, langfristige Planung und Bewertung zukünftiger Handlungen. Neue Informationen werden in subtiler Weise durch die Sprache vermittelt und unabhängig von den trägen Mechanismen der genetischen Evolution auf viele Menschen und über viele Generationen tradiert. Seit mindestens vierzigtausend Jahren dominiert die Kulturgeschichte der Menschheit über jede biologische Entwicklung.

1. Verhalten und die Physik des Nervensystems

Neben der Gestaltbildung vielzelliger Organismen gehört das komplexe Verhalten der Tiere zu den großen Herausforderungen einer physikalischen Grundlegung der Biologie. In der primitivsten Form ist Verhalten die direkte Reaktion eines Tieres auf eine bestimmte Situation. Würmer rollen sich auf einen mechanischen Reiz hin zusammen und reagieren verschieden auf hell und dunkel. Höhere Tiere können auf äußere Signale mit komplizierten Reaktionsmustern reagieren, zum Beispiel auf die Drohgebärde eines Rivalen mit Kampf oder Unterwerfung.

Verhalten und Lernen

Im einfachsten Fall ist die Reiz-Reaktionsbeziehung angeboren. Eine starke Bereicherung erfährt das Verhalten der Tiere durch die Möglichkeit, aus früheren Ereignissen zu lernen. Ihr Verhalten wird von der Zeitdimension der Vergangenheit mitbestimmt. Für einen weiten Bereich biologischer Lernprozesse sind zwei elementare Mechanismen besonders charakteristisch: Der eine ist assoziativ, er verknüpft annähernd gleichzeitige Reize mit ein und derselben Reaktion. Wenn ein Reiz (Futter) eine Reaktion (Speichelfluß) auslöst, und der auslösende Reiz öfter mit einem anderen (z. B. Glockenschlag) gleichzeitig auftritt, so vermag nach einigen Wiederholungen auch das zweite Signal (Glokkenschlag) die Reaktion (Speichelfluß) auszulösen, selbst wenn gar kein Futter da ist. Ein weiterer Grundtyp des Lernens beruht auf dem Prinzip von Versuch und Irrtum. Das Tier hat in seinem Verhalten eine gewisse Spielbreite; es tut mal dieses und mal jenes. Wird aber ein ganz bestimmtes Verhalten belohnt (durch Futter), indem ein Trieb (Hunger) befriedigt wird, so kann das Verhaltensmuster nachträglich stabilisiert werden: Die Wahrscheinlichkeit für eben dieses Verhalten ist in Zukunft größer, als sie es in der Vergangenheit war. Führt ein bestimmtes Verhalten zu einer negativen Empfindung (Schmerz), so wird es künftig vermieden. Anfangs mehr zufällige Verhaltensmuster werden auf diese Weise für die Zukunft festgelegt, sofern sie in der Vergangenheit erfolgreich waren.

Lernen durch Erfolg

Für höhere Tiere spielt explorierendes Verhalten, verbunden mit Lernen durch Erfolg, eine besonders große Rolle. Darüber hinaus haben sie die Fähigkeit, sich zwischen unterschiedlichen Möglichkeiten des Verhaltens zu entscheiden. Sie erforschen vor einer Handlung den umgebenden Raum durch Blicke in verschiedene Richtungen; so können sie zum Beispiel unter vielen denkbaren Fluchtwegen eine geeignete Wahl treffen.

Zielorientiertes Verhalten ist besonders effektiv, wenn *vor* einer Handlung *verschiedene mögliche* Abläufe untereinander verglichen werden, die gar nicht in Wirklichkeit, sondern nur im Gehirn des Tieres stattfinden. Es ist erwiesen, daß Menschenaffen die Fähigkeit hierzu haben, für andere Säugetiere ist dies sehr wahrscheinlich. Ein derartiges »strategisches Spiel« setzt nicht unbedingt bewußtes Denken voraus; es erfordert aber doch sehr weitgehende Fähigkeiten der Abstraktion, der Speicherung und Verarbeitung von Information. Um mögliche Folgen von Handlungen zu vergleichen, muß das Gehirn dabei nicht nur Erfahrungen der Vergangenheit nutzen, sondern auch Informationen über verschiedene mögliche Situationen, Handlungsabläufe und Handlungsfolgen in der Zukunft gewinnen. Dies erfordert, daß im Nervensystem dynamische Regeln und Gesetze über Veränderungen der Umwelt gespeichert sind. Teils sind sie angeboren, teils erlernt. Sie betreffen zum Beispiel Verhaltensweisen anderer Tiere, besonders der Artgenossen. Darüber hinaus ist es aber Voraussetzung eines effektiven strategischen Spiels, daß auch Merkmale, die das *eigene* Verhalten des Tieres betreffen, in seinem Gehirn repräsentiert sind, wie etwa die eigene Position und die eigenen Bewegungsmöglichkeiten im Raum. Die Wahl zwischen verschiedenen Verhaltensmöglichkeiten basiert auf einer Bewertung der zu erwartenden Folgen: Lassen sie die Befriedigung von Trieben zu, oder stehen sie ihr entgegen? Dies wiederum hängt vom inneren Zustand des Tieres ab – hat es zum Beispiel Hunger oder Durst? Erst die *Kombination* von Erfahrung in der Vergangenheit, Wahrnehmung in der Gegenwart, Einschätzung verschiedener Verhaltensmöglichkeiten in bezug auf Verhaltensfolgen, und der Bewertung der Folgen als lustvoll oder schmerzlich, ermöglicht die Wahl eines bestimmten zielgerichteten, erfolgsorientierten Verhaltens.

Voraussetzungen strategischen Verhaltens

Entscheidend für das Verständnis einer Handlung ist der Zustand des Gehirns, der nicht nur von äußeren Reizen, sondern auch von Prozessen im Gehirn selbst mitbestimmt wird. Wenn ein zentraler Zustand Richtung und Wahrscheinlichkeit eines Verhaltens positiv beeinflußt, spricht man in der Psychologie von Motivation. Beispiele sind Hunger und Durst, Zustände des Nervensystems, die durch physiologischen Mangel ausgelöst werden und dann entsprechendes Verhalten (z. B. Futtersuche, Trinken) aktivieren. Das Verhalten tendiert in diesen Fällen dazu, den aktivierenden Mangelzustand zu beheben. Wesentlich komplizierter sind Ursachen und Wirkungen der Motivationen für Sexualität, Aggression und andere, teils sehr subtile Muster sozialen Verhaltens. Die Wahrscheinlichkeit von Reaktionen wird durch Mechanismen der Gewöhnung und der Aufmerksamkeit, den Rhythmus von Wachen und Schlaf, den Wechsel der Jahreszeiten beeinflußt. Allgemein ist die Beschreibung zentraler Zustände durch geeignete Begriffe (wie Aktivierung, Motivation, Emotion) ein schwieriges und keineswegs eindeutiges Unterfangen der Psychologie. Dies liegt nicht zuletzt daran, daß im Gehirn auch solche Prozesse stattfinden, die sich zunächst gar nicht auf die Reaktionen auswirken. Dementsprechend gibt es Verhaltensweisen, die durch innere Vorgänge »spontan« ausgelöst werden, auch ohne zeitlichen Zusammenhang mit einem äußeren Reiz.

Verhalten wird durch Prozesse im Gehirn gesteuert

Läßt sich Verhaltenssteuerung als Folge physikalisch-chemischer Vorgänge im Gehirn verstehen? Alle bisher analysierten Prozesse im Nervensystem folgen bekannten physikalischen Gesetzmäßigkeiten. Zwar reicht unsere Kenntnis bei weitem noch nicht aus, um die Funktion des Gehirns im ganzen zu rekonstruieren; dennoch gibt es sehr allgemeine, von Detailkenntnissen unabhängige mathematisch-physikalische Gründe dafür, daß *alle* Leistungen des Gehirns, die sich überhaupt objektiv feststellen und formal beschreiben lassen, auf physikalischen Mechanismen der Informationsverarbeitung beruhen. Diese Gründe seien im folgenden skizziert.

Je nach dem Entwicklungszustand, der »Höhe« des Tieres in der Skala der Evolution besteht das Tiergehirn aus einigen

Hundert bis zu einigen Milliarden von Nervenzellen. Diese Zellen sind sozusagen die Bauelemente im System der Informationsverarbeitung, die der Bestimmung und Steuerung des Verhaltens zugrunde liegt. Die Nervenzelle verarbeitet und übersetzt ankommende elektrische Signale in auszusendende elektrische Signale. Eine Nervenzelle *(Abb. 18)* besteht aus dem Zellkörper mit bestimmten Fortsätzen, den Dendriten, und einem besonderen, oft langen, meist verzweigten Fortsatz, dem Axon; dies ist die Nervenfaser, über die Signale ausgesendet werden. Wird an der Stelle, wo Axon und Zellkörper verbunden sind, ein elektrischer Spannungspuls ausgelöst, so läuft dieses elektrische Signal das Axon entlang bis zu seinem Ende, ähnlich dem Lauffeuer an einer Zündschnur; nur hat die Nervenzelle die Fähigkeit, die »Zündschnur« schnell zu regenerieren, so daß bald danach der nächste Spannungspuls durchlaufen kann. So werden von einer Nervenfaser Spannungspulse von einer Tausendstelsekunde Dauer übertragen, die in kurzen Zeitabständen, bis zu einigen Hundert pro Sekunde, aufeinander folgen können. Der einzelne Spannungspuls, der die Faser entlangläuft, ist ein »Alles-oder-Nichts«-Signal; die Höhe des Pulses und seine Dauer sind immer gleich.

Nervenzellen: Schaltelemente der Informationsverarbeitung

Das Nervensystem empfängt Information von der Außenwelt durch elektrische Signale, die von Sinneszellen der Augen, Ohren und anderer Organe auf Nervenzellen übertragen werden; ausgehende Signale wirken von Axonen der Nervenzellen auf das System der Muskeln ein und lösen dort geordnete Folgen von Kontraktionen aus, die Bewegungen, Handlungen, im weitesten Sinn des Wortes das »Verhalten« ergeben. Im zentralen Nervensystem enden Axone aber in der Regel am Zellkörper oder den Dendriten anderer Nervenzellen; die meisten Verschaltungen in höheren Organismen sind die von Nervenzellen untereinander.

Die Übertragung der Signale von einer Nervenzelle auf die andere wird durch eine spezielle verbindende Struktur, die Synapse, ermöglicht, die ein Axonende einer Zelle mit dem Zellkörper oder einem Dendriten einer anderen Zelle verknüpft. Ist ein Spannungspuls am Ende des Axons an einer Synapse angelangt, so löst er dort eine Serie physika-

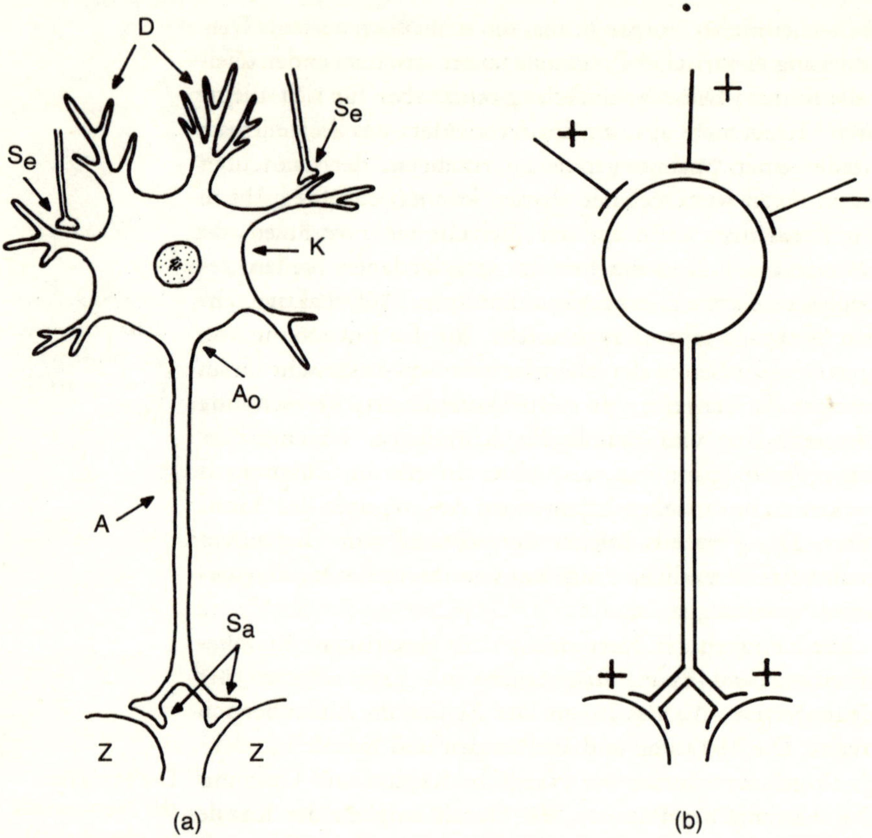

Abb. 18: **Die Nervenzelle** (Abb. a) besteht aus einem Zellkörper (K) und Fortsätzen, den Dendriten (D), sowie einem besonderen, oft langen, manchmal verzweigten Fortsatz, dem Axon (A). Ein elektrischer Reiz an der Ansatzstelle des Axons am Zellkörper, A_O, löst dort ein kurzzeitiges elektrisches Signal aus, das dann das Axon entlang bis zu dessen Ende läuft. Dort verbinden Synapsen S_a das Axon mit Dendriten oder Zellkörpern von Zielzellen Z. Diese können z. B. Muskelzellen sein; im Gehirn sind es in der Regel andere Nervenzellen.

Auf jeder Nervenzelle kommen im allgemeinen Signale an, die von Axonen anderer Nervenzellen über Synapsen S_e auf die Dendriten oder den Zellkörper übertragen werden. Dort lösen sie unter bestimmten Bedingungen neue Signale aus, die dann über das Axon an andere Nervenzellen weitergegeben werden. Die einzelne Nervenzelle verrechnet also eingehende in ausgehende elektrische Signale. Dabei sind sowohl aktivierende (+) als auch hemmende (–) Wirkungen beteiligt, wie dies in (b) schematisch skizziert ist.

lisch-chemischer Vorgänge aus, die schließlich zu einer Veränderung elektrischer Potentiale in der anschließenden Zielzelle führen. Diese Veränderung reicht aber für sich alleine in der Regel nicht aus, um am Axonansatz der Zielzelle nun wieder einen Spannungspuls zu erzeugen, der dann über deren Axon weitergeleitet werden könnte; das geschieht in der Regel nur, wenn auf der Zielzelle *mehrere* Pulse von *verschiedenen* Nervenzellen an verschiedenen Stellen des Zellkörpers etwa gleichzeitig ankommen. Außer aktivierenden Synapsen gibt es auch solche, die die Entstehung von Spannungspulsen in der Zielzelle hemmen. Insgesamt findet in einer Nervenzelle eine relativ komplizierte Verrechnung der zeitlichen und räumlichen Korrelation verschiedener *eingehender* Spannungspulse statt, die erst im Zusammenwirken zu elektrischen Effekten am Ansatzpunkt des Axons führt. Das Ergebnis solcher *Verrechnung* von Eingangssignalen ist die zeitliche Folge der von ihrem Axon *ausgesendeten* Spannungspulse.

Die Funktion der Nervenzelle ist physikalisch erklärbar

Die Fähigkeit der Nervenzellen zur elektrischen Reizverarbeitung und Reizleitung beruht auf Eigenschaften der Zellmembran, die das Innere der Zelle vom Außenbereich trennt. Die Membran enthält Pumpen und Kanäle für elektrisch geladene Ionen wie Natrium, Kalium und Calcium. Die Aktivität der Pumpen, die Durchlässigkeit der Kanäle werden ihrerseits durch die Konzentrationen der Ionen im Innen- und Außenmedium beeinflußt – und zwar so, daß sich der Ionentransport durch die Membran über eine kurze Zeit selbst verstärken kann. Darauf beruht es, daß eine elektrische Veränderung am Ansatz des Axons, die von eingehenden Signalen herrührt, einen kurzen, aber relativ starken Spannungspuls auszulösen vermag, der dann am Axon bis zu seinem Ende weiterläuft. Die dabei beteiligten Mechanismen sind weitgehend bekannt und aufgrund der gewöhnlichen physikalischen Chemie verständlich; auch die Chemie der synaptischen Übertragung von aktivierenden und hemmenden Reizen vom Axonende auf die Zielzellen ist aufgeklärt. Physikalisch versteht man die Nervenzelle als Schaltelement der Informationsverarbeitung.

Sind auf dieser Grundlage auch die Fähigkeiten des Gesamtsystems der Nervenzellen im Gehirn zu erklären? Die verschiedenen Funktionen hängen von bestimmten, recht komplizierten Verschaltungen der Nervenzellen ab, die bislang nur unvollständig bekannt sind. Es lassen sich aber auch ohne Detailkenntnisse sehr allgemeine mathematisch-physikalische Gründe dafür angeben, daß Gehirnfunktionen im Prinzip auf einer physikalischen Basis zu verstehen sind. Alles, was formalisierbar ist, ist nämlich auch mechanisierbar. In anderen Worten: was man mit klar definierten Begriffen als Folge gedanklicher Operationen beschreiben kann, ist auch physikalisch durch geeignete Verschaltungen von Bauelementen der Informationsverarbeitung realisierbar. Dieser Satz gilt zunächst für Computer aus digitalen Bauelementen. Jedes seiner Elemente hat zwei Zustände, ähnlich wie ein Lichtschalter, die man mit »an« und »aus«, oder – was auf dasselbe hinausläuft – mit »ja« und »nein« bezeichnen kann. Welchen Zustand ein Element annimmt, hängt von den Signalen »an« oder »aus« ab, die von anderen Bauelementen eingehen. Nun ist es möglich, die Verknüpfung von Eingangs- und Ausgangssignalen in den Bauelementen so zu konstruieren, daß sie elementaren logischen Verknüpfungen wie »und« bzw. »oder« entsprechen. Man braucht hierzu nur das Ausgangssignal »an« davon abhängig zu machen, ob die Eingangssignale zusammengenommen bestimmte Schwellwerte überschreiten. Das Ausgangssignal wird wiederum an andere Bauelemente als Eingangssignal weitergegeben und dort weiter »verrechnet«. Insgesamt bilden die Bauelemente ein Netzwerk der Informationsverarbeitung auf der Grundlage von »Ja«-»Nein«-Entscheidungen. Man hat nun mathematisch bewiesen, daß *jede* logische Operation, die sich überhaupt formal genau beschreiben läßt, auch durch physikalische Prozesse von einem in geeigneter Weise konstruierten Netzwerk aus digitalen Bauelementen ausgeführt werden kann.

Was formalisierbar ist, ist mechanisierbar

Ist dieser wichtige Satz sinngemäß auf Nervennetze übertragbar? Der Axonansatz einer Nervenzelle kann ja ebenfalls zwei Zustände einnehmen – ein Spannungspuls wird ausgelöst oder nicht. Diese »Alles-oder-Nichts«-Reaktion hängt von den Eingangssignalen ab, die am Nervenzellkörper von anderen Zellen zu etwa gleicher Zeit ankommen; übersteigen sie in ihrer Gesamtwirkung einen Schwellwert, so wird ein Spannungspuls ausgelöst und über das Axon als Ausgangssignal weitergegeben. Die Mathematiker McCulloch und Pitts haben ein Modell eines Nervennetzes entworfen, in dem die einzelne Nervenzelle eine ganz ähnliche Rolle spielt wie ein digitales Bauelement in einem Computer. Derartige Nervennetze könnten im Prinzip jede formal beschreibbare mathematisch-logische Operation ausführen. Allerdings kann man zunächst einwenden, daß das Modell dem wirklichen Nervensystem nicht gerecht wird, weil dort die Informationsverarbeitung nicht auf dem einfachen digitalen Alles-oder-Nichts Prinzip beruht und auch noch in anderer Hinsicht wesentlich verschieden von der digitaler Computer ist. Im allgemeinen werden nämlich von einer Nervenzelle dichte Folgen von Pulsen abgegeben, und es scheint eher deren *Frequenz* und nicht der einzelne Spannungspuls zu sein, worin die Information enthalten ist. So löst ein Lichtreiz hoher Intensität in einer Sinneszelle hohe Frequenzen, ein Reiz niederer Intensität entsprechend niedrige Frequenzen von Spannungspulsen aus, und es sind diese Frequenzen, die im Gehirn weiter verarbeitet werden. Nun ist aber auch die Fähigkeit der Frequenzverrechnung aufgrund der physikalischen Eigenschaften von Nervenzellen zu verstehen, wenn man die physikalisch-chemischen Prozesse der Erzeugung und Fortleitung elektrischer Signale an den Membranen der Zelle näher analysiert. Die Möglichkeiten der Verrechnung schließen Grundoperationen wie Addition und Multiplikation ein. Damit wiederum können nach mathematischen Regeln elementare logische Verknüpfungen wie »und« bzw. »oder« gebildet werden. Mit Ketten aus derartigen elementaren Verknüpfungen ist dann ebenfalls *jeder* formal-logische Prozeß ausführbar. Diese Überlegung besagt nun keineswegs, daß es die Hauptfunktion der Nervenzellen ist, Frequenzen zu addieren und zu multiplizieren; sie zeigt aber, daß das Repertoire der einzelnen Nervenzelle als Schaltelement der Informationsverarbeitung jedenfalls reicher und nicht ärmer ist als das der Bauelemente digitaler Computer. Also gilt der Satz »alles,

Nervenzellen verrechnen Frequenzen

was formalisierbar ist, ist im Prinzip auch mechanisierbar«, der zunächst für digitale Verrechnungen bewiesen wurde, erst recht für Systeme von wirklichen Nervenzellen, die in geeigneter Weise miteinander verschaltet sind.

Wie allerdings Nervennetze tatsächlich funktionieren, ist noch weitgehend offen. Viele Unterschiede zu digitalen Computern zeichnen sich bereits ab. Im Gehirn sind Nervenzellen nicht so genau angeordnet und verknüpft wie Computerelemente. Genauigkeit der Funktion wird oft erst dadurch erreicht, daß an einem Prozeß eine größere Anzahl von Zellen teilnimmt, deren Kooperation die Ungenauigkeiten in der Funktion der Einzelzellen statistisch ausgleicht. Verschaltungen zwischen Nervenzellen sind nicht in jedem Fall ein für allemal festgelegt, sie können neu gebildet, gefestigt, geschwächt oder gelöst werden. Das Nervensystem ist flexibler als ein Computer mit fest verdrahteten Bauelementen. Im Gehirn verlaufen viele Prozesse der Informationsverarbeitung gleichzeitig – »parallel«. Im Gegensatz dazu vollziehen die meisten technischen Computer im allgemeinen einen Schritt nach dem andern; allerdings werden auch schon »Supercomputer« konstruiert, die, ähnlich wie das Gehirn, als »Parallelrechner« angelegt sind. Auf das Nervensystem wirken Hormone und andere biochemische Stoffe, die die Aktivität des Gesamtsystems – oder bestimmter Teile davon – erhöhen oder erniedrigen. Manche dieser Stoffe werden im Nervensystem selbst erzeugt, sind also logisch durchaus Bestandteile der Informationsverarbeitung im Gehirn.

Gehirne und Computer

Je weiter die Hirnforschung fortschreitet, desto länger wird vermutlich die Liste dessen, was Gehirne von bestehenden Computern unterscheidet. Wenn man das Gehirn nach und nach besser kennenlernt, so kann man allerdings auch wieder Computer neuer Bauart produzieren, die dem Prinzip des Gehirns besser angenähert sind; was immer an der Gehirnfunktion formal wirklich verstanden wird, ist auch durch geeignet konstruierte Computer realisierbar.

Die allgemeine Erkenntnis, daß mit Nervenzellen als Elementen der Informationsverarbeitung bei geeigneter Verschaltung alle formalisierbaren Prozesse ausführbar sind, begründet die Erwartung, daß jede formal beschreibbare Fähigkeit des Gehirns auf einer physikalischen Grundlage erklärbar ist. Offen bleibt zunächst, ob wirklich alle interessanten Eigenschaften des menschlichen Gehirns formalisierbar sind. Das Wissen um die Erklärbarkeit der formalisierbaren Eigenschaften ist überdies noch nicht die Erklärung selbst. Nur die inhaltliche Forschung kann die Bau- und Funktionsprinzipien sowie Grenzen der Fähigkeiten des Gehirns aufzeigen.

Gehirnfunktionen: Formale und physikalische Erklärungen

Diese Forschung nimmt hauptsächlich zwei Wege: Zum einen studiert man die Anatomie der Verschaltungen und die Verarbeitung elektrischer Signale durch einzelne Typen von Nervenzellen und in einzelnen Bereichen des Nervensystems. Zum anderen konstruiert man formale Modelle, die wesentliche Fähigkeiten des Gehirns wie Gestaltwahrnehmungen oder Verhaltenssteuerungen wiedergeben; schließlich versucht man, beide Zugänge zu verbinden – also Funktionen des Gehirns durch physikalische Prozesse der Signalverarbeitung in und zwischen Strukturen des Nervensystems zu erklären. Dies ist bei niederen Organismen in einigen exemplarischen Fällen gelungen. Für das Gehirn höherer Organismen ist das Verständnis der Funktion noch recht begrenzt, wenngleich die Forschung jedes Jahr beträchtliche Fortschritte macht. Die Schwierigkeiten auf diesem Weg sind vorwiegend methodischer Art. Das Gehirn ist ein kompliziertes System mit vielen Querverbindungen – direkt oder indirekt ist alles mit allem verknüpft; daher ist auch die Zuordnung bestimmter höherer Funktionen zu bestimmten Teilstrukturen des Gehirns oft schwierig, manchmal sogar begrifflich unmöglich. Die folgende kurze Skizze erläutert Beziehungen zwischen Arealen des Nervensystems und ihrer Funktion an einigen ausgesuchten, aber wichtigen Beispielen.

2. Architektur und Funktion des Gehirns

Schichtstrukturen im Gehirn der Wirbeltiere

Nervenzellen im Gehirn der Wirbeltiere bilden mehrschichtige Strukturen von einigen Millimetern Dicke. Die Schichten sind gekrümmt und gefaltet, sie haben die Form von Säcken, Röhren, Bläschen. Sie ergeben eine Art Berg- und Tallandschaft, wie man sie zum Beispiel in anatomischen Modellen des menschlichen Gehirns unter der Schädeldecke sieht *(Abb. 19)*. Für die höheren Funktionen des Gehirns der Säugetiere sind drei Bereiche besonders wichtig: zum einen das Stammhirn, dann das »limbische System«, eine Ausbildung des Vorderhirns, und schließlich die Großhirnrinde, die beim Menschen einen besonders großen Teil des Gehirns ausmacht. Sie besteht aus etwa sechs übereinander liegenden Zellschichten, eingebettet in einen dichten Faserfilz. Außerhalb dieser Schichtstruktur (die die Zellkörper der Nervenzellen enthält und die »graue Masse« im Gehirn bildet) verläuft eine Vielzahl von Nervenfasern (die »weiße Masse« des Gehirns). Die Fläche der Großhirnrinde, denkt man sie sich auf einer Ebene ausgebreitet, beträgt bei höheren Affenarten etwa 1/20, beim Menschen 1/5 Quadratmeter. Die Gesamtfläche ist in verschiedene Teilgebiete unterteilt, die sich voneinander in der Funktion, teilweise auch im anatomischen Aufbau unterscheiden. Es scheint, daß sich innerhalb eines Funktionsbereiches jeweils Zellgruppen mit gleichen lokalen Verschaltungen oft wiederholen. Darüber hinaus gibt es Fernverbindungen: Nervenzellen einer bestimmten Schicht eines Funktionsgebietes senden Fasern aus; sie durchziehen das Gehirn, breiten sich in einem anderen Funktionsgebiet aus und bilden innerhalb desselben räumlich geordnete Verknüpfungen mit Zellen einer bestimmten Schicht.

Die Funktion verschiedener Hirnbereiche wurde mit einer Reihe von Verfahren ermittelt. So analysierte man die Beziehungen zwischen der Reizung von Sinnesorganen und Aktivitäten im Gehirn, sowie die Relationen zwischen Aktivitäten im Gehirn und Bewegungen bzw. Bewegungsabläufen. Manche innere Zustände, wie zum Beispiel verschiedene Arten der Aufmerksamkeit, werden durch elektrische und chemische Aktivitäten charakterisiert, die von außen meßbar und dabei – in Grenzen – innerhalb des Gehirns lokalisierbar sind. Wesentliche Erkenntnisse über den Funktionszusammenhang zwischen Teilgebieten des Gehirns lassen sich gewinnen, indem man die Verschaltung der einzelnen Teilbereiche am anatomischen Verlauf der Fasern im Nervensystem studiert.

Funktionen von Teilbereichen des Gehirns

Derartige Beobachtungen ergaben in vielen Fällen enge Beziehungen zwischen bestimmten Bereichen und Funktionen des Nervensystems. (Einige hiervon sind – am Beispiel der Großhirnrinde des Menschen – in der *Abb. 19* skizziert.) In mehreren Gehirnteilen – im Stammhirn, im limbischen System und in der Großhirnrinde – gibt es Stellen, die elektrisch reagieren, wenn bestimmte Sinnesorgane (Auge, Ohr usw.) gereizt werden. Gewisse Bereiche des Großhirns reagieren auf Reizung der Tastorgane der Haut – die Reizung einer bestimmten Stelle der Körperoberfläche ergibt eine Reaktion an einer bestimmten Stelle innerhalb des »sensorischen« Hirngebiets. Auf diesem ist die Körperoberfläche jeweils in der natürlichen Anordnung von Kopf bis Fuß, wenn auch in verzerrtem Maßstab, »abgebildet«, und zwar mehrfach nebeneinander. Vermutlich gibt es eine solche Abbildung auch im limbischen System und im Stammhirn. Hinsichtlich des »motorischen« Aspekts, der Kontrolle der Muskelbewegungen durch das Gehirn, findet sich ebenfalls eine Art Repräsentation des Körpers in einem Teil des Gehirns: Reize in einem bestimmten Teilgebiet der Großhirnrinde führen zu Kontraktionen bestimmter Muskeln, und die Reizgebiete sind im Gehirn in ähnlicher Weise angeordnet wie die Teile des Körpers. Daneben gibt es Areale des Gehirns, die an der Vorbereitung und Koordination von Muskelaktivitäten für zielgerichtete, »willentliche« Bewegungen beteiligt sind.

Beispiel: Sehbereiche

Relativ gut kennt man die räumliche Ordnung im Gehirn in bezug auf das Sehen. Die Sehnerven, die von der Netzhaut des Auges ausgehen, erzeugen zunächst eine Art Zwischenbild auf einem bestimmten Bereich des Stammhirns. Die Signale werden dort verrechnet und durch Nerven des Stammhirns auf einen Bereich des Großhirns übertragen,

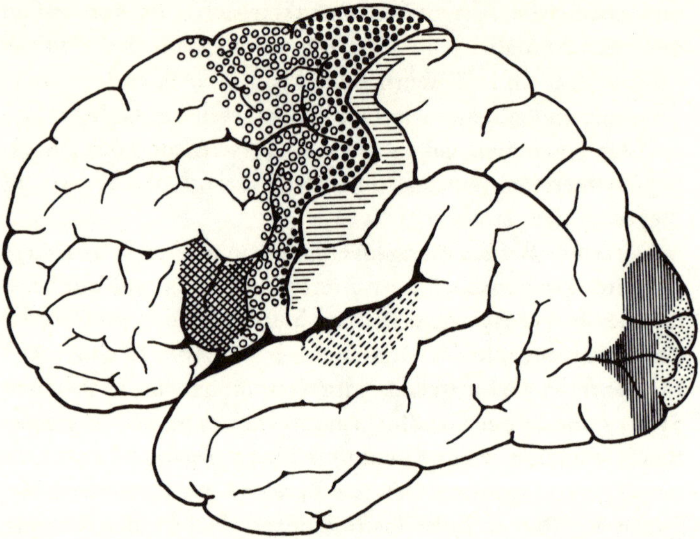

Abb. 19: **Funktionsbereiche des Großhirns.** Die Abbildung gibt schematisch das menschliche Großhirn von links wieder – die linke Bildseite zeigt daher den vorderen, die rechte den hinteren Hirnteil. Markiert sind nur einige von vielen bekannten Funktionsbereichen: primärer Sehbereich; hierauf werden die Signale von der Netzhaut des Auges (über eine Schaltstelle außerhalb des Großhirns) übertragen. In der Nachbarschaft liegen verschiedene weitere Sehbereiche, in denen eine Projektion des Sehfeldes – mit verschiedenen Graden von Genauigkeit – nachweisbar ist. Vermutlich erfolgen in den verschiedenen Sehbereichen zeitlich parallele Verrechnungen der visuellen Information zur Abstraktion und Identifikation der jeweils gesehenen Gestalt. Hörbereich, ein Sprachbereich, dessen Schädigung zu Sprachstörungen führt. Diese Wirkung tritt spezifisch bei Schädigungen der linken Gehirnhälfte auf. Die Entdeckung des Sprachbereichs zeigte schon vor über hundert Jahren, daß Funktionen im Großhirn lokalisiert sind und daß die linke Gehirnhälfte andere Funktionen hat als die rechte. In dem durch bezeichneten Streifen ist das Körpergefühl repräsentiert: Reize in bestimmten Bereichen der Körperoberfläche ergeben elektrische Aktivitäten in bestimmten Bereichen dieses Streifens; die Repräsentation des Körpers erfolgt dabei von Kopf (Seite) bis Fuß (im Scheitel). Eine ähnliche Anordnung gilt für den motorischen Bereich, dessen Reizung zu Muskelkontraktionen in verschiedenen Körperteilen führt. Neben diesem primären gibt es sekundäre motorische Bereiche, in denen willentliche Bewegungen und komplizierte Bewegungsabläufe vorbereitet

und gesteuert werden. Die Abbildung zeigt nur wenige der bekannten Funktionsbereiche. Wichtige Funktionen des Großhirns sind Integration, Abstraktion und Assoziation. Der vordere Teil des Großhirns (im Bild links) ist vermutlich an der Planung und zeitlichen Ordnung von zielgerichteten Handlungen beteiligt; auch er ist in verschiedene Funktionsbereiche unterteilt, die unter verschiedenen Bedingungen aktiv werden.

---

den »primären Sehbereich«. Belichtet man ein punktförmiges Gebiet im Sehfeld des Auges, so wird auch nur eine sehr kleine Stelle innerhalb des primären Sehbereichs elektrisch aktiv. Nervenfasern aus der Netzhaut *projizieren* also – über Zwischenstufen im Stammhirn hinweg – auf den primären Sehbereich des Großhirns, sie bilden sozusagen die Netzhaut auf einem Bereich des Großhirns ab. Der primäre Sehbereich besteht aus vielen gleichen oder ähnlichen Untereinheiten. In jeder dieser Untereinheiten gibt es verschiedene Zellgruppen, die unter verschiedenen Bedingungen aktiv werden: Manche sprechen auf Hell-Dunkel-Kontraste an, manche auf Lichtbalken bestimmter Orientierung. Solche Kontrast- und Richtungssensoren tragen dazu bei, aus der optischen Information des Sehfeldes Konturen und Gestalten zu ermitteln.

In Nachbarschaft zum primären Sehbereich des Großhirns befindet sich eine Reihe weiterer Bereiche, die etwas mit dem Sehen zu tun haben; auch dort erfolgt eine Projektion des Sehfeldes, wenn sich auch die Genauigkeit der Punkt-zu-Punkt-Abbildung verliert. Ferner findet man Verknüpfungen zu Hirnbereichen, in denen keine Projektion, keine Abbildung des Sehfeldes mehr nachweisbar ist. Zwischen verschiedenen Bereichen bestehen Nervenverbindungen häufig in *beiden* Richtungen. Vermutlich wird die über das Auge aufgenommene Information des Sehfeldes in verschiedenen Gebieten des Gehirns unter ständigem Informationsaustausch *zeitlich parallel* verarbeitet. Dabei werden die Sinneseindrücke schließlich in ihrer Gesamtheit so abstrahiert, daß das Tier Gestalten erkennen, gesehene Objekte und Situationen identifizieren kann. Es scheint sogar einzelne Zellen bzw. Zellgruppen im Gehirn zu geben, die spezifisch auf bestimmte Gestaltmerkmale (wie Hand oder Gesicht) reagieren.

Ähnlich wie für das Sehen kennt man auch Hirnbereiche für das Hören, Riechen und Schmecken. Daneben existieren integrierende Areale, in denen Reize aus verschiedenen Sinnesorganen miteinander verarbeitet werden, etwa Tasten *und* Sehen. Schließlich gibt es weite Bereiche, denen man die höheren »assoziativen« Funktionen des Gehirns zuschreibt. Durch sie werden die Informationen der spezialisierten Hirnbereiche abstrahiert und integriert, werden komplexe Verhaltensabläufe vorbereitet und hinsichtlich ihrer zeitlichen Abfolge geregelt. Der Assoziationsbereich des Großhirns ist bei niederen Säugetieren relativ klein, während er bei Menschenaffen (und erst recht bei Menschen) den größten Teil des Gehirns überhaupt ausmacht.

Repräsentation des eigenen Zustandes im Gehirn

Zielgerichtetes Verhalten höherer Tiere beruht nicht zuletzt auf der Repräsentation des eigenen Zustandes des Tieres im Gehirn – wobei die Repräsentation nicht bildhaft sein muß, sondern auch sehr abstrakt sein könnte. Der eigene Körperzustand wird vom peripheren Nervensystem an das Gehirn zurückgemeldet. Wärmefühler der Haut signalisieren die Temperatur, und bestimmte Nervenzellen an den Gelenken melden die Stellung der Körperteile zueinander und damit die räumliche Konfiguration des Körpers an das eigene Gehirn zurück.

Von besonderer Bedeutung für das Verständnis der Gehirnfunktion sind zentrale Zustände, die an der Auslösung und Steuerung des Verhaltens beteiligt sind – wie Aufmerksamkeit, Wachen und Schlaf, besonders aber Gefühlszustände wie Hunger, Freude oder Angst. Viele unserer Kenntnisse hierüber beruhen auf Beobachtungen an Tieren. Strenggenommen kann man dabei Gefühle nur indirekt ermitteln.

Angst, Aufmerksamkeit und andere zentrale Zustände

Der objektiven Analyse bei Tieren ist zunächst das Verhalten zugänglich, wie etwa Hungerverhalten, Durstverhalten, Wutverhalten, Schmerzverhalten usw. Aus dem Verhalten schließt man auf zentrale Zustände des Gehirns wie Hunger, Durst, Wut und Schmerz. Wir Menschen erleben solche Zustände an uns selbst unmittelbar, wir fühlen sie. Weil höhere

Tiere so vieles mit Menschen gemeinsam haben, schließen wir auch bei Tieren von ihrem Verhalten auf »wirkliche« Gefühle.

Hirnstrukturen und Gefühle

Intuitiv würde man Gefühle mit dem »Gesamtzustand« des Nervensystems in Verbindung bringen. Dennoch läßt sich nachweisen, daß Gefühlsreaktionen in vielen Fällen von sehr eng umschriebenen Bereichen des zentralen Nervensystems abhängen. In einem Teil des Stammhirns, dem Hypothalamus, gibt es Unterbereiche, deren elektrische Reizung ein kompliziertes Verhaltensmuster auslöst, etwa Hungerverhalten oder Durstverhalten, obwohl die körperlichen Bedingungen dem gar nicht entsprechen; auch das voll gesättigte Tier frißt maßlos, und das physiologisch in seinem Wasser- und Salzhaushalt ausgeglichene Tier trinkt gierig. In anderen Bereichen des Gehirns führt Stimulierung zu Aggressivität, zu Wutreaktionen mit Drohgebärden und gesträubtem Fell. Es gibt Teile des Nervensystems, deren Reizung zu einer Art Lustverhalten führt – ein Tier, das Gelegenheit hat, sich durch Tastendruck selbst zu stimulieren, tut dies bis zur völligen Erschöpfung. Es wählt zwischen einem Futterkäfig ohne Taste und einem leeren Käfig mit Taste den letzteren, es läuft über elektrisch geladene Gitter hinweg, um das Ziel der Stimulierung zu erreichen. In einem nicht unbeträchtlichen Teil des Gehirns wird bei Stimulierungen ein Wiederholungsdrang ausgelöst; in besonders starkem Maße gilt das für Teilbereiche des Hypothalamus, die man daher als Lustzentren bezeichnet hat. In anderen Teilbereichen führt Reizung zu Vermeidungsreaktionen, was auf so etwas wie Unlustzentren schließen läßt. Aus solchen Experimenten kann man aber nun nicht etwa folgern, daß Lust und Unlust, Aggression und Wut vollständig in kleinen Teilen des Gehirns lokalisiert sind. Das entsprechende Verhalten wird im Gegenteil von Wirkungen mitbestimmt, an denen viele Bereiche des Gehirns beteiligt sind. So werden zum Beispiel bestimmte Gefühlsausdrücke enthemmt und anderweitig beeinflußt, wenn die Großhirnrinde geschädigt ist. Sowohl das Stammhirn als auch andere Hirnbereiche tragen zum Gefühlsausdruck bei, jedoch ist der Beitrag im Stammhirn besser lokalisierbar als anderswo. Der

Lust und Unlust: Hypothalamus als Schaltstelle

Hypothalamus mit seinen Lust- und Unlustzentren erscheint eher als zentrale Schaltstelle für Vorgänge in weiten Hirnbereichen und nicht als der eigentliche und ausschließliche anatomische Sitz von Lust und Unlust.

Auch Wachen und Schlafen entsprechen letztlich verschiedenen Zuständen des ganzen Gehirns. Sie werden zwar gleichfalls von einem bestimmten Teil des Stammhirns reguliert, jedoch sind für beide Zustände jeweils elektrische Signalfolgen charakteristisch, die weite Bereiche des Gehirns durchziehen. Man kann sie ohne weiteres außerhalb des Gehirns durch Elektroden ableiten. Aus der Form dieser Signale kann man in einfacher Weise schließen, ob ein Tier (oder ein Mensch) schläft und in welcher von einer Reihe verschiedener Schlafphasen es (oder er) sich befindet.

Chemische Signale im Nervensystem

Die Analyse von Gehirnprozessen wäre unvollständig, wenn man sie auf die elektrische Signalübertragung im Nervensystem beschränken würde, denn die Funktion des Nervensystems wird auch durch spezifische chemische Stoffe beeinflußt. Dies gilt besonders für Vorgänge, die auf dem Zusammenwirken vieler oder aller Hirnbereiche beruhen. Bestimmte Nervenzellen schütten Hormone aus, bestimmte Hormone wirken auf das Nervensystem zurück. In verschiedenen Teilen des Gehirns sind chemisch verschiedene Stoffe an der direkten Übertragung elektrischer Signale von einer Zelle auf die andere beteiligt. Vermutlich gibt es eine Vielzahl von Substanzen, die die Aktivität der Nervenzellen und ihre synaptischen Verbindungen aktivierend oder hemmend beeinflussen. Die bekannten Wirkungen von Schmerz-, Schlaf- und Betäubungsmitteln sowie verschiedener Drogen zeigen, daß der Zustand des Gehirns auf raffinierte Weise biochemisch regelbar ist. Auch im Gehirn selbst werden schmerzhemmende Stoffe erzeugt, die dann auf Zellen des Gehirns zurückwirken. Einer der Mechanismen biochemischer Regelung besteht vermutlich darin, daß Schwellwerte für die Auslösung von Spannungspulsen bei der elektrischen Signalübertragung durch chemische Stoffe hinauf- oder herabgesetzt werden; auf diese Weise kann die Aktivität des Gehirns insgesamt oder in bestimmten Teilbereichen beeinflußt werden.

Das Langzeitgedächtnis ist kaum lokalisierbar

Besonders viel Mühe ist auf das Problem des Gedächtnisses verwendet worden. Dabei stellte sich heraus, daß es im Gehirn keine eng lokalisierten Informationsspeicher für bestimmte Gedächtnisinhalte gibt. Dies würde man zunächst nicht erwarten; schließlich wird ja das Ergebnis von Lernprozessen in irgendeiner stabilen, aber dennoch schnell abrufbaren Form im Gehirn gespeichert. In Analogie beispielsweise zur Zeitung, wo eine Information in der Regel auf einer bestimmten Seite in einem bestimmten Abschnitt zu finden ist, würde man zunächst vermuten, daß eine Gedächtnisinformation in einer kleinen lokalisierten Gruppe von Nervenzellen und deren Verbindungen untereinander enthalten ist. Dann sollten aber auch örtliche Schädigungen des Gehirns in der Lage sein, spezifische Erinnerungen an bestimmte Erfahrungen zu löschen. Gerade das ist aber nicht die Regel. Zwar gibt es lokale Schädigungen des Gehirns, die Gedächtnisvorgänge beeinträchtigen; dabei ist aber im allgemeinen nur die Fähigkeit gestört, *neue* Erfahrungen langfristig zu speichern. Diese Speicherung geht in mehreren Schritten vor sich. Es gibt zunächst eine Kurzzeiterinnerung (Beispiel: wenn es fünf Uhr schlägt, kann man sich etwa zehn Sekunden später fragen, wie spät es ist und nachträglich die Schläge zählen; nach 30 Sekunden geht das schon nicht mehr). Man vermutet, daß während einer kurzen Zeit bestimmte elektrische Erregungsmuster im Gehirn bestehen bleiben. Über eine Zwischenstufe werden dann die unzähligen Eindrücke des Kurzzeitgedächtnisses nach Wichtigkeit oder Häufigkeit sortiert; schließlich wird ein ausgewählter Anteil ins Langzeitgedächtnis übertragen. An der Übertragung ist eine bestimmte Gehirnstruktur (der Hippocampus) beteiligt. Deshalb kann eine Störung in diesem Bereich verhindern, daß *neue* Informationen vom Kurz- in das Langzeitgedächtnis übertragen werden. Es scheint aber nicht möglich zu sein, einzelne Inhalte des Langzeitgedächtnisses an einzelnen Stellen des Gehirns zu lokalisieren: Der Ausfall einer bestimmten Hirnregion führt nicht zur Löschung eines bestimmten Gedächtnisinhaltes.

3. Gedächtnis, Lernen, Verhaltenssteuerung

Neben den Versuchen zur Lokalisierung von Gehirnfunktionen ist ihre formale Beschreibung ein wichtiger Schritt zu einem physikalisch begründeten Verständnis. Da alles, was formalisierbar ist, auch physikalisch verwirklicht werden kann, ist ein formales Modell für eine biologische Leistung ein Beweis dafür, daß diese Leistung im Prinzip in der Reichweite physikalischer Erklärung liegt; vor allem aber sind Modelle wichtige Hilfsmittel, die zur experimentellen Aufklärung und zum theoretischen Verständnis der biologischen Mechanismen beitragen können. Für die verschiedensten Fähigkeiten des Gehirns wurden deshalb formale Darstellungen entwickelt, oft in Form von Schaltbildern. Von besonderem Interesse sind modellmäßige Erklärungen für Erinnerung, Lernen und die Steuerung des Verhaltens.

Gedächtnis: Verknüpfung von Merkmalen

Viele Überlegungen zum Gedächtnis gründen sich auf eine sowohl logisch als auch physikalisch einleuchtende Grundannahme: Langfristiges Gedächtnis ist die Festlegung einer bestimmten Kombination einzelner Merkmale durch bestimmte Verschaltungen von Nervenzellen. Jeder kennt Ratespiele, bei denen ein Begriff (wie Donauschiffahrt, Affenbrotbaum, Langeweile oder Doppelmord) durch eine kurze Serie von Fragen zu ermitteln ist, die jeweils nur zwei alternative Antworten zulassen (ist es groß oder klein, konkret oder abstrakt, lebendig oder tot, männlich oder weiblich . . .?). Man sieht den Begriff also als eine Kombination von Eigenschaften an, die ihm entsprechen oder nicht entsprechen. Es ist erstaunlich, wie wenige Fragen im allgemeinen genügen, um einen Begriff festzulegen. Dies liegt daran, daß man schon mit zehn Fragen, die jeweils zwei mögliche Antworten erlauben, 2^{10} Möglichkeiten unterscheiden kann – das sind etwa 1000 – und mit 20 Fragen läßt sich im Prinzip die richtige Antwort unter einer Million Möglichkeiten herausfinden. Jede Gegebenheit, sei es ein konkretes Ding oder ein abstrakter Begriff, ein Zustand, ein zeitlicher oder ein räumlicher Zusammenhang, läßt sich als spezifische Kombination einer begrenzten Zahl von Eigenschaften auffassen. Man vermutet nun, daß es solche Kombinationen von Merkmalen sind, die im langfristigen Gedächtnis gespeichert werden. Dabei werden nicht etwa Zeitfolgen elektrischer Signale aufrechterhalten, es handelt sich vielmehr um dauerhafte Änderungen der Struktur des Gehirns; die langfristige Erinnerung bleibt nämlich erhalten, wenn man die elektrische Aktivität vorübergehend stillegt. Für eine stabile Speicherung käme die Bildung von Gedächtnismolekülen (zum Beispiel von bestimmten Proteinen mit einer bestimmten Folge von Aminosäuren) in Betracht; es ist aber schwer vorstellbar, daß die in der Sequenz der Bausteine chemisch gespeicherte Information so unmittelbar und schnell abgerufen werden kann, wie das in Wirklichkeit beim Vorgang der Erinnerung möglich ist. Vermutlich wird der Gedächtnisinhalt auf andere Weise, nämlich durch bestimmte Verschaltungen von Nervenzellen untereinander festgelegt.

Die Speicherung von Information im Gedächtnis könnte erfolgen, indem Nervenzellen durch neu gebildete Synapsen miteinander verbunden werden. Wahrscheinlicher ist es, daß räumlich schon bestehende, aber chemisch wenig oder gar nicht wirksame Synapsen in einen funktionsfähigen Zustand überführt (»verstärkt« bzw. »aktiviert«) werden. Das einfachste Modell wäre, daß jeweils eine bestimmte Gedächtnisnervenzelle in ihrer Nachbarschaft mit verschiedenen Typen von Nervenzellen durch aktive Synapsen verbunden wird, wobei die einzelnen Zelltypen im obengenannten Sinn verschiedene Merkmale repräsentieren.

Das Engramm als Gedächtniseinheit

Eine bestimmte Kombination von Grundmerkmalen wäre auf diese Weise durch eine bestimmte Kombination physikalischer aktiver Verknüpfungen gespeichert; sie bilden ein sogenanntes »Engramm«, das in materieller Form die Gedächtnisinformation enthält. Nun kann zwar dieses einfachste Modell eines Engramms nicht ganz richtig sein, sonst wäre ja, im Gegensatz zu den wissenschaftlichen Ergebnissen, jeder einzelne Gedächtnisinhalt im Gehirn lokalisierbar. Die Lokalisierung ist aber keine logische Voraussetzung für Engramme. Eine Merkmalskombination kann durchaus nach Art eines Fortsetzungsromans auf verschiedene Bereiche des Nervensystems verteilt werden, und die gleiche Information könnte mehrfach repräsentiert sein, so daß ein Ausfall von Teilbereichen des Gehirns die Information im allgemeinen nicht löscht. Darüber hinaus sind theoretisch auch noch kompliziertere Mechanismen denkbar, die Information auf sehr große Bereiche des Nervensystems verteilen; sie sind mathematisch formulierbar, aber schwer in der Umgangssprache darzustellen. Allen diesen Modellen ist gemeinsam, daß im Gedächtnis gespeicherte Information als »Engramm« in elektrisch wirksamen Verknüpfungen im Nervensystem repräsentiert ist, wenn auch vielleicht in einer kompliziert verschlüsselten Form. Diese Speicherung ist stabil und erlaubt dennoch, Information schnell durch elektrische Signale im Gehirn abzurufen.

Engramm im Verknüpfungsmuster der Nervenzellen

Das Konzept des Engramms ist sehr fruchtbar, wenn man Elementarprozesse des Wahrnehmens und Lernens, des assoziativen Denkens und der zentralen Verhaltenssteuerung modellmäßig erklären will. Beim Vorgang der »Wahrnehmung« werden aus Sinneseindrücken durch elektrische Informationsverarbeitung im Nervensystem die Grundmerkmale (»features«) und ihre Kombination ermittelt, die den wahrgenommenen Gegenstand bzw. Vorgang charakterisieren. Die Merkmalskombination kann dann im Gedächtnis abgespeichert, weiterverarbeitet und mit bereits vorhandenen Gedächtnisinhalten verglichen werden. Eine wichtige Leistung des Gehirns ist die Ergänzung unvollständiger Sinneseindrücke zu einer vollständig identifizierten und wahrgenommenen Gegebenheit, zum Beispiel einer ganzen Person aus den gerade sichtbaren Teilen des Körpers. Zur Erklärung genügt eine einfache Annahme: Wenn ein bestimmter Teil der Merkmale einer Merkmalskombination abgerufen wird, werden alle zugehörigen Merkmale mit abgerufen.

Engramme und assoziatives Denken

Auf ähnliche Weise läßt sich assoziierendes Denken verstehen, das räumlich und zeitlich zusammenhängende oder strukturell verwandte Gegebenheiten miteinander verknüpft. Die Suche nach »verwandten« Gedächtnisinhalten, die bestimmte, aber nicht alle Merkmale gemeinsam haben, ergibt eine Kette von Assoziationen.

Auch Grundprozesse des Lernens lassen sich als strukturelle Verankerung von Merkmalskombinationen im langfristigen Gedächtnis auffassen. Ein einfaches Beispiel ist ein

Modell für assoziatives Lernen: Wenn zwei untereinander verbundene Zellen A und B unabhängig voneinander mehrere Male zur gleichen Zeit gereizt werden, so wird die Verbindung zwischen A und B verstärkt; danach ergibt eine Reizung von A eine Reizung von B selbst dann, wenn die direkte Reizung von B ausbleibt. Auf diese Weise lassen sich einzelne Merkmale ebenso wie Gruppen von Merkmalen untereinander verknüpfen, der Lernvorgang führt zur Assoziation. Auch für Lernen durch Erfolg lassen sich Modelle konstruieren, die allerdings etwas komplizierter sind als die für assoziatives Lernen.

Assoziatives Lernen

Was geschieht, wenn Gedächtnisinhalte abgerufen werden? Hierfür gibt es eine plausible theoretische Vermutung: Beim *Abrufen* eines Gedächtnisinhalts werden sehr ähnliche Kombinationen elektrischer Signale im Gehirn erzeugt wie diejenigen, die ursprünglich zur *Speicherung* der Gedächtnisinformation geführt haben; demnach wären »Muster« elektrischer Aktivität im Gehirn bei der Erinnerung an ein Ereignis ähnlich denen bei seiner Wahrnehmung. Das würde erklären, warum wir uns – zum Beispiel bildhafte – Vorstellungen von vergangener Wirklichkeit machen können.

Abstraktion

Wesentlich für das Verständnis der Gehirnfunktionen ist auch die Abstraktion, die Anwendung analytischer Fähigkeiten des Gehirns auf die in ihm selbst enthaltene Information. Schon die Wahrnehmung eines Objekts setzt voraus, daß die Sinneseindrücke im Gehirn abstrahiert werden. Eine Klassifizierung nach Gemeinsamkeiten verschiedener Gestalten (wie sie etwa mit dem Begriff »Baum« bezeichnet sind) erfordern höhere Formen der Abstraktion. Sie gibt es vermutlich nicht nur für räumliche, sondern auch für zeitliche Beziehungen, zum Beispiel für Bewegungsabläufe.

Diese wenigen Hinweise sind in naiver Weise skizzenhaft und stoßen natürlich nicht bis auf das Niveau der raffinierten Theorien künstlicher und natürlicher Intelligenz vor, die mit mathematischen Mitteln ausgearbeitet wurden. Schon gar nicht beanspruchen sie, eine Erklärung für die spezifischen Fähigkeiten höherer Tiere zu liefern, die die Verhaltensforschung in zunehmendem Maße aufschlüsselt – insbesondere in bezug auf strategisches Verhalten. Sie sollen aber eine Denkrichtung aufzeigen, die schließlich die modellmäßige Erklärung höherer Gehirnfunktionen aufgrund der physikalischen Eigenschaften des Nervensystems anstrebt.

Man kann elektronische Computer bauen, die verhaltensbiologische Leistungen simulieren. Damit ist nicht gesagt, daß die Leistung des Gehirns wirklich auf den gleichen Schaltschemen beruht, die man im Computer programmiert hat, denn für jedes Problem gibt es ja verschiedene formale wie auch physikalische Lösungsmöglichkeiten. Dennoch: Modelle auf streng physikalischer Grundlage geben biologisches Verhalten in wesentlichen Zügen richtig wieder, und man tut sich mit ihrer Konstruktion meist nicht allzu schwer. Es gibt somit auch bei komplexen Verhaltensweisen keinen erkennbaren Grund, außerphysikalische Einflüsse zu vermuten.

Physik und Hirnfunktionen

4. *Entwicklung des Nervensystems: Angeborene und erlernte Funktionen*

Ein Teil der strukturellen Eigenschaften des Gehirns, die seine Fähigkeiten begründen, ist angeboren, ein Teil durch Lernen nach der Geburt erworben. Was von beidem wichtiger ist, Vererbung oder Umwelt, wird nicht selten mit ideologischen Vorurteilen diskutiert. Zwar ist die Fragestellung schwer zu quantifizieren; einige Erkenntnisse und Überlegungen über die Entwicklung des Nervensystems im Embryo und über die Evolution höherer Organismen können aber zu einer Klärung und Objektivierung beitragen.

Mehr Nervenverknüpfungen als Gene

Das Nervensystem höherer Tiere besteht aus Hunderten von Millionen, das des Menschen aus mehr als zehn Milliarden Zellen. Noch viel größer ist die Zahl der Verknüpfungen zwischen den Zellen im Nervensystem: Für das Gehirn des Menschen schätzt man, daß es mehr als tausend Milliarden Synapsen gibt. Die Erbsubstanz des Menschen enthält aber »nur« einige Milliarden chemischer Bausteine – Nukleotide – die vielleicht hunderttausend Gene bilden. Sie reichen bei weitem nicht aus, um alle Nervenverbindungen einzeln festzulegen. Das ist allerdings auch nicht nötig: Viele Verbindungen werden erst nach der Geburt – als Folge von Lernprozessen – geschlossen oder korrigiert; aber auch die Verbindungen, die erblich festgelegt sind, erfordern keineswegs gesonderte Gene für die Spezifizierung jeder einzelnen Verknüpfung. In weiten Bereichen des Gehirns wiederholen sich nämlich immer gleiche Unterstrukturen, die nur einmal genetisch festgelegt werden müssen. Bei manchen Verschaltungen im Nervensystem wird die räumliche Ordnung der Nervenfasern im Ursprungsgebiet – etwa der Netzhaut des Auges – bei der Verknüpfung im Zielgebiet des Gehirns weitgehend beibehalten, der Faserverlauf »projiziert« das Ursprungsgebiet der Fasern auf das Zielgebiet, in Analogie zur Projektion der Fläche eines Diapositivs auf die Fläche einer Leinwand. Informationstheoretisch genügen hierfür nur wenige spezifische Gene, die die »einfache« Anweisung »mache eine Projektion von da nach dort« enthalten.

Entwicklung des Nervensystems

Verschiedene Mechanismen sind an der Weg- und Zielfindung von Axonen bei der Entwicklung des Nervensystems beteiligt. In den Weg- und Zielgebieten gibt es Substanzen, die hinsichtlich des chemischen Typs und der quantitativen Konzentration räumlich geordnet sind und deshalb als Ortsmarkierung dienen können. Auf wachsenden Axonen der Nervenzellen befinden sich vermutlich Suchsubstanzen, die – nach Art bzw. Menge – für Zelltyp und Ort der Ursprungszelle der Faser charakteristisch sind. Die Wechselwirkung von Suchsubstanzen mit Weg- und Zielmarkierungen kann dazu beitragen, Axone zum Ziel zu leiten. Auch die biochemische Wechselwirkung von auswachsenden Fasern untereinander und die Zeitordnung des Auswachsens der Fasern könnten für die Zielfindung eine Rolle spielen. Die Verknüpfung ist zu Anfang nur in groben Zügen festgelegt, die Genauigkeit der Verschaltung wird bei späterem Gebrauch nach Beginn der elektrischen Signalübertragung noch verbessert.

Insgesamt ermöglichen es die Mechanismen der neuronalen Entwicklung, daß eine begrenzte Zahl von Genen ein geordnetes Nervensystem aus vielen Millionen, beim Menschen sogar mehreren Milliarden von Zellen organisiert. Dabei wird nach allgemeinen Konstruktionsprinzipien ein Nervennetz aufgebaut, das vielfältige Prozesse der Informationsverarbeitung ausführen kann. Darüber hinaus legt die DNS aber auch Verschaltungen oder biochemische Eigenschaften des Nervensystems fest, die an der Steuerung von ganz *spezifischem* Verhalten beteiligt sind. So sind zum Beispiel beim Menschen die Ausdrucksformen des Lachens und Weinens angeboren. Bei den einzelnen Tierarten führte die Evolution zu erblich angelegten, aber situationsbedingt ausgelösten Verhaltensmustern; hierzu gehören die Instinkte, bei denen ein einfacher Reiz eine komplizierte Reaktion auslöst. Angeborene Merkmale des Verhaltens gehen aber weit über das hinaus, was man umgangssprachlich als instinktiv bezeichnet. So hat man zum Beispiel für bestimmte Tiere in quantitativen Untersuchungen nachgewiesen, daß sie durch erblich angelegte Verhaltenssteuerung ihre Energie und ihre Zeit »ökonomisch« aufteilen – ökonomisch im Hinblick auf optimale Chancen zur Erzeugung und Aufzucht von Nachkommen.

Angeborene Verhaltensmerkmale

Tatsächliches Verhalten ergibt sich aus einer Kombination von erblichen Eigenschaften und Lernen; die genetisch festgelegten Merkmale können sehr abstrakt und verborgen sein und werden oft nur im Zusammenwirken mit Lernvorgängen ausgeprägt. Während der Evolution gab es reichlich Zeit, um eine sehr weitgehende erbliche Festlegung des Verhaltens durch genetisch programmierte Verknüpfungen im Nervensystem zu erlauben. Welcher Grad der Festlegung sich wirklich eingestellt hat, hängt in erster Linie davon ab, was für die Fortpflanzung der Lebewesen vorteilhaft ist. Ganz formal kann man die Evolution der erblichen Eigenschaften als Lernprozeß ansehen, ebenso gut läßt sich aber auch individuelles Lernen als Evolutionsprozeß auffassen; in beiden Fällen werden nämlich durch Versuch und Irrtum Verhaltensweisen mit nützlichen Folgen selektiv begünstigt. Wegen der formalen Analogie ist es schwer, mit rein formalen Argumenten zu entscheiden, ob Vererbung oder individuelles Lernen für das Verhalten wichtiger ist. Biologische Gesichtspunkte helfen hier weiter: Es wäre ungünstig für ein Lebewesen, wenn es gezwungen wäre, im Laufe seiner individuellen Entwicklung etwas zu lernen, was von den spezifischen Umweltbedingungen gar nicht abhängt. So muß z. B. das gesehene Umfeld in jedem Fall auf das Sehzentrum des Gehirns richtig abgebildet werden. Individuelles Lernen ist mit Irrtümern verbunden, die auch tödlich sein können; daher ist es ein Vorteil für den Organismus, daß die Projektion vom Auge in das Gehirn wenigstens in groben Zügen genetisch programmiert und nicht erst durch Lernen erworben wird. Entsprechendes gilt auch für viele andere Verschaltungen im Nervensystem. Andererseits würde es sich für den Organismus negativ auswirken, wenn selbst solche Verhaltensweisen angeboren wären, die nur in bestimmten Situationen das Überleben fördern, in anderen aber nicht. Wenn Flexibilität ein Vorteil ist, lohnt sich der Aufwand und das Risiko des individuellen Lernens. Über das tatsächliche Verhältnis von Vererbung und Lernen für die Erzeugung von Verschaltungen im Nervensystem – und somit auch für das Verhalten – ist noch wenig bekannt. Das quantitative Verhältnis ist aber in jedem Fall selbst ein Ergebnis der Evolution. Im Gegensatz zu niederen Formen des Lebens müssen höhere Organismen mit einer sehr variablen Umwelt zurechtkommen; für sie ist hohe Lernfähigkeit – verbunden mit einer Ausweitung der Qualität der Informationsspeicherung und -verarbeitung im Nervensystem – ein großer Vorteil. In besonderem Maße trifft dies für den Menschen zu, der unter extrem verschiedenen Umweltbedingungen zu existieren vermag.

Anteil des Lernens am Verhalten ist Ergebnis der Evolution

5. Der Mensch – objektiv betrachtet

Entwicklung des Menschen

Seit vor etwa fünf bis fünfzehn Millionen Jahren die Linie, die zur Evolution des Menschen führte, von der anderer Primaten abzweigte, war die weitere Entwicklung vorwiegend durch die Ausbildung geistiger Fähigkeiten charakterisiert. Das Volumen des Gehirns nahm weiter zu, die sozialen Beziehungen wurden reicher, Flexibilität und Lernfähigkeit größer. Schon vor einigen Millionen Jahren verwendeten Vormenschen künstliche Werkzeuge, wie etwa behauene Steine mit scharfen Kanten. Auch der Gebrauch des Feuers ist seit mehr als einer Million Jahren verbürgt. Diese Fertigkeiten sind keine angeborenen »Instinkte«, sie müssen vielmehr über viele Generationen hinweg durch Nachahmung und Belehrung weitergegeben werden. Dies setzt vermutlich wenigstens die Anfangsformen der menschlichen Sprache voraus. Schon vor mehreren hunderttausend Jahren bemalten und schmückten Vormenschen ihre Toten. Das Bewußtsein des Todes deutet auf ein Verhältnis zur Zukunft über die ganze Lebensspanne hin, weit über den Alltag oder das Jahr hinaus.

Die heutige Menschenart, der sogenannte Cro-Magnon-Typ, ist vermutlich keine 100 000 Jahre alt und herrscht seit etwa vierzigtausend Jahren vor. Seither hat es keine sehr ausgeprägten, für uns erkennbaren Änderungen der Biologie des Menschen mehr gegeben, die seine elementaren Fähigkeiten wesentlich erweitert hätten.

Seit 40 000 Jahren: Homo Sapiens

Seit 40 000 Jahren hinterläßt der gegenwärtige Menschentyp Zeugnisse der Religion, der Kunst und der Weiterentwicklung technischer Fähigkeiten. Ursprünglich lebte er vom Jagen und Sammeln; er jagte in der Gruppe, baute Fallen, verwendete Stein- und Knochenwerkzeuge zum Zerlegen der Tiere und für andere Zwecke, legte Kleidung an, baute Hütten. Die bekanntesten Kunstwerke sind die Höhlenmalereien der europäischen Eiszeit. Sie dienten kultischen Zwecken und zeigen Tiere, seltener Menschen, oft aber auch abstrakte, für uns nicht mehr entzifferbare Zeichen.

Die größte Erfindung: die Landwirtschaft

Vor zehntausend Jahren wurde die Landwirtschaft erfunden. Die Menschen hielten Haustiere, brannten Waldstücke nieder und säten Samen von Gräsern aus in der Erwartung, mehr zu ernten, als sie gesät hatten. Viel mehr als das Dreifache wird es zu Beginn nicht gewesen sein; dennoch dachten sie so stark »strategisch« in die Zukunft, daß auch in Hungerjahren das Saatgut nicht gegessen wurde – andernfalls wäre die Landwirtschaft schnell zu Ende gewesen. Mit dieser »neolithischen Revolution« entstanden neue, mehr an der Fruchtbarkeit als am Jagdglück orientierte Kulte, geschlossene Siedlungen, immer bessere Techniken der Herstellung und des Gebrauchs von Werkzeugen sowie ein Fernhandel mit Steinen für Klingen und für Schmuck. Das Ergebnis der »neolithischen Revolution« war eine Bevölkerungsexplosion, bei der sich die Weltbevölkerung mindestens verzehnfacht hat.

Vor fünftausend Jahren entstanden die ersten Hochkulturen mit einer universellen Schrift, städtischen Siedlungen, Arbeitsteilung und einem ausgebildeten Rechts- und Herrschaftssystem. Damit endet die Vorgeschichte, und es beginnt die geschriebene Geschichte.

Lernen, sprachliche Tradition und strategisches Denken

Diese ganze Kulturentwicklung setzt die Fähigkeit des modernen Menschentyps voraus, komplizierte Erfindungen, Neuerungen und Erfahrungen von einer Generation auf die nächste zu übertragen und auf diese Weise nahezu unbegrenzt zu tradieren. Sie beruht darauf, daß der Mensch abstrakte allgemeine Zusammenhänge erkennt, sich bis in die frühe Kindheit erinnert, und mit anderen so gut kommunizieren kann, daß er aus *deren* Erfahrung lernt; er schließt eine die ganze Lebenszeit umfassende Zukunft in das planende Denken ein und teilt sich in einer Sprache, in der man fast alles sagen kann, seiner Umwelt, besonders der nachfolgenden Generation mit. All dies setzt Eigenschaften des menschlichen Gehirns voraus, die sich im Laufe der biologischen Evolution entwickelt haben. Zwar können schon manche Arten höherer Tiere einfache Erfahrungen an Artgenossen weitergeben, und Vormenschen besaßen die Fähigkeit des Tradierens bereits in erheblichem Ausmaß – zunächst zur Unterhaltung des Feuers, später auch hinsichtlich ritueller Handlungen. Möglicherweise hatten sie sogar eine Kulturgeschichte in dem Sinne, daß sich ihre Fähigkeiten durch Lernen und Tradition von Generation zu Generation ständig verbesserten. Aber auch wenn es schon früh solche Vorformen kultureller Entwicklung gegeben hat, so wurden sie jedenfalls immer noch von der biologischen Evolution durch Mutation, Rekombination, Selektion überholt: nämlich durch die Entstehung des biologisch neuen, heutigen Menschentyps, der sich in Folge seiner erblich verankerten Eigenschaften in der Population vor etwa vierzigtausend Jahren durchsetzte, weil sein Gehirn *noch* größere Fähigkeiten des Lernens, Tradierens und Planens hatte. Seitdem aber dominiert umgekehrt die Kulturgeschichte über alle biologischen Veränderungen. Kulturen entstehen und verändern sich in dramatisch kurzen Zeiträumen, oft in wenigen Generationen, in denen eine nennenswerte biologische Evolution gar nicht möglich wäre.

Der Behauptung, daß die biologisch begründeten Fähigkeiten des heutigen Menschentyps sich in den letzten vierzigtausend Jahren *nicht* wesentlich geändert haben, stehen scheinbar die großen technischen Fortschritte der historischen Epochen im Vergleich zur vorgeschichtlichen Zeit entgegen. Dies ist aber ein zweifelhaftes Argument. In den ersten dreißigtausend der vierzigtausend Jahre, in denen der moderne Menschentyp die Erde bewohnte, lebte er vom Jagen und Sammeln; die gesamte Weltbevölkerung war damals vermutlich nicht größer als einige Millionen. In diesen dreißigtausend Jahren lebten etwa tausend Generationen und daher insgesamt einige Milliarden Menschen, nicht viel mehr als allein in unserem Jahrhundert. Die begrenzte Zahl von Menschen vollbrachte unter widrigen Umständen ungeheure Leistungen. Sie besiedelten die Trockenzonen und den Wald, die Eisregion und die Tropen; erfanden ständig neue Techniken, entwickelten viele ausgebildete Kulte und Kunstformen; und schließlich erfanden sie die Landwirtschaft, die größte aller menschlichen Leistungen, solche der Neuzeit eingeschlossen. Nichts deutet darauf hin, daß dazu weniger Geist gehörte als für die moderne Technik.

Kulturgeschichte charakterisiert die Gattung Mensch

Die Fähigkeit, komplexe neue Kenntnisse und Fertigkeiten annähernd unbegrenzt zu tradieren, ist eine objektive Eigenschaft, fast eine Definition der Gattung Mensch, die sie von anderen Formen des Lebens unterscheidet. Zu ihrer Entwicklung trug sicher die große quantitative Erweiterung des Repertoires für Abstraktion, Kommunikation und Planung bei, die die Evolution des Menschen charakterisiert. Denkbar ist, daß darüber hinaus auch qualitativ neue Verschaltungsmuster im Gehirn, durch Mutationen erzeugt und durch Selektion erprobt, für die Menschwerdung bedeutsam waren. Diese Annahme ist beim gegenwärtigen Kenntnisstand über die Evolution des Menschen zwar nicht notwendig, aber auch nicht ausgeschlossen, und sie ist unter Gesichtspunkten der Entwicklungsbiologie des Nervensystems durchaus plausibel: Relativ einfache Mutationsschritte könnten unter Umständen ausreichen, um neue Verschaltungen im Nervensystem zu erzeugen, durch die der analytische Apparat des zentralen Nervensystems auf sich selbst anwendbar wird. Gerade damit aber könnten besondere Fähigkeiten der Selbstanalyse und hochgradiger Abstraktion begründet werden. Wie dem auch sei – erst die Verbindung aller Merkmale ergibt die Systemeigenschaften der Gattung »Mensch«, die ihn von den höheren Tieren unterscheiden.

Das Großhirn und die Fähigkeiten des Menschen

Biologisch gesehen beruhen die Fähigkeiten, die den Menschen charakterisieren, zu einem wesentlichen Teil auf Eigenschaften seines Großhirns (*Abb. 19*, S. 194). Das läßt sich besonders gut für solche Funktionen nachweisen, die bevorzugt in einer der beiden Hälften des Großhirns lokalisiert sind. Erfahrungen mit Unfallopfern und anderen Hirngeschädigten zeigen, daß Schäden in der linken Hälfte oft andere Folgen haben als Schädigungen in der rechten. Aufschlußreich sind auch Untersuchungen von Patienten, bei denen aus therapeutischen Gründen die direkten Nervenverbindungen zwischen den beiden Großhirnhälften getrennt wurden; Fähigkeiten der beiden Gehirnhälften erweisen sich dabei als verschieden. Psychophysische Untersuchungen an normalen Menschen ergaben ähnliche Resultate. Es zeigte sich, daß höhere menschliche Fähigkeiten in gewissem Maße unsymmetrisch im Gehirn angelegt sind. Räumliche Vorstellungen und bildliche Darstellungen werden vorwiegend von der rechten Hälfte beeinflußt, während sprachliche Ausdrücke in der linken Hälfte erzeugt und verstanden werden. Schädigungen der Sprachfähigkeit können sehr unterschiedlicher Art sein und den Redefluß, die Grammatik, die Bezeichnung oder den Sinnzusammenhang betreffen. Allgemein scheint die linke Gehirnhälfte mehr die analytischen, die rechte mehr die intuitiven Fähigkeiten des Gehirns hervorzubringen.

Schädigungen in »Assoziationsbereichen« des Großhirns haben oft negative Folgen für *komplexes* menschliches Verhalten. Manche Patienten können nicht Figuren zeichnen, manche vernachlässigen eine Seite des Sehfeldes oder gar des eigenen Körpers. Es gibt Patienten, die sich nicht mehr situationsgerecht verhalten (z. B. Heiterkeit bei einer Beerdigung zeigen) oder ihre Bewegungen im Raum nicht regeln. Manche verwechseln zeitliche Reihenfolgen, können nicht planen, manche vermögen nicht Einsichten und Absichten in Taten umzusetzen, andere lernen zwar eine Strategie des Verhaltens gut, ändern sie dann aber nicht mehr, selbst wenn sie völlig versagt. Dies beobachtet man besonders nach Verletzungen am vorderen Teil des Großhirns.

Teilbereiche und Funktionen des Großhirns

Seit einiger Zeit ist es möglich, von außen – ohne chirurgische Eingriffe – biochemische Aktivitäten verschiedener Hirnbereiche zu messen; dabei zeigen sich ebenfalls enge Zusammenhänge zwischen der Aktivität in Teilregionen der vorderen Großhirnrinde des Menschen einerseits und »höheren« Funktionen andererseits, insbesondere bei Vorgängen wie Denken, Wahrnehmen, willentlichen Handlungen, Erinnern, Rechnen, Unterscheiden, Lernen, Sprechen. Unter gleichen Umweltbedingungen werden verschiedene Hirnbereiche aktiv, je nachdem, worauf man gerade seine Aufmerksamkeit richtet. Der vordere Teil des Großhirns ist an der internen Organisation der Gehirnfunktionen insgesamt beteiligt; er ist wesentlich für die Vorbereitung und zeitliche Ordnung zielgerichteter Handlungen – allgemein gesagt, für geplantes, situationsgerechtes Verhalten.

Geistige Vorgänge beruhen auf physikalischen Hirnprozessen

In Zusammenhang mit unseren wissenschaftsphilosophischen Überlegungen geht es weniger um die Details der Forschungsergebnisse auf diesem rasch fortschreitenden Gebiet der Hirnforschung, sondern in erster Linie um eine allgemeine Erkenntnis, die sich dabei immer mehr verdichtet und konkretisiert: Auch die »höheren« Fähigkeiten des Menschen sind an physikalische Strukturen des Gehirns, ihre Integrität und Funktionsfähigkeit gebunden. Nirgendwo gibt es einen Hinweis, daß bei Prozessen im Nervensystem die Physik nicht gilt. Im Gegenteil, unzählige Untersuchungen der molekularen, elektrophysiologischen und anatomischen Eigenschaften sowohl menschlicher als auch tierischer Nervensysteme lassen die Gültigkeit der physikalisch-chemischen Gesetze für Gehirnprozesse inzwischen schon fast als selbstverständlich erscheinen. Es ist zu erwarten, daß auch geistige Fähigkeiten aufgrund von physikalischen Prozessen der Informationsverarbeitung im Nervensystem erklärbar sind – jedenfalls soweit sie sich überhaupt formal beschreiben lassen. Offen bleibt allerdings die Frage, ob es Eigenschaften des Menschen und seines Gehirns gibt, die sich einer vollständigen formalen Analyse entziehen; dieses Problem wird für die Diskussion des Bewußtseins eine Rolle spielen.

VIII. Physik, Bewußtsein und das »Leib-Seele-Problem«

Die Beziehung zwischen Leib und »Seele«, zwischen der Physik des menschlichen Gehirns und dem unmittelbaren, bewußten Erleben ist das interessanteste, zugleich aber auch das schwierigste Problem im Grenzbereich von Physik und Biologie. Eindeutige Lösungen, oder formale Kriterien für Bewußtsein, sind nicht in Sicht. Alle Erkenntnisse weisen jedoch darauf hin, daß die Physik im Nervensystem vollständig gilt und daß seelische Zustände von Gehirnzuständen abhängig sind. Tragweite und Grenzen einer mathematisch-physikalischen Analyse der Leib-Seele-Beziehung werden am Beispiel bewußter Dispositionen für zukünftiges Verhalten diskutiert. Die Überlegungen zeigen: Es ist keine logische Folge der Gültigkeit der Physik im Gehirn, daß der jeweilige Zustand des Bewußtseins aus Gehirnzuständen in endlichen (»finitistischen«) Verfahren abgeleitet werden kann. Im Gegenteil, es gibt Gründe für die Vermutung, daß besonders bei selbstbezogenen Prozessen im Gehirn eine vollständige »Decodierung« der Leib-Seele-Beziehung prinzipiell unmöglich ist.

1. *Die Leib-Seele-Beziehung als wissenschaftliches Problem*

Problem der Probleme: Was ist Bewußtsein?

Dem Menschen ist sein eigener Zustand im Bewußtsein unmittelbar gegeben, etwa in Form von Gefühlen, Erinnerungen, Absichten, Gedanken, Ängsten. Was ist Bewußtsein? Sicher eine Eigenschaft des Gehirns; also auch ein Ergebnis von physikalisch-chemischen Prozessen im Nervennetz. Erklärt dies aber, warum wir einen unmittelbaren Zugang zu unserem inneren, »seelischen« Zustand haben, oft ohne Vermittlung der Sinne, in der Regel ohne Kenntnis der elektrophysiologischen Vorgänge im Nervensystem? Ist bewußtes Erleben »nichts als« ein Aspekt physikalischer Prozesse im Gehirn, ist die Freiheit unseres Denkens und Wollens eine Illusion? Wie verhalten sich physikalische Gehirnprozesse zu logischem Denken, wieweit kann man das menschliche Gehirn mit einem Computer vergleichen? Wie wirklich sind Ideen? Ist Gefühl wissenschaftlich erklärbar, wie können wir etwas von den Gefühlen anderer wissen . . .? Eine lange Liste von Grundfragen des menschlichen Selbstverständnisses berührt das vielleicht größte und tiefste Problem im Grenzbereich zwischen Naturwissenschaft und Philosophie, den »Weltknoten«, wie Schopenhauer es genannt hat – die Beziehung zwischen »Leib« und »Seele«; 2500 Jahre Geschichte der Philosophie, und doch keine Lösung.

Nun hat die moderne Wissenschaft eine Fülle von Erkenntnissen sowohl über die Psychologie des Menschen als auch über die Struktur und Funktion des Gehirns erbracht; einige Beziehungen zwischen den Eigenschaften, die den Menschen auszeichnen, und ihren neurophysiologischen Grundlagen wurden im letzten Kapitel diskutiert. Dennoch: Nur ein kleiner Teil der psychologischen und biologischen Erkenntnisse gibt etwas für das »Leib-Seele-Problem« her. Es steht auch keineswegs im Zentrum, sondern sehr am Rande des gegenwärtigen Wissenschaftsbetriebes. Es gibt dicke – und gute – Lehrbücher der Psychologie, in deren Sachregister weder »Seele« noch »Glück« vorkommen – Psychologie wird nicht als Wissenschaft bewußten Erlebens, sondern objektivierbaren Verhaltens aufgefaßt. Unter Naturwissenschaftlern gilt das Leib-Seele-Problem als leicht unseriös, und man kann das nachfühlen; die Aussichten sind gering, es in absehbarer Zeit einer ähnlich klaren Lösung zuzuführen, wie dies für gewöhnliche naturwissenschaftliche Fragen des Typs »Was ist Elektrizität?« oder »Warum scheint die Sonne?« möglich war. Andererseits ist aber doch das Interesse an den physikalischen, molekularen und biochemischen Grundlagen der Biologie im allgemeinen und dem Nervensystem im besonderen von dem verborgenen Wunsch geleitet, irgendwie auch dem Problem des Bewußtseins näherzukommen. Wir wollen hier der verbreiteten Tendenz zur Repression dieses Problems nicht folgen. Die Einstellung zum Leib-Seele-Problem berührt unser Selbst- und Weltverständnis nämlich auch dann, wenn wir uns der stillen Annahmen, die wir darüber machen, gar nicht bewußt werden. Das menschliche Denken ist immer unvollständig und anfällig gegen Irrtümer; daraus kann man aber auch den positiven Antrieb gewinnen, die Einstellung zum Menschen und zur Welt auf der Erkenntnisgrundlage der jeweiligen Gegenwart mit den jeweils verfügbaren Mitteln näherungsweise zu suchen. Die Grenzen der Erkenntnis, die dabei zutage treten, sind ja auch Erkenntnisse über uns selbst. Die folgenden Überlegungen stellen einen solchen Versuch dar. Sie beanspruchen nicht, das Leib-Seele-Problem zu lösen. Sie versuchen aber zu zeigen, daß es ein echtes wissenschaftliches Problem ist; und daß es prinzipielle Grenzen der Entschlüsselung der Leib-Seele-Beziehung geben kann, auch wenn die Physik im Gehirn vollständig gilt.

Leib-Seele-Problem im Schatten der Naturwissenschaft

Es ist nicht selbstverständlich, daß Bewußtsein überhaupt eine Eigenschaft des Gehirns ist; wir können nämlich nicht fühlen, daß das Denken im Kopf erfolgt. Im alten Griechenland herrschte die Meinung vor, das Herz sei der Sitz der Seele. Vorher schon wußten es die Ägypter und auch die vorsokratische Schule des Alkmaion von Kroton besser – vermutlich weil sie operative Eingriffe in das Gehirn und ihre Konsequenzen kannten. Die moderne Hirnforschung zeigt in vielen Details, daß Bewußtsein mit Gehirnprozessen eng verbunden ist. Einwirkungen auf die Gehirnfunktion

Bewußtsein erfordert Gehirnprozesse

können zur Bewußtlosigkeit führen. Im Schlaf, einem durch die elektrische Aktivität des Nervensystems wohldefinierten Zustand, ist Bewußtsein eingeschränkt. Drogen, die auf das Gehirn wirken, verändern bewußtes Erleben. Sinnliche Wahrnehmung, wie z. B. das Sehen eines Gegenstandes, wird durch elektrophysiologische Prozesse im Sehbereich des Gehirns verarbeitet und ist zugleich unmittelbar bewußt. Gedanken ebenso wie die Gefühle setzen elektrische Aktivität im Nervensystem voraus.

Bewußtsein erfaßt nur einen kleinen Teil aller Prozesse im Nervensystem: Herzschlag und Atem werden unbewußt geregelt; aber auch der Prozeß des Denkens ist kein vollständig bewußter Vorgang. Wenn man einen Satz denkt oder spricht, wird im Unbewußten bereits der nächste vorgebildet; man beginnt ihn erst, nachdem man »weiß«, daß er wenigstens in seiner Grundstruktur »fertig« ist. Auch die Suche nach Erinnerungen, Zusammenhängen, Einsichten, Problemlösungen erfolgt in erheblichem Maße unbewußt, oft wird erst das Ergebnis durch ein »Aha«-Erlebnis in das Bewußtsein gehoben. Bewußtsein ist also in gewissem Sinne sehr viel weniger als die Summe der aktuell ablaufenden Gehirnprozesse. Dies ist nicht verwunderlich, da ja im Gehirn viele Vorgänge zeitlich parallel stattfinden, das Bewußtsein aber *ein* Strom des Erlebens in der Zeit ist; es muß daher einer Auswahl unter allen parallel verlaufenden Prozessen entsprechen. Für das, was ins Bewußtsein gehoben wird, scheint es eine Sortierung nach Selbstbezogenheit, Wichtigkeit, Ungewöhnlichkeit, Neuheit zu geben. Andererseits ist Bewußtsein aber auch weit *mehr* als eine zeitliche Folge von Momentaufnahmen. Es umfaßt Erinnerungen und Erwartungen, betrifft also Vergangenheit und Zukunft. Auch dies beruht aber auf Eigenschaften des Gehirns. Es enthält ein Gedächtnis, das vergangene Erfahrungen speichert, es kann sich zukünftige Entwicklungen vorstellen, sie bewerten und mögliche Reaktionen darauf planen.

Definition von Bewußtsein ist schwierig

Bewußtsein steht also insgesamt in enger Beziehung mit Gehirnprozessen. Möchte man den Zusammenhang analysieren, so liegt es zunächst nahe, Bewußtsein zu definieren und klare Kriterien dafür zu finden. Das ist jedoch sehr schwierig, wenn nicht unmöglich. Zwar gibt es Eigenschaften, die Bewußtsein charakterisieren – wie die Fähigkeiten der Selbstanalyse und Selbstrepräsentation – aber solche Merkmale lassen sich auch in geeignet konstruierten Computern verwirklichen, ohne daß man ihnen allein deshalb Bewußtsein zuschreiben würde: Selbstbezogene Merkmale sind also notwendige, aber nicht hinreichende Kriterien für das, was wir mit Bewußtsein meinen. Bislang existiert keine Theorie, die allgemein und objektiv zu entscheiden erlaubte, welche Strukturen und Zustände eines Nervensystems unmittelbares bewußtes Erleben hervorbringen. Auch ist nicht bekannt, ob diese Schwierigkeiten im Prinzip in der Zukunft überwunden werden können. »Bewußtsein« ist kein Begriff der gegenwärtigen Physik und ließe sich kaum zusätzlich in ihr Gedankengebäude einfügen. Es ist zwar denkbar, daß eine künftige, erweiterte Physik einmal Bewußtsein erklärt und objektive Kriterien dafür liefert – sehr wahrscheinlich ist das nach dem gegenwärtigen Wissensstand aber nicht. Zudem ist Bewußtsein Grundvoraussetzung jedes Denkens; es ist daher auch vom Standpunkt der Logik aus wenig aussichtsreich, es auf noch ursprünglichere Begriffe und Erfahrungen zurückzuführen. Bewußtsein ist nur durch eigene Selbsterfahrung und die Mitteilung fremder Selbsterfahrung zugänglich. Letzteres erfordert verständliche Sprache und Gestik und ist deshalb auf Menschen und, in defizienter Form, auf höhere Tiere beschränkt. Die Frage, ob auch andere Objekte unserer Wahrnehmung Bewußtsein haben, erscheint grundsätzlich nicht entscheidbar und daher erkenntnistheoretisch wenig sinnvoll.

Bewußtsein als menschliche Urerfahrung

Im Folgenden wird Bewußtsein als eine »Urerfahrung« angesehen, die nicht weiter definierbar ist. Der Begriff wird jedoch weit gefaßt. Er umschließt den ganzen Reichtum der inneren Erfahrung, die man als »seelisch« oder »psychisch« bezeichnet. Dazu gehört auch die Introspektion, die bewußte Analyse des eigenen Bewußtseins.

Eine Voraussetzung dafür, daß das Leib-Seele-Problem überhaupt zum Gegenstand der Wissenschaft gemacht werden kann, ist die »intersubjektive« Vermittlung spezifischer Informationen über fremdes Bewußtsein. Woher kann jeder

Ist seelisches Erleben mitteilbar?

von uns etwas über seelische Vorgänge bei anderen wissen, da sich der unmittelbare Zugang zum Bewußtsein doch jeweils auf uns selbst beschränkt? Man kann theoretisch darüber spekulieren, ob es ganz private Erlebnisse gibt, die gar nicht mitteilbar sind, ob überhaupt Mitteilungen über seelische Zustände vom Empfänger richtig verstanden werden. Diese Zweifel haben eine gewisse Berechtigung, wenn man von seelischen Zuständen hört, die man selbst nie hatte. So ist es für endogen Depressive oft sehr schwer, sich ihrer gesunden Mitwelt wirklich zu erklären. Das ist aber eher die Ausnahme; in der Regel verstehen wir seelische Äußerungen von Mitmenschen ganz gut.

Viele Anstrengungen wurden unternommen, um das Problem der Mitteilbarkeit seelischer Zustände rein logisch und begrifflich zu analysieren und zu lösen. Der Erfolg ist nicht ermutigend; man macht es sich mit diesem Weg aber auch unnötig schwer und unterschätzt den Beitrag, den biologische Erkenntnisse zu einer Lösung beitragen: Der Mensch verfügt über ein zwar kleines, aber doch weitgespanntes Repertoire zum Ausdruck seelischer Zustände, das *angeboren,* also durch seine Gene bestimmt ist. Es umfaßt unter anderem Lachen, Weinen und die Tonlagen der Stimme, die Aggression, Zufriedenheit, Erregung, Angst und andere Gefühle ausdrücken, und darüber hinaus einige mimische Ausdrucksformen wie Stirnrunzeln, das Lächeln und den Augenflirt. Auch die Körperhaltung gehört in dieses Ausdrucksrepertoire. Es ist im Laufe der Evolution entstanden; schon höhere Tiere zeigen Gesten, die auch vom Menschen begriffen werden. In den letzten Phasen der Evolution des Menschen wurde die Differenzierung der Gesichts- und Lautmuskulatur verfeinert. Schließlich entwickelte sich die Sprachfähigkeit, die wichtigste Voraussetzung für kulturspezifisches Lernen. Zwar werden die Begriffe der Sprache erlernt, aber die erste Zuordnung von Begriffen zu seelischem Erleben kann doch auf den elementaren, in der Vererbung verankerten, unmittelbar verstandenen Ausdrucksformen (wie Lachen und Weinen) aufbauen. Sprachliche Bezeichnungen der entsprechenden Zustände sind geeignet, ein zweifelsfrei verständliches Grundvokabular für den seeli-

Elementare Gefühlsausdrücke sind angeboren

schen Bereich zu bilden; wenn man aber erst einmal ein bestimmtes Repertoire von Ausdrücken hat, so läßt es sich auf vielfältige Weise verfeinern, kombinieren, abstrahieren, verändern, verallgemeinern, in Analogieschlüsse einbeziehen; auf solche Weise kann eine Vielzahl von subjektiven, den geistig-seelischen Bereich betreffenden Ausdrücken der Sprache mit spezifischen Bedeutungen gebildet, erlernt und verstanden werden. Sieht man sich das Inhaltsverzeichnis eines Synonymlexikons, des »Roger's Pocket Thesaurus« an, so findet man unter etwa fünfzehntausend registrierten Wörtern der englischen Sprache etwa die Hälfte im Bereich des Objektivierbaren und Formalen, unter Überschriften wie »abstrakte Beziehungen«, »Raum« und »Materie«; etwa die Hälfte gehört dem geistig-seelischen Bereich des Vokabulars an und erscheint unter Überschriften wie »intellektuelle Fähigkeiten«, »Willenskräfte«, »moralische Eigenschaften« und »Gefühle«. Bei genauer Betrachtung kann man zwar die Zuordnung der zweiten Hälfte zu seelischen Vorgängen und Zuständen in jedem Einzelfall noch diskutieren und in Zweifel ziehen, aber selbst bei strengen Maßstäben für das, was »seelisch« ist, bleiben doch Tausende von Ausdrücken übrig, die sicher diesem Bereich angehören. Durch ihre Kombination in Sätzen und Satzgruppen ist die spezifische Mitteilung einer ungeheueren Vielfalt seelischer Vorgänge und Zustände möglich, weit über die elementaren Gefühle wie Hunger, Schmerz oder Müdigkeit hinaus. In der Sprache verfügen wir also über ein fast unbegrenztes Repertoire von Ausdrucksmöglichkeiten, die jeweils sehr subtile Zustände des Bewußtseins wiedergeben.

Die Sprache ist reich an geistig-seelischen Begriffen

Es ist sinnvoll, auf dieses in Ansätzen biologisch begründete, im Detail kulturell bestimmte Ausdrucksrepertoire seelischer Zustände zu vertrauen. Zwar ist die darauf aufbauende »intersubjektive« Erkenntnis nicht ganz so sicher wie die objektive, etwa die Messung des Luftdrucks mittels eines Barometers (wenngleich strenggenommen selbst in diesem Fall ein subjektiver Vorgang – die Wahrnehmung des Zeigerstandes durch den Beobachter – beteiligt ist). Die subjektive Mitteilung seelischer Zustände kann durch Mehrdeutigkeit, Täuschung oder Schweigen manchmal beeinträchtigt

Leib-Seele-Problem: Beziehung zwischen Gehirnzuständen und bewußtem Erleben

werden. Trotz dieser Einschränkungen ist jedoch in der Regel eine ziemlich verläßliche und detaillierte Beschreibung seelischer Zustände möglich. In welcher Beziehung stehen sie zum jeweiligen physikalischen Zustand des entsprechenden menschlichen Gehirns, insbesondere was Verschaltungen von Nervenzellen, elektrische und chemische Signale angeht? Dies ist kein Scheinproblem, man kann es nicht durch erkenntniskritische Analysen zum Verschwinden bringen. Zwar besteht wenig Aussicht, eine objektive Definition, ein Kriterium für Bewußtsein zu finden – und dennoch läßt sich ein wesentlicher Aspekt der Leib-Seele-Beziehung als ein echtes Problem der Wissenschaft definieren:

Wie verhalten sich im Bewußtsein unmittelbar erlebte, sprachlich formulierbare seelische Zustände zu physikalischen Zuständen im Nervensystem?

Diese zentrale Frage hängt unmittelbar mit der Tragweite physikalischer Erklärungen in der Biologie zusammen, dem Grundthema unserer bisherigen Überlegungen. Wenn die Physik vollständig für Gehirnprozesse und Verhalten des Menschen gilt, so muß Verhalten, das ja in physikalisch beobachtbaren Handlungen, Gesten und Aussprüchen besteht, durch Prozesse im Gehirn gesteuert werden, die ihrerseits ausschließlich nach physikalischen Gesetzen ablaufen. Bewußtsein kann nicht *zusätzlich* das Verhalten beeinflussen. Zustände des Bewußtseins, die sich im Verhalten einschließlich der Sprache ausdrücken lassen, müssen deshalb selbst in einer eindeutigen Beziehung zu physikalischen Zuständen des Gehirns stehen. Nur wenn die Physik nicht immer gelten würde, so wären seelische Zustände denkbar, die unabhängig von physikalischen Prozessen entstehen und dennoch auf physikalische Vorgänge der Verhaltenssteuerung einwirken. Diese Alternativen entsprechen zwei Grundthesen zum Leib-Seele-Problem: Der psychophysische Parallelismus besagt, daß der seelische Zustand dem physikalischen Zustand zugeordnet ist; einem physikalischen Gehirnzustand kann nur *ein* bestimmter seelischer Zustand entsprechen. Die Theorie der Interaktion hingegen postuliert eine Einwirkung des (unphysikalischen) Bewußtseins auf das (physikalische) Gehirn; dieses Konzept hat die logische Konsequenz, daß bei einem und demselben physikalischen Gehirnzustand verschiedene Zustände des Bewußtseins möglich sind.

Theorie des psychophysischen Parallelismus

Der zunächst etwas schimmernde, mehrdeutige Ausdruck »Parallelismus« wird hier im Sinne der Definition des Wissenschaftstheoretikers H. Feigl verwendet, dessen Analyse wesentlich dazu beigetragen hat, daß die Leib-Seele-Beziehung wieder als echtes Problem der Wissenschaft angesehen wird. Gemäß der These des psychophysischen Parallelismus ist zwar bei weitem nicht alles, was im Gehirn vor sich geht, bewußt, aber alles, was bewußt ist, entspricht einem bestimmten physikalischen Gehirnzustand. Zeitlich »parallel« zu den elektrischen und chemischen Vorgängen im Nervensystem läuft der Strom des bewußten Erlebens in der Zeit ab. Wenn wir mit unserem Bewußtsein auf das Verhalten einwirken, etwa einen Entschluß fassen und in die Tat umsetzen, so wirkt nicht ein immaterieller Entschluß auf das physikalische Gehirn ein, sondern der Entschluß entspricht selbst einem Gehirnprozeß, der nach den Gesetzen der Physik abläuft und schließlich das Verhalten bestimmt. Die Theorie ist in sich schlüssig und mit der universellen Gültigkeit der Physik vereinbar. Seelische Zustände werden dabei als zentrale Systemeigenschaften des gesamten Nervennetzes aufgefaßt, wie ja auch andere physikalische Systeme – etwa das System der Wassermoleküle, die eine Flüssigkeit bilden – bestimmte Eigenschaften haben, die die einzelnen Bestandteile nicht besitzen; man muß also keineswegs behaupten, psychische Vorgänge seien »nichts als« die *Summe einzelner* elektrischer Vorgänge im Nervennetz. Dennoch spielt im Rahmen des psychophysischen Parallelismus das Bewußtsein mehr die Rolle einer Randerscheinung. Die Beschreibung seelischer Zustände ist allenfalls eine Übersetzung und Interpretation, nicht aber eine Ergänzung einer umfassenden physikalischen Beschreibung. Das Konzept, das den Willensakt selbst als Produkt physikalischer Prozesse ansieht, widerspricht zudem unserer Intuition, daß ein Willensakt unmittelbare und primäre Ursache von Handlungen ist.

Dem psychophysischen Parallelismus steht die Interaktionstheorie gegenüber. Sie geht von der »Urerfahrung« aus,

Theorie der Interaktion seelischer mit physikalischen Vorgängen

daß menschlicher Wille das Handeln beeinflußt: Seelische Vorgänge wirken auf das Gehirn und auf diesem Wege auf den übrigen Körper ein. Deshalb verhält sich der Körper anders, als es ohne seelische Einwirkung der Fall wäre. Dies ist aber nur möglich, wenn durch die Wirkung des Bewußtseins die gewöhnlichen Gesetze der Physik außer Kraft gesetzt sind, wenn nämlich zusätzliche Kräfte und Einflüsse auf das Gehirn einwirken, die es in der gewöhnlichen Physik nicht gibt. In neuerer Zeit hat besonders J. C. Eccles solche Interaktionen postuliert.

Identitätstheorie

Vom philosophischen Standpunkt aus sind psychophysischer Parallelismus und Interaktion keineswegs die einzigen Möglichkeiten, die für eine Theorie der Leib-Seele-Beziehung in Betracht kommen – zumal gegen die begriffliche Struktur des psychophysischen Parallelismus viele Einwände erhoben worden sind. So kann man anstatt von zwei parallelen Vorgängen – physikalischen und psychischen – die Annahme einführen, daß hier nur ein einziger Prozeß abläuft, der aber zwei verschiedene Aspekte hat; diese wiederum erfordern zwei verschiedene Beschreibungsweisen, eine physikalische und eine psychische. Das ist das »monistische« (einheitliche) Konzept, auch »Identitätstheorie« genannt. Diese Theorie wurde in ihrer modernen Form besonders von Herbert Feigl entwickelt und befürwortet; das Leib-Seele-Problem erscheint dabei nicht als Frage nach der Beziehung physikalischer zu psychischen Prozessen, die parallel verlaufen – sondern nach der Übersetzung der physikalischen in die psychische Beschreibung ein und desselben Vorganges. Das Beispiel zeigt, wie ähnliche Grundkonzepte in verschiedener Weise begrifflich erfaßt werden können; die Grundannahme des psychophysischen Parallelismus – psychische Vorgänge sind physikalischen Prozessen eindeutig *zugeordnet* – wird durch die monistische Theorie nur umformuliert, nicht aber wirklich aufgegeben – der Monismus ist dem psychophysischen Parallelismus immer noch eng verwandt.

Der Gegensatz Parallelismus–Interaktion ist somit nicht die einzige, und nicht die philosophisch tiefste Formulierung alternativer Denkansätze zum Leib-Seele-Problem; sie

Begriffliche Raffinessen ergeben keine Lösung

würde der langen Geschichte der Philosophie zu dieser Frage sicher nicht gerecht. Da aber Bewußtsein ohnehin nicht vollständig definierbar und objektivierbar ist, wird man auch von einer Diskussion über den besten begrifflichen Rahmen keine philosophisch konsensfähigen Lösungen erwarten. Das psychophysische Grundproblem läßt sich zwar in verschiedenen Begriffssystemen ausdrücken, beseitigen läßt es sich damit aber nicht; es verhält sich eher wie ein Knoten, der, wenn man ihn von einer Stelle wegschiebt, an anderer Stelle wieder auftritt. Jede Analyse, unabhängig vom gewählten begrifflichen Rahmen, stößt auf die gleiche, entscheidende Frage: Gilt die Physik, oder gilt sie nicht?

Zentrale Voraussetzung: Die Physik gilt im Gehirn

Was die Universalität der Physik angeht, so kann man angesichts der komplexen Wirklichkeit immer die Vermutung einführen, daß in irgendeinem verborgenen Zusammenhang die Physik im Nervensystem vielleicht doch nicht ganz gilt. Wegen der endlichen Möglichkeiten wissenschaftlicher Analyse läßt sich dies niemals mit letzter Sicherheit ausschließen. Dennoch, alle Ergebnisse der Naturwissenschaften weisen darauf hin, daß die Gesetze der Physik den Bereich des objektiv Beobachtbaren voll erfassen; dies trifft auch auf das menschliche Gehirn zu. Ein besseres Verständnis der Leib-Seele-Beziehung ist eher von einer vertieften Diskussion der logischen und erkenntniskritischen Seiten des Problems in Zusammenhang mit psychologischen und biologischen Einsichten zu erwarten als von einem Versuch, die Einheit der Natur in den Grundgesetzen der Physik zu bestreiten.

Bewußtes Erleben: Mit Gehirnprozessen korreliert

Diese Auffassung ist die Grundlage der folgenden Diskussion, in der wir voraussetzen, daß die Physik überall und immer gilt. Zunächst werden wir die höheren Formen des bewußten Erlebens näher umschreiben – also nicht nur unmittelbare Wahrnehmung und Empfindung, sondern Glück und Hoffnung, Erinnerung und Erwartung, und das Verhältnis des Menschen zu sich selbst. Alle Erkenntnisse sprechen dafür, daß bewußtes Denken und Erleben in Beziehung zu Gehirnprozessen steht. Was folgt dann aber wirklich aus der Gültigkeit der Physik im Gehirn? Wäre es im Prinzip möglich, aus einer genauen physikalischen Analyse des Nervensystems eindeutig auf seelische Zustände zu schließen? Es wird gezeigt, daß dem prinzipielle Grenzen gesetzt sein können, die wiederum in engem Zusammenhang mit den Grenzen objektivierender Analyse und formalen Denkens stehen, welche in den ersten beiden Kapiteln erörtert wurden. Als Modellbeispiel für unsere Überlegungen dienen Verhaltensdispositionen – nämlich Tendenzen, Neigungen, Pläne und Strategien eines Menschen im Hinblick auf zukünftiges, zielgerichtetes, erfolgsorientiertes Verhalten. Die Offenheit der Zukunft (begründet in der Quantenphysik), die prinzipielle Endlichkeit jeder Analyse (wie sie der Ansatz zur finitistischen Erkenntnistheorie betont) ebenso wie die Grenzen mathematisch-logischer Entscheidbarkeit (besonders bei der Anwendung logischer Operationen auf sich selbst) gehen in die Überlegungen ein. Sie werden die Vermutung begründen, daß trotz der Gültigkeit der Physik im Gehirn eine vollständige Theorie der Leib-Seele-Beziehung unmöglich ist. Demnach kann bewußtes Erleben über das hinausgehen, was sich *allein* durch eine objektive physikalische Analyse ermitteln ließe. Um dies zu erkennen, muß man nur hinreichend kritisch und bescheiden hinsichtlich der Schlüsse sein, die aus der Gültigkeit der Physik im Nervensystem zu ziehen sind. Dies ist, zusammengefaßt, der Grundgedanke der folgenden Darstellung, den wir nun mit mehr Ausführlichkeit – und mehr Geduld – verfolgen wollen.

Grenzen einer Theorie der Leib-Seele-Beziehung

2. Theorien des Glücks und der Gefühle

Zum unmittelbaren Erleben gehören in erster Linie die Gefühle. Ob und wie der Begriff »Gefühl« in die Wissenschaft eingeführt wird, hängt allerdings von psychologischen Denksystemen und Lehrmeinungen ab – und davon gibt es viele. In seiner elementaren Form ist Gefühl körperliches Empfinden von Lust und Schmerz. Der umgangssprachliche Sinn des Wortes reicht jedoch viel weiter. Wir sind nicht nur hungrig oder satt, wir sind auch ärgerlich oder verliebt, ehrgeizig, hoffnungsvoll, ängstlich, selbstbewußt, stolz, zerknirscht oder zufrieden. Derartige Gefühle sind von unseren Kenntnissen und Gedanken stark abhängig. Sie haben nicht nur eine differenzierte Intensität, sondern auch eine spezifische Qualität, die nur mit dem ganzen Reichtum der Sprache ausgedrückt werden kann.

Gefühle und Gehirnzustände

Gefühle sind mit Vorgängen im Gehirn verbunden. Eine Zuordnung bestimmter Gehirnprozesse zu bestimmten Gefühlen ist aber schwierig. Bekannt ist zwar die Rolle des Hypothalamus als einer Schaltstelle für gewisse Verhaltensweisen der Tiere, die man in Analogie zum menschlichen Erleben mit elementaren Gefühlen der Lust und Unlust verbindet. Für Menschen ist die gefühlsbeeinflussende Wirkung durch Eingriffe in den Hypothalamus auch direkt nachgewiesen. Trotzdem müssen aber noch viele andere Gehirnstrukturen an Gefühlen beteiligt sein. Versuche, den Schmerz im Gehirn zu lokalisieren, hatten keinen befriedigenden Erfolg. Ebensowenig lassen sich zeit- und persönlichkeitsintegrierende Gefühle wie Angst oder Zufriedenheit mit klar umrissenen Teilen des Nervensystems in Verbindung bringen. Alle Gefühle sind aber an die Aktivität des Gehirns gebunden, manche sind zu beeinflussen, etwa wenn Drogen auf das Gehirn einwirken.

Bestimmte Gefühle, zum Beispiel Angst oder Scham, entstehen als Folge von Wahrnehmungen, aber auch von Vorstellungen, die ihrerseits durch Prozesse des Denkens ausgelöst werden können. Dabei werden Hormone ausgeschüttet, die dann Teile des Körpers außerhalb des Gehirns beeinflussen (Beispiele dafür sind die Gänsehaut und das Erröten); solche Veränderungen werden wiederum vom »peripheren« Nervensystem im Körper wahrgenommen und an das Gehirn zurückgemeldet, so daß sie als Körpergefühl erlebt werden. Wegen dieser Rückwirkung hat man die Hypothese aufgestellt, das Gefühl sei *immer* erst das Wahrnehmen der Erregung der Peripherie: Selbst dann, wenn das Gefühl von Gedanken und Vorstellungen ausgelöst wird – das Gefühl selbst »ist« Körpergefühl. Dieses Konzept erwies sich aber als einseitig. Zwar bestimmt in vielen Fällen die Erregung der Peripherie die Intensität des Fühlens; Beobachtungen bei

Gehirnoperationen sprechen jedoch dafür, daß die Reizung bestimmter Hirnregionen auch unmittelbar Gefühle auszulösen vermag. Daß Gefühl nicht mit Körpergefühl allein gleichzusetzen ist, zeigt sich auch, wenn man künstlich solche Hormone verabreicht, die normalerweise als körpereigene Hormone an der Auslösung von Körpergefühlen beteiligt sind. Dann wird nämlich das entsprechende Gefühl meist schwach und nur zum Schein erlebt – man weiß zum Beispiel, daß man nicht wirklich erregt ist, nicht wirklich Angst hat. Nicht nur die Auslösung von Gefühlen, auch das Gefühl selbst kann somit vom Wissen, vom Verstand beeinflußt werden.

Ob Gefühle nun im Einzelfall durch äußere Sinneseindrücke, innere Gedanken oder beides ausgelöst werden, ob sie unmittelbar durch Gehirn-interne Vorgänge erzeugt oder über eine Schleife verstärkt werden, in der Gehirnprozesse zunächst Körpergefühle auslösen, die dann wiederum an das Gehirn zurückgemeldet werden – direkt oder indirekt hängen Gefühle in *jedem* Fall von Gehirnzuständen ab: Alles spricht dafür, daß einem bestimmten Gehirnzustand ein bestimmter Gefühlszustand entspricht.

Das Streben nach positiv erlebten Gefühlen steuert in wesentlichem Maße menschliches Verhalten; danach richtet sich die Bewertung alternativer Handlungsmöglichkeiten in einer gegebenen Situation, die zur Entscheidung für eine bestimmte Handlung führt. Wenn der Begriff »Gefühl« weit gefaßt ist, entsprechen »positiv erlebte Gefühle« dem Sinn, den das Wort »Glück« in der Umgangssprache hat – nicht Glück als günstiger Zufall im Spiel, sondern Glück als seelisches Erleben. Der Begriff schließt alle »höheren« Formen des Glücks ein, wie Zufriedenheit, Freiheit von Angst, Übereinstimmung des eigenen Verhaltens mit den Werten der sozialen Umwelt und der eigenen Einsicht.

Glück und Lust

Die Beziehung der »höheren« Formen des Glücks zu elementaren Gefühlen der Lust und Unlust hat in der Geschichte der Philosophie eine große Rolle gespielt und verschiedene Interpretationen erfahren, von der Betonung des Gegensatzes zwischen Pflicht und Neigung, zwischen Tugend und Affekten, verbunden mit der ethischen Forderung des Vorrangs der Tugend, bis zu der gelassenen Abwägung, die allen Formen des Glücks ihr Recht zuspricht. Im Altertum wurde die erste Auffassung besonders von der stoischen Schule entwickelt und vertreten, die zweite von Epikur und seinen Schülern. Die Stoa sieht die Tugend als Voraussetzung wahrer Glückseligkeit an, erreichbar durch Übereinstimmung mit sich selbst und der Natur, und postuliert die Abkehr von den »niederen« Affekten, leugnet also, daß elementare Lust auch zur »wahren Glückseligkeit« gehört. Epikur hingegen verallgemeinert den Begriff der »Lust« bzw. »Freude« derart, daß sie als die eigentliche Voraussetzung eines glückseligen Lebens aufzufassen ist; das schließt auch die Zufriedenheit als Folge der Übereinstimmung von eigenen Handlungen mit den Werten der Gerechtigkeit und damit letztlich die »Tugend« im Sinne der Stoiker ein. Konflikte im Streben nach verschiedenen Formen der Lust bleiben unbestritten, jedoch werden zeitintegrierende, dauerhafte Freuden wesentlich höher bewertet als vorübergehende Lust. Die Unterschiede zwischen den Auffassungen von Glückseligkeit sind bei näherem Betrachten nicht sehr groß. Intuitiv entspricht die Lehre Epikurs einer vielgepriesenen und vielgescholtenen Lebensbejahung und wird in der Geschichte der Philosophie meist unter der Rubrik »Ethik« besprochen. Für unsere Überlegungen zum Bewußtsein bevorzugen wir seinen Ansatz aus theoretischen Gründen: Es ist biologisch einsichtig, daß sich im Laufe der Evolution des Menschen die Lustfähigkeit in der Richtung einer zeitintegrierenden, auch auf dauerhafte Zustände und nicht nur auf den Augenblick bezogenen Glücksfähigkeit erweitert hat. In diesem Zusammenhang ist der Begriff »Glück« so aufzufassen, daß das Streben nach Glück – im Verhältnis zum Streben nach unmittelbarer Lust – das allgemeinere Prinzip zur Erklärung des menschlichen Verhaltens ist. Die Bewertung alternativer Handlungsmöglichkeiten, die zur Auswahl eines bestimmten, zielgerichteten Verhaltens führt, entspricht dann schlechthin dem Streben nach Glück. Das ist, unabhängig von jeder philosophischen Ethik, eine anthropologisch schlüssige Darstellung menschlichen Verhaltens. Glück in diesem Sinne ist aber nicht nur zentraler Begriff

Glück und Zeitintegration

Verhalten: Streben nach Glück

einer objektiven Darstellung der Verhaltenssteuerung, es wird auch subjektiv besonders intensiv erlebt. Deshalb kann man Voraussetzungen und Eigenschaften des Glücks introspektiv durch Erforschung des eigenen Bewußtseins feststellen. Lassen wir hierzu Epikur selbst zu Wort kommen:

Glückstheorie Epikurs

»Darum behaupten wir, daß die Freude das A und O eines glückselig gestalteten Lebens ist. Sie kennen wir als unser erstes angeborenes (!) Gut, von ihr lassen wir uns bei unserem Streben und Meiden leiten, und nach ihr richten wir uns, alles andere Gut mit ihrem Maßstab messend.«

In den Zustand der Gegenwart geht die Zeitintegration über die Zukunft ein. Gegenwärtiges Glück ist auch Freiheit von Angst vor zukünftigem Schmerz:

»All unser Tun richtet sich jedoch darauf, keinen Schmerz zu erdulden, keine Angst erleiden zu müssen.«

Das Streben nach Glück kann es erfordern, abzuwägen und vorübergehende Unlust bewußt in Kauf zu nehmen:

»Viele Schmerzen bewerten wir sogar höher als Freuden, nämlich dann, wenn auf eine längere Schmerzenszeit eine um so größere Freude folgt.«

Freude entsteht durch Kontrast:

»Schon Brot und Wasser können, wenn man sie zuvor entbehrte, einen Hochgenuß bereiten . . . außerdem läßt nur die Gewöhnung an eine einfache, nicht üppige Lebensweise . . . die reicheren Genüsse, die uns dann und wann einmal geboten werden, um so stärker empfinden.«

Glücksfähigkeit setzt voraus, daß die Erwartungen mit dem Erreichbaren in Übereinstimmung stehen. Dazu kann eine Besinnung auf das Notwendige beitragen:

»Bei allen Begierden muß man sich fragen: Was geschieht, wenn mein Begehren befriedigt ist, was, wenn es nicht befriedigt wird?«

»Wem genug zu wenig ist, dem ist nichts genug.«

Glück ergibt sich nicht nur aus unmittelbarer Lust und der Vermeidung von Schmerz, sondern auch aus dem Gefühl der Zufriedenheit, die die Übereinstimmung mit dem Denken sowie den Ansprüchen der Mitmenschen (Epikur spricht von »Gerechtigkeit« und »Freundschaft«) voraussetzt:

»Die schönste Frucht der Gerechtigkeit ist der Seelenfriede.«

»Die Natur hat uns zur Gemeinschaft geschaffen.«

»Man kann nicht in Freude leben, ohne vernünftig, edel und gerecht zu leben, aber auch umgekehrt kein vernünftiges, edles und gerechtes Leben führen, ohne in Freude zu leben.«

Glück wird durch vorausschauendes, planendes Denken gewonnen:

»Das Dasein des Weisen wird nur in nebensächlichen Dingen vom Zufall gestört, denn die wichtigen, wirklich bedeutenden hat seine Überlegung im voraus geregelt und hält sie auch im Laufe der Zeit in Ordnung.«

Die Theorie Epikurs stellt einen engen Zusammenhang zwischen zielgerichtetem Verhalten und dem Streben nach subjektiv erlebtem Glück her. Natürlich kann man die Steuerung des Verhaltens auch mit den Begriffen der modernen Psychologie beschreiben. Sie versucht, »Emotionen« und »Motivationen« möglichst objektiv einzuführen, im Idealfall als physiologisch definierte zentrale Zustände des Nervensystems. Interessiert man sich aber primär für das subjektive Erleben, so ergeben die älteren Theorien über Lust, Freude, Glückseligkeit trotz der Einfachheit ihrer Sprache, die uns naiv und unwissenschaftlich erscheinen mag, die tiefere Einsicht. Sie besagt: Die Bewertung alternativer Möglichkeiten des Handelns (und natürlich auch des Unterlassens), die zur Auswahl des *objektiv* beschreibbaren Verhaltens führt, stimmt mit dem Streben nach einer besonders intensiv erlebten Qualität des *subjektiven,* bewußten Erlebens, dem Glück, überein. Diese Erkenntnis wäre durch eine rein objektivierende Verhaltensanalyse nicht zu gewinnen – die Introspektion, der unmittelbare Zugang zum eigenen Bewußtsein ist hierzu nötig.

Subjektives Erleben und objektives Verhalten

In einer Hinsicht ist allerdings das epikureische Verständnis des Glücks unvollständig: Es suggeriert mehr Harmonie, als dem Menschen gegeben ist. In ihm streiten sich egoistische mit altruistischen Motiven, kurzfristige Triebe mit langfristigen Zielen, die Vorstellung, die er von sich selbst hat, mit der Vorstellung, die andere von ihm haben, der

Antagonismus verschiedener Triebe, die ein und dieselbe Handlung mitbestimmen, und nicht zuletzt die widersprüchliche Charakteristik der Antriebe selber. Es gibt eben eine Lust an der Gefahr, eine Freude am Kampf, eine Lust an begrenzten Entbehrungen und Aufregungen. In ihrer milden Form lassen sich diese paradoxen Merkmale im Grenzgebiet zwischen Lust und Unlust dadurch erklären, daß sie es erleichtern, Gefahren zu bestehen und Ziele über Hindernisse (»Durststrecken«) hinweg zu verfolgen, aber in ihrer weniger milden Form und im falschen Kontext sind sie eine Hauptursache menschlicher Konflikte und Brutalität.

Grenzen der Harmonie

Die Begrenzung und »Zähmung« der destruktiven Antriebe ist auch eine Aufgabe der politischen Kultur, die in verschiedenen Gesellschaften zu verschiedenen Zeiten der Geschichte mit sehr unterschiedlichem Erfolg erfüllt wurde.

Vermutlich haben Widersprüche in der Bewertung möglichen Verhaltens, wie andere Widersprüche auch, eine Wurzel in solchen Anwendungen von Gehirnprozessen auf Gehirnprozesse, denen bei der formalen Beschreibung Anwendungen von Begriffen auf sich selbst entsprechen. Erwartetes Glück erzeugt unmittelbares Glück, befürchtetes Unglück macht unglücklich, auch wenn das Unglück nie wirklich eintritt. Monotones Glück erzeugt Leere und Unlust, also macht begrenzte Unlust glücklicher als reines Glück: Aussagen dieses metatheoretischen Typs können nicht widerspruchsfrei sein, auch wenn sie der Wahrheit relativ nahekommen. Solche Schwierigkeiten einer Theorie des Glücks sind Hinweise für mögliche Grenzen einer Theorie des Bewußtseins überhaupt.

3. *Charakteristik des Bewußtseins: Zeitintegration, Selbstbezug, Verhaltensdisposition*

Die introspektive Analyse des Glücks wies auf zwei Merkmale hin, die dem Bewußtsein insgesamt eigen sind: Selbstbezug und Zeitintegration. Im Bewußtsein ist eine abstrakte Vorstellung von uns selbst und der Einheit der eigenen Person gegeben. Das Bewußtsein umfaßt nicht nur Gegenwart, sondern auch Vergangenheit und Zukunft.

Was ist Gegenwart?

Schon der Begriff »Gegenwart« ist nicht unproblematisch, und zwar sowohl im Hinblick auf die objektive wie auf die subjektive Seite des Begriffs »Zeit«. In Zusammenhang mit physikalischen Gesetzen wird Gegenwart oft als beliebig kleines Zeitintervall aufgefaßt, eigentlich als Zeitpunkt, der die Vergangenheit von der Zukunft trennt. Je nach der physikalischen Problemstellung kann man »Gegenwart« aber auch als dasjenige Zeitintervall definieren, in dem sich das analysierte System nicht wesentlich verändert. Zu betonen ist, daß der Begriff »Gegenwart« in den physikalischen Grundgesetzen überhaupt nicht explizit vorkommt und auch für deren Interpretation nicht unbedingt notwendig ist. Die Gesetze der Physik erlauben es, aus Kenntnissen über den Zustand eines Systems zu einer bestimmten Zeit Berechnungen über den Zustand zu einer anderen Zeit anzustellen, gleichgültig ob diese Zeiten in der Vergangenheit, Gegenwart oder Zukunft liegen.

Was ist »Gegenwart« im *subjektiven* Erleben? Sicher handelt es sich *nicht* um einen Zeitpunkt in der physikalischen Zeitskala, sondern um ein endliches Zeitintervall. Kann man so etwas wie die »Dauer subjektiv erlebter Gegenwart« angeben? Hierauf gibt es keine eindeutige Antwort. Ein Zeitraum, der für unmittelbar erlebte Gegenwart Bedeutung hat, ist die Dauer des Kurzzeitgedächtnisses – etwa der Zeitraum von einigen Sekunden, in dem man Glockenschläge noch nachträglich zählen kann. Von längerer Dauer sind Stimmungen – Ärger und Aufregung halten einige Zeit an, nachdem der Anlaß vorbei ist. Solche Betrachtungen zeigen, daß subjektiv erlebte Gegenwart Sekunden, Minuten, Stunden dauern kann; eine Definition von Gegenwart, ein befriedigendes Verständnis dieses Begriffs ergeben sie jedoch nicht.

Vergangenheit, Gegenwart, Zukunft nach Augustin

Das tiefste Problem der subjektiv erlebten Zeit liegt aber nicht einmal in der endlichen Dauer der erlebten Gegenwart, sondern in der gegenwärtigen Verfügbarkeit der Vergangenheit, wie sie in der Erinnerung bis in die frühe Kindheit vorhanden ist, sowie in der ebenso gegenwärtigen Erwartung und Planung der Zukunft über den ganzen Zeitraum des endlichen Lebens hinweg. Diese zeitintegrierende Eigenschaft des Bewußtseins hat Philosophen seit dem Altertum bewegt. In neuerer Zeit ist sie besonders in die Begründung der Existenzphilosophie eingegangen. Der Grundgedanke findet sich zuerst bei dem nordafrikanischen Kirchenvater Augustin, eingestreut in seinen sehr persönlichen »Bekenntnissen«:

»Es gibt drei Zeiten, Gegenwart des Vergangenen, Gegenwart des Gegenwärtigen, Gegenwart des Zukünftigen, denn diese drei sind in der Seele, und anderswo sehe ich sie nicht. Gegenwart des Vergangenen ist Erinnerung, Gegenwart des Gegenwärtigen ist Anschauung, Gegenwart der Zukunft ist die Erwartung.«

Zur Zeitintegration über die Vergangenheit schreibt Augustin:

Vergangenheit ist Erinnerung

»Wenn wir das Vergangene wahrheitsgemäß erzählen, holen wir aus der Erinnerung nicht die Dinge selbst hervor, die vergangen sind, sondern nur die Worte, die die Bilder wiedergeben, die jene Dinge im Vorübergehen dem Geiste wie Spuren eingeprägt haben.«

Hier ist mit dem Wort »Spur« schon das Konzept des Engramms angedeutet, das in der modernen Gedächtnistheorie eine so große Rolle spielt.

Die Zukunft ist nicht nur als Erwartung äußerer Ereignisse in der Gegenwart enthalten, auch Pläne für eigene zukünftige Handlungen sind im Bewußtsein gegenwärtig:

Zukunft ist Erwartung und Planung

»So viel weiß ich ... daß wir häufig unsere künftigen Handlungen im voraus überlegen und daß diese Vorausschau gegenwärtig ist, während die Handlung selbst, die wir vorher überlegen, noch nicht ist, weil sie zukünftig ist.«

Die Gegenwart von Erinnerung und Erwartung, von Vergangenheit und Zukunft im bewußten Denken steht keineswegs im Widerspruch zur physikalischen Zeit, wie sie als fortlaufender Parameter in den Grundgesetzen vorkommt, denen alle physikalischen Objekte gehorchen. Jedes physikalische System der Informationsverarbeitung, schon jeder einfache Computer verfügt über ein Gedächtnis, das Informationen in Form von »Engrammen« in physikalischen Strukturen abrufbar festlegt. Darin sind nicht nur Informationen über die Vergangenheit enthalten, es können auch Voraussagen und Pläne für die Zukunft gespeichert werden, die der Computer zuvor erzeugt hat. Entsprechende Fähigkeiten hat auch das physikalische System »Nervennetz« im Gehirn, auf dessen Funktion die bewußten Denkprozesse beruhen.

Zeitintegration im Bewußtsein steht also nicht im Widerspruch zu physikalischen Gesetzen. Sie ist im Gegenteil für ein Verständnis der Beziehung zwischen physikalischen Prozessen im Gehirn und bewußtem Erleben von besonderer Bedeutung. Deshalb soll sie etwas näher umschrieben werden: Wir können uns die Wirklichkeit vorstellen, die Vergangenheit kann aus der Erinnerung in Gedanken wiederholt und abgewandelt werden, und mögliche Zustände und Szenen in der Zukunft sind Gegenstand unseres Denkens und unserer Phantasie. Dazu müssen Objekte und Lebewesen im Gehirn repräsentiert sein, sowohl was ihre Erscheinung als auch was ihre Dynamik, ihr Verhalten, ihre Veränderung in der Zeit angeht. Auch Symbole, Ideen und andere Produkte höherer Formen der Abstraktion (wie die Zahlen und ihre Eigenschaften) sind im Gehirn repräsentiert. Die Repräsentation der Wirklichkeit und ihrer Dynamik im Gehirn ist die Grundlage des »strategischen Spiels« als Vorbereitung für zielgerichtetes Verhalten. *Verschiedene mögliche* Ereignisse werden *gedanklich* mit verschiedenen Verhaltensweisen beantwortet, um diejenigen Verhaltensmerkmale zu bestimmen, die zum angestrebten Ziel führen. Dieses »strategische Spiel« wird nicht nur aus aktuellem Anlaß gespielt; es findet wohl fast ständig statt, so daß auch und gerade in Zeiten der Muße und Entspannung, vermutlich sogar im Schlaf, unbewußt neue Möglichkeiten erprobt und gegebenenfalls als Lösungsmöglichkeiten bewußt werden. Auf höheren Ebenen der Abstraktion gibt es auch Spiele ohne unmittelbare Zwecke, zum Beispiel die Suche nach verborgenen Regelmäßigkeiten und Zusammenhängen mit den Mitteln der Mathematik, Naturwissenschaft und Kunst; auch damit kann das Repertoire für die Lösung wirklicher Probleme in der Zukunft erweitert werden. Eines der Motive der wissenschaftlichen Grundlagenforschung – jede Erkenntnis

Zeitintegration im Bewußtsein und strategisches Denken

kann irgendwann nützlich werden – gilt eigentlich für alles »spielerische« Denken und Tun; die Entdeckung verborgener Regelmäßigkeiten und Zusammenhänge wird auch ohne unmittelbaren Nutzen als lustvoll erlebt.

Abstraktion der Wirklichkeit, Abstraktion der Abstraktion

Für das menschliche Denken ist nicht nur die abstrakte Repräsentation der Wirklichkeit im Gehirn charakteristisch; die Abstraktion selbst kann wiederum Gegenstand der Abstraktion werden. Das gilt auch für Gedächtnis und Erinnerung. Wir wissen etwas, aber wir wissen außerdem, worüber wir etwas wissen. Es gibt nicht nur Gedächtnisinhalte, sondern auch eine Art Register davon, vielleicht sogar Register von Registern, die nach bestimmten Merkmalen abgerufen werden können. Das Gedächtnis enthält außer Erinnerungen an die Vergangenheit auch Strategien für die Zukunft, die im Gehirn zunächst erzeugt und dann gespeichert wurden. Wenn es, wie anzunehmen, auch hierüber Register gibt, so ermöglicht dies eine Abstraktion von Qualitäten der Strategien insgesamt für mögliche künftige Situationen. Ist diese Qualität bewußt, so trägt sie zum psychischen Zustand der Gegenwart – zu Angst und Hoffnung – bei. Die Anwendung der analytischen Kapazität des Gehirns auf seinen eigenen Gehalt (durch Abstraktion der Abstraktion, Register von Registern, Abstraktion von Merkmalen in Registern) hat aber nicht nur eine extreme Ausweitung der Möglichkeiten logischen Denkens und der Gewinnung allgemeiner Lösungen von Problemen zur Folge; sie enthält auch die Gefahr offener und verborgener Widersprüche, die bei jeder Art von Selbstanwendung auftreten können und mit denen man sich auseinandersetzen muß, wenn man Fähigkeiten des menschlichen Gehirns und ihre Grenzen verstehen möchte.

Repräsentation der eigenen Person im Gehirn

Neben Zeitintegration und Abstraktion ist die Selbstrepräsentation von besonderer Bedeutung für die Funktion des Gehirns und das Verständnis des Bewußtseins. Wir sind uns unserer selbst bewußt, in der Erinnerung verfügen wir über unsere eigene Vergangenheit, während sich Hoffnung, Angst, Erwartungen, Wünsche und Phantasie auf den eigenen Zustand in der Zukunft beziehen. In beiden Zeitrichtungen – Vergangenheit und Zukunft – sind wir also in unserem eigenen Gehirn repräsentiert. Diese Repräsentation ist nicht eine bildhafte Kopie des Menschen im Menschen und beschränkt sich nicht auf seine Haltung und Stellung im Raum. Sie schließt seelische Zustände und Vorgänge ein, wie vergangene Gefühle und Gedanken, erwartetes, befürchtetes oder erhofftes Erleben in der Zukunft. Der eigene Zustand läßt sich im Prinzip als Kombination von Eigenschaften beschreiben, wobei »Ich« mit zahlreichen Merkmalen assoziiert ist. Die einfachste Hypothese zur Selbstrepräsentation wäre, daß im Gehirn eine Gedächtniseinheit »Ich« viele – nicht alle – Merkmale verknüpft, die die Person hat – Merkmale ihres Gehirns eingeschlossen. Im »strategischen Spiel« werden in bezug auf verschiedene mögliche Umweltereignisse verschiedene mögliche Reaktionen durchgespielt und deren Konsequenzen ermittelt. Auf diese Weise werden Strategien bestimmt, die zu erwünschten Merkmalen des zukünftigen »Ich« und der Umwelt führen. Die Repräsentation des eigenen Zustandes im Gehirn und der Regeln für seine Veränderung in der Zeit sind wesentliche Voraussetzungen für effiziente Strategien menschlichen Verhaltens.

Selbstrepräsentation und strategisches Denken

Nun ist die Selbstrepräsentation zwangsläufig unvollständig und anfällig gegen Widersprüche: unvollständig deshalb, weil das Gehirn ebensowenig wie irgendeine andere materielle Struktur ein vollständiges Bild seiner selbst enthalten kann. Das vollständige Bild müßte das Bild im Bild und deshalb auch das Bild im Bild im Bild einschließen . . . und eine solche Verschachtelung ist nicht unbegrenzt möglich, sie scheitert spätestens an der atomaren Struktur der Materie. Widersprüche ließen sich noch ausschließen, wenn die Repräsentation des eigenen Zustands im Gehirn nur die räumliche Stellung und Haltung des Körpers und dazu einen kleinen abgegrenzten Teil der im Gehirn gespeicherten Information betreffen würde. Erfaßt sie aber gerade solche Information, die für die Verhaltenssteuerung wichtig ist, so ist dies ausgesprochen widerspruchsanfällig – eine Repräsentation dieser Art müßte weitgehend auch sich selbst zum Inhalt haben, und das ist immer nur unvollkommen möglich. Eine widersprüchliche Selbstrepräsentation, ein falsches oder in wesentlichen Aspekten unvollständiges Bild des Menschen von sich selbst kann zu Irritation und Frustra-

Selbstrepräsentation ist anfällig gegen Widersprüche

tion, zu Fehldispositionen für die Zukunft, zu Konflikten mit der Umwelt und dadurch zu schweren seelischen Störungen führen.

Die Auswahl einer bestimmten Handlungsweise beruht auf einer Bewertung verschiedener Verhaltensmöglichkeiten: Sind die voraussehbaren Konsequenzen jeweils erwünscht oder nicht? Solche Bewertungen stehen in Zusammenhang mit dem Begriff des »Glücks«. Diesen Begriff hatten wir im Sinne der Theorie Epikurs so umfassend definiert, daß das Streben nach Glück mit der Bewertung alternativer Handlungsmöglichkeiten übereinstimmt – Glück nicht nur als Lust und Abwesenheit von Schmerz, sondern auch als positiv erlebte Übereinstimmung mit den Werten der sozialen Umwelt und mit Werten aus eigener vernünftiger Einsicht. Das »Ich« fühlt sich glücklich, wenn es sich selbst als »gut« erlebt. Erneut stößt man hierbei auf ein Feld möglicher Widersprüche – sowohl zwischen verschiedenen Bewertungen als auch zwischen dem erlebten Bild und dem Wunschbild, das der einzelne von sich selbst hat.

Insgesamt zeigt jede introspektive Analyse des Bewußtseins die große Bedeutung der Merkmale Selbstbezug und Zeitintegration. Deshalb wollen wir die Leib-Seele-Beziehung am Fall »höherer« Gehirnfunktionen diskutieren, für die Zeitintegration und selbstbezogene Prozesse eine Rolle spielen. Hierfür eignen sich besonders die Absichten, Pläne, Neigungen, Strategien, die im Bewußtsein – und somit im physikalischen Zustand des Gehirns – *gegenwärtig* sind, die sich aber auf *zukünftige* Situationen und Handlungen beziehen. Man kann sie insgesamt als (gegenwärtige) »Dispositionen« für (zukünftiges) Verhalten ansehen.

Definition und Logik von »Dispositionen«

Nun ist eine solche, weit gespannte, auf die geistigen Fähigkeiten des Menschen ausgerichtete Auffassung des Begriffs »Verhaltensdisposition« nicht die einzig mögliche Definition. Das Wort »Disposition« läßt sich verschieden weit interpretieren. Im Prinzip kann jede Eigenschaft eines Objekts, die sich nur unter bestimmten Bedingungen zeigt, als Disposition aufgefaßt werden; ein Beispiel ist die Disposition von Kochsalz, sich in Wasser zu lösen. Bei Tieren ist Angst eine Disposition zur Flucht, beim Menschen die

Kenntnis einer Fremdsprache eine Disposition dafür, diese Sprache in geeigneten Situationen zu sprechen. In der Verhaltensforschung erweitert die Einführung von Dispositionen den begrifflichen Rahmen objektiver Analyse; Emotionen, Motivationen und der Zustand der Aufmerksamkeit lassen sich als Dispositionen zu bestimmten Arten des Verhaltens auffassen. In der Umgangssprache hat »Disposition« verschiedene Bedeutungen; oft meint man damit die – gedankliche oder wirkliche – Vorkehrung, die eine Person trifft, um zukünftigen Situationen angemessen zu begegnen. Man disponiert über den Verkauf eines Hauses im Falle eines Berufs- oder Ortswechsels, über Rettungsmaßnahmen im Falle eines Unfalls. Die Logik der Dispositionsbegriffe ist wissenschafts-philosophisch interessant, da Aussagen über Dispositionen keine Beschreibungen von Einzelereignissen sind; sie geben vielmehr allgemeinere Zusammenhänge wieder, die sich auf eine in der Regel unübersehbar große Zahl möglicher Einzelfälle beziehen, und sind deswegen in ihrer logischen Struktur eher den gesetzmäßigen Aussagen der Wissenschaft verwandt.

Im folgenden werden »Verhaltensdispositionen« in einem weiten Sinn verstanden, sie umfassen das ganze Spektrum von einfachen Dispositionen wie Angst bis zu detaillierten Plänen für situationsabhängiges Handeln in der Zukunft. Der Schwerpunkt der Diskussion wird dabei aber auf solchen Verhaltensdispositionen liegen, die Ergebnisse des »strategischen Spiels« im Gehirn sind und mit Hilfe bewußten Denkens zustande kamen. Wenn es Grenzen für die Ableitbarkeit von Verhaltensdispositionen aus dem physikalischen Zustand des Gehirns gibt, so sollten sie sich am ehesten an logisch komplexen Fällen zeigen.

Verhaltensdispositionen und strategisches Denken

Eine Verhaltensdisposition gilt für einen bestimmten Menschen zu einer bestimmten Zeit, bezieht sich aber jeweils auf dessen Zukunft. Sie ordnet verschiedenen möglichen Situationen in einer offenen Zukunft verschiedene Verhaltensweisen zu. Ein Beispiel einer Verhaltensdisposition wäre, daß eine bestimmte Person unter bestimmten Umständen in der Zukunft einen bestimmten Beruf wählen, unter anderen Umständen aber einen anderen ergreifen würde.

Die Abhängigkeit des Verhaltens von den zu erwartenden Situationen kann kompliziert sein. Zudem sind oft mehrere Verhaltensdispositionen miteinander verknüpft, bestimmte Verhaltensdispositionen werden von anderen Verhaltensdispositionen mitbestimmt. Aus solchen Gründen wird eine umfassende Beschreibung einer Verhaltensdisposition nicht immer in wenigen Worten möglich sein, sie könnte auch eine ganze Seite oder mehr erfordern, wenn man sie explizit zu Papier bringen würde.

Dispositionen, Gehirnzustände und Bewußtsein

Verhaltensdispositionen sind im Gehirn in abstrakter Form gespeichert – sie müssen in einer verschlüsselten Form in den Verknüpfungen zwischen Nervenzellen sowie in deren chemischen Eigenschaften enthalten sein. Im bewußten Erleben sind Verhaltensdispositionen oft unmittelbar gegeben, man denkt sie, ändert sie, weiß sie, man fühlt, daß man über sie verfügt. Sie können – in Grenzen – auch durch absichtliche Reflexion ins Bewußtsein gehoben werden, wobei die sprachliche Formulierung eigener Verhaltensdispositionen im allgemeinen eine besondere Anstrengung erfordert.

Verhaltensdispositionen erfassen zwar nicht das »ganze« Bewußtsein, aber sie stehen doch mit allen wesentlichen Eigenschaften des bewußten Erlebens in Zusammenhang, mit Gedanken und Gefühlen, mit Werten und Wünschen, Erfahrungen und Erwartungen, und mit der Selbstrepräsentation der eigenen Person im Bewußtsein. Die Qualität der Verhaltensdispositionen insgesamt trägt wesentlich zum bewußten psychischen Zustand, zu Zufriedenheit, Angst oder Hoffnung bei. Da Verhaltensdispositionen so eng mit derartigen integralen Merkmalen bewußten Erlebens verbunden sind, erwartet man, daß Möglichkeiten und Grenzen einer in der Physik des Gehirns begründeten Theorie der Verhaltensdispositionen auch aufschlußreich für die Grenzen einer wissenschaftlichen Theorie der Leib-Seele-Beziehung im Ganzen sind. Angenommen, die Physik gilt überall im Gehirn – führt dies auch zu einer vollständigen Ableitbarkeit von Verhaltensdispositionen aus dem physikalischen Zustand des Nervensystems? Wenn die Physik im Gehirn gilt, so kann im Prinzip ein Computer die Gehirnprozesse simulieren. Alles, was aus der Gültigkeit der Physik im Gehirn folgt, kann dann auch als Eigenschaft des gedachten Computers ermittelt werden. Ließen sich mit Hilfe solcher Computer alle Verhaltensdispositionen mit Sicherheit ermitteln? Dieser Frage wird im Folgenden nachgegangen, mit negativem Ergebnis.

4. *Ein Gedankenexperiment zur Beziehung zwischen physikalischen Gehirnzuständen und Dispositionen für zukünftiges Verhalten*

Gedankenexperiment: Ein Computer simuliert das Gehirn

Ausgangspunkt des Gedankenexperiments ist die Konstruktion eines physikalischen Apparats, der die Kopie eines Menschen in einem bestimmten Zustand darstellt und es deshalb ermöglicht, sein Verhalten zu simulieren. Diese Maschine möge wie ein Mensch Sinneseindrücke einschließlich der Sprache aufnehmen, Handlungen einschließlich des Sprechens ausführen. Das Gehirn sei durch einen Computer repräsentiert, der die gleichen Schaltungen zwischen elektronischen Bauelementen aufweist, wie sie zwischen Nervenzellen des Gehirns existieren; auch die Regeln der Signalverarbeitung sollten die gleichen sein wie zwischen Nervenzellen. Die Wirkung von Hormonen und anderen biochemischen Stoffen auf die Gehirnfunktion würde durch entsprechende Prozesse der Aktivierung und Hemmung in der Maschine wiedergegeben, und Mechanismen der Änderung von Verschaltungen könnten die Speicherung von Information im langfristigen Gedächtnis simulieren. Ein solcher Computer, der eine Art Abbild oder Modell des Gehirns wäre, würde dann auch die gleichen Eigenschaften der Informationsverarbeitung haben wie das Gehirn. Daher sollte das gesamte Verhalten der Maschine, sollten alle Reaktionen auf Umwelteinflüsse einschließlich sprachlicher Ausdrücke, identisch sein mit denen des entsprechenden Menschen. Sie kann die Prozesse so simulieren, wie sie in Wirklichkeit wären, nur daß sie womöglich in der Maschine schneller ablaufen. Natürlich kann man solche Geräte nicht tatsächlich anfertigen, und wenn man es könnte, würde man es nicht wollen; der Computer, der das Gehirn simuliert, ist ein Produkt der Phantasie, um die Diskussion bestimmter wissenschaftsphilosophischer Probleme zu erleichtern.

Ein derartiger Analogrechner wäre zwar sehr kompliziert; aber seine Komplexität hält sich doch in angebbaren Grenzen. Man braucht sich ihn keineswegs besonders groß vorzustellen: Die moderne Mikroelektronik könnte eine Anzahl von Schaltelementen, die zehn Milliarden Nervenzellen im Gehirn entspricht, in einem handlichen Volumen durchaus unterbringen. Auch der Inhalt des langfristigen Gedächtnisses, erworben im Laufe eines Lebens und geschätzt auf einige Milliarden Einheiten der Information – »bits« – ist in Computerspeichern von begrenzter Größe aufnehmbar. Die Analogrechenmaschine ist also unter den Gesichtspunkten der finitistischen Erkenntnistheorie eine erlaubte Gedankenkonstruktion. Mit ihrer Hilfe läßt sich nun genauer überlegen, was eigentlich die strenge Gültigkeit der Physik für die Ableitbarkeit und Vorhersagbarkeit von Eigenschaften des Menschen bedeutet und was nicht. Insbesondere ist zu untersuchen, wieweit aus dem physikalischen Zustand des Gehirns auf Verhaltensdispositionen und von diesen wiederum auf seelische Zustände geschlossen werden kann. Dabei sind die prinzipiellen Grenzen physikalischer und mathematisch-logischer Analysen zu beachten, die in den beiden ersten Kapiteln ausführlich diskutiert wurden.

Kann man mit dem Computer Dispositionen ermitteln?

Zunächst ist nach möglichen Konsequenzen der Unbestimmtheit der Quantenphysik zu fragen. Dabei sind zwei Probleme streng zu trennen: Hat die Unbestimmtheit Folgen für die Funktion des Gehirns, und was bedeutet sie in bezug auf die äußere Umwelt des Menschen, die über Sinneseindrücke auf das Gehirn einwirkt? An den Prozessen der Informationsverarbeitung im Nervensystem durch Verrechnung elektrischer Signale sind in der Regel so viele Moleküle beteiligt, daß die Ergebnisse nicht unbestimmt, sondern weitgehend reproduzierbar sind – und daher auch von der Analogmaschine verläßlich simulierbar wären. Dies wird besonders für solche Vorgänge gelten, die sich auf Verhaltensdispositionen beziehen, da sie ja zu zielgerichtetem und nicht zu chaotischem Verhalten führen. Daher ist es nicht zulässig, auf eine Quantenunbestimmtheit von Gehirnprozessen zu verweisen, wenn es um Grenzen der Analysierbarkeit von Verhaltensdispositionen geht. Gibt es solche Grenzen, so müssen sie andere Gründe haben.

Künftige Situationen sind physikalisch unbestimmt

Hingegen ist die zukünftige *Umgebung* des Menschen zumindest mittelfristig im physikalischen Sinne unbestimmt; bei vielen Vorgängen, z. B. der Ausbildung des Wetters und der Fortpflanzung der Organismen, werden Einzelvorgänge in atomaren Dimensionen zu Auswirkungen im Großen verstärkt. Dadurch werden wiederum zahlreiche andere Abläufe direkt oder indirekt beeinflußt. Aus dem gegenwärtigen physikalischen Zustand kann deshalb eine Vielzahl physikalisch verschiedener *Situationen* in der Zukunft hervorgehen. Eine Vorhersage künftiger Situationen ist zumeist nur in beschränktem Umfang und in allgemeiner, wenig detaillierter Form möglich. Deshalb sind auch die Sinneseindrücke nicht im einzelnen berechenbar, die auf einen Menschen von außen in Zukunft einwirken.

Ein weiterer Gesichtspunkt, der für die Grenzen möglicher Analysen von Bedeutung ist, ergibt sich aus dem Ansatz der finitistischen Erkenntnistheorie (Kap. II, 2, S. 53): Die Anzahl möglicher analytischer Schritte zur Lösung eines Problems ist grundsätzlich beschränkt – in kosmologischen Zeiten und Räumen auf weniger als 10^{120}, in der Praxis auf viel kleinere Größenordnungen. Mit einer Maschine könnte man immer nur eine begrenzte Anzahl von Möglichkeiten überprüfen.

Setzen wir nun voraus, das Nervensystem folge den Gesetzen der Physik, das Verhalten des Menschen lasse sich deshalb durch die gedachte Maschine simulieren: Könnte man mit ihrer Hilfe jede Verhaltensdisposition finden oder wenigstens testen? Um eine Reaktion der Maschine zu ermitteln, müßten Umwelteinflüsse in Form von Sinneseindrücken in jedem physikalischen Detail eingegeben werden. Mit Hilfe der Maschine könnte man für jede ganz bestimmte *vorgegebene* Verhaltensdisposition entscheiden, ob sie für einen bestimmten Gehirnzustand des Menschen und eine *bestimmte,* in allen physikalischen Einzelheiten beschriebene Folge von Umwelteinflüssen gilt. In diesem – eingeschränkten – Sinne ist menschliches Verhalten durch die Gesetze der Physik festgelegt, »determiniert«. Damit ist aber noch nicht garantiert, daß man mit Hilfe der Maschine auch die *allgemeine* Gültigkeit einer bestimmten Verhaltensdisposition zu bestätigen oder gar *jede* gültige Disposition zu ermitteln vermag. Verhaltensdispositionen beziehen sich auf allgemeine Merkmale (»Wenn sich die wirtschaftliche Lage verbessert, wird er sich ein Haus bauen«), die auf eine unüberschaubar große Zahl physikalisch verschiedener Folgen von Umwelteinflüssen und physikalisch verschiedener Handlungen zutreffen.

Finitistische Analyse bei offener Zukunft

In der Zukunft gibt es wegen der Quantenunbestimmtheit zumindest mittelfristig eine Vielzahl möglicher physikalischer Zustände der Umwelt eines Menschen, die nach den Gesetzen der Physik aus dem gegenwärtigen Zustand hervorgehen könnten. Man müßte alle diese Möglichkeiten testen, indem man die ihnen jeweils entsprechenden Sinneseindrücke in allen Einzelheiten in die Maschine eingibt, um die Gültigkeit einer Verhaltensdisposition zu bestätigen. Die Anzahl der Möglichkeiten ist aber viel zu groß, als daß man sie alle noch finitistisch im Rahmen von 10^{120} oder weniger Schritten nacheinander prüfen könnte. Zwar lassen sich anstelle solcher Einzelprüfungen oft allgemeinere, elegantere Verfahren ausdenken, um Verhaltensdispositionen dennoch zu ermitteln; nur gibt es keine Gewähr dafür, daß dies in jedem Fall zum Erfolg führt. Man kann zum Beispiel versuchen, die Disposition »Wenn sich die wirtschaftliche Lage verbessert, wird er sich ein Haus bauen« statistisch zu prüfen, indem man mit Hilfe der Maschine viele denkbare einzelne »Szenarien« durchspielt, die typisch für eine verbesserte wirtschaftliche Lage sind. In komplizierten Fällen ist aber eine solche Analyse von Reaktionen auf eine begrenzte Auswahl gedachter Szenarien ungeeignet, da dies Überraschungen hinsichtlich der wirklichen Ereignisse nicht ausschließt. Eine andere Möglichkeit, Verhaltensdispositionen zu ermitteln, besteht in der *mathematischen* Analyse der Eigenschaften (zum Beispiel der Verschaltungen) des Gehirns bzw. der entsprechenden Analogmaschine mit dem Ziel, *allgemeine* Gesetze über den Zusammenhang zwischen Sinneseindrücken und Reaktionen zu entdecken, von denen jedes sehr viele physikalisch verschiedene Möglichkeiten umfaßt. Für eine solche Entdekkung gibt es aber kein automatisches Verfahren, sie erfordert Glück und Intuition und wird deshalb auch nicht in jedem Fall gelingen. Schließlich kann man die Maschine *befragen*, da sie ja auch Sprache versteht und erzeugt; aber auch Befragung muß keineswegs immer richtige Ergebnisse erbringen. Die Maschine kann, ebenso wie ein Mensch, falsche oder widersprüchliche, rätselhafte oder gar keine Antworten geben. Es gibt keine verläßliche Methode, um zu entscheiden, ob eine bestimmte, vermutete Verhaltensdisposition nun tatsächlich vorliegt oder nicht.

Keine logische Garantie für Beweisbarkeit von Dispositionen

Doch selbst wenn man im Einzelfall eine bestimmte Verhaltensdisposition bestätigen kann – zum Beispiel durch Befragung oder durch mathematische Analyse – so könnte man jedenfalls doch nicht *alle denkbaren* Verhaltensdispositionen darauf testen, ob sie nun zutreffen oder nicht. Auch in dieser Hinsicht übersteigt die Zahl der Möglichkeiten jede finitistisch überprüfbare Anzahl. Zwar gibt es für Dispositionen, die man in wenigen Worten angeben kann, nur eine begrenzte Zahl von möglichen Varianten, aber in komplexen Fällen, in denen die ausführliche Beschreibung einer Verhaltensdisposition mit allen »Wenns« und »Abers« eine Druckseite oder mehr einnimmt, könnten niemals alle denkbaren Fälle einzeln geprüft werden, da es mehr als 10^{120} Varianten gibt. Es wäre beliebig unwahrscheinlich, durch reinen Zufall auf die richtige zu stoßen. Man kann also mit der Maschine eine gültige Verhaltensdisposition selbst dann nicht mit Sicherheit herausfinden, wenn man sie bestätigen könnte, sofern man sie zufällig errät.

Die Gedankenexperimente mit der Maschine, die menschliches Verhalten simuliert, ergeben insgesamt den Schluß: Es ist keine logische Folge der Gültigkeit der Physik im Gehirn, daß jede Verhaltensdisposition im Prinzip durch eine genaue Analyse des physikalischen Zustands des Nervensystems zu ermitteln wäre. Dies liegt daran, daß die Zukunft offen ist und daß man mit Hilfe der Maschine nicht alle Möglichkeiten einzeln prüfen könnte. In vielen Fällen

Kein verläßliches Verfahren der Ableitung von Dispositionen aus Gehirnzuständen

wird eine einfallsreiche mathematisch-physikalische Analyse oder eine systematische Befragung zum Ziel führen, eine logische Garantie dafür besteht aber keineswegs.

Damit ist zwar nicht streng aufgezeigt, daß es Grenzen der Analyse auch wirklich gibt; es lassen sich aber gute Gründe hierfür angeben. Sie beruhen auf Ergebnissen der mathematischen Entscheidungstheorie, wie sie im zweiten Kapitel eingehend besprochen wurden. Im positiven Sinne entscheidbar ist eine allgemeine Aussage dann, wenn sie für jeden Einzelfall stimmt und man das auch im Prinzip beweisen kann. Das Problem der Entscheidbarkeit stellt sich bei mathematischen Sätzen über eine unendliche Zahl von denkbaren Fällen gerade deshalb, weil man nicht alle Fälle einzeln untersuchen kann. Die Analyse von Verhaltensdispositionen bezieht sich auf Anzahlen von Möglichkeiten, die zwar im rein mathematischen Sinne endlich sind, aber doch außerhalb der Grenzen finitistischer Analysen liegen – sie sind »fast unendlich« in dem Sinne, daß sie ebenfalls nicht alle nacheinander prüfbar sind. Es gibt also Entscheidungsprobleme in Analogie zu denen der Mathematik – und sehr wahrscheinlich auch analoge Antworten: Man erwartet, daß für Verhaltensdispositionen Grenzen der Entscheidbarkeit in ähnlichem Zusammenhang und aus ähnlichen Gründen existieren wie bei mathematischen Aussagen in »reichen« logischen Systemen, die einen hohen Grad von Verallgemeinerung und Abstraktion erlauben. In solchen Systemen ist mathematisch nachgewiesen, daß es kein allgemeines verläßliches Verfahren geben kann, um für jeden vorgegebenen Satz zu entscheiden, ob er allgemein richtig ist oder nicht; Beweise sind oft trotzdem möglich, erfordern aber auch Glück und Intuition. Es gibt sogar Sätze, die mit den »eigenen« Mitteln des Systems auf keine Weise zu beweisen oder zu widerlegen sind; dies wurde insbesondere für gewisse Aussagen gezeigt, die sich auf das System selbst beziehen – wie die Aussage über die innere Widerspruchsfreiheit des Systems. Die Erkenntnisse gelten zunächst für Aussagen in mathematisch-logischen Systemen. Bei sinngemäßer Verallgemeinerung geben sie aber auch Hinweise auf Grenzen der Bestimmbarkeit von Verhaltensdispositionen. Solche Dispo-

Grenzen der Analyse bei selbstbezogenen Prozessen

sitionen sind Aussagen über Systeme von Nervenzellen, und damit über Systeme von Bauelementen der Informationsverarbeitung, die ihrerseits mathematisch-logisch Operationen physikalisch realisieren. Analog zu den Unentscheidbarkeitssätzen der mathematischen Logik ist mit Grenzen der Bestimmbarkeit von Verhaltensdispositionen für solche Aussagen zu rechnen, die auf einem hohen Grad von Abstraktion und auf selbstbezogenen Prozessen im Gehirn beruhen; dies gilt besonders dann, wenn für sie Selbstbewußtsein, Selbstverständnis, Selbstreflexion eine Rolle spielen. Derartige Grenzen betreffen nicht etwa spitzfindige Details, sondern zentrale Eigenschaften eines Menschen, die für sein zukünftiges Verhalten bedeutsam sind.

Diese Überlegungen berufen sich auf Analogien, die zwischen einer Analyse des Gehirns mit seinen eigenen Mitteln und der Analyse logischer Systeme mit ihren eigenen Mitteln bestehen. Es handelt sich aber nicht einfach um die leichtfertige Übertragung spezieller mathematischer Sätze auf die Biologie; es geht vielmehr darum, die allgemeine Warnung der mathematischen Entscheidungstheorie ernst zu nehmen: Im Rahmen komplexer Systeme, die logischer Operationen fähig sind, sind nicht alle Eigenschaften und allgemeinen Zusammenhänge in einer endlichen Zahl von Schritten ableitbar. Zwar erfüllt unsere Argumentation nicht die rigorosen Anforderungen mathematischer Beweise; andererseits ist aber bei einer Fragestellung, die Voraussetzungen des menschlichen Denkens insgesamt berührt, eine strenge formale Fundierung von vornherein kaum zu erwarten – und dies aus Gründen, die die mathematische Entscheidungstheorie selbst nahelegt: Schließlich beruht *jedes* inhaltliche Denken auf intuitiven Voraussetzungen. Der Anteil intuitiver Argumentation, der unserer Überlegung zugrundeliegt, ist größer als er in der reinen Mathematik erlaubt ist, er ist wesentlich kleiner, als er in der Philosophie üblich ist, und entspricht etwa dem, was bei der Anwendung allgemeinen Denkens auf die komplexe Wirklichkeit gewöhnlich erforderlich und auch einigermaßen bewährt ist. Eine letzte Unsicherheit über die behaupteten Grenzen objektiven Wissens bleibt, aber sie kann die begründete Vermutung, daß es sol-

Gehirntheorie und Entscheidungstheorie

che Grenzen gibt, nicht aus der Welt schaffen. Es erscheint gerechtfertigt, die Brücke zwischen Entscheidungstheorie und Gehirntheorie auch ohne volle formale Absicherung zu begehen.

Wir haben zunächst gezeigt, daß es keine logisch zwingende Folge der Gültigkeit der Physik im Gehirn und der eindeutigen Beziehung des jeweiligen seelischen zum physikalischen Zustand ist, daß alle Verhaltensdispositionen in finitistischen Verfahren aus dem Gehirnzustand ableitbar sind – es ist also logisch möglich, daß es Grenzen der Ableitbarkeit gibt. Für diesen Schluß waren keine intuitiven Argumente nötig, die von der Entscheidungstheorie her stammen. Nimmt man solche Argumente hinzu, so ergibt sich eine weitergehende Konsequenz: Die zunächst als logisch möglich erkannten Grenzen bestehen wirklich; Verhaltensdispositionen, insbesondere solche mit selbstanalytischer Charakteristik, können nicht vollständig aus dem physikalischen Zustand des Gehirns erschlossen werden.

5. Grenzen der Decodierbarkeit der Leib-Seele-Beziehung

Verhaltensdispositionen und seelische Zustände

Verhaltensdispositionen sind mit Zuständen des Nervensystems korreliert und tragen zugleich wesentlich zu Zuständen des Bewußtseins bei. Das zentrale Bewußtseinsmerkmal, das man »Lebensgefühl« nennt, der zeitintegrierende Zustand von Angst und Hoffnung, Selbst- und Weltvertrauen ist nicht nur von *einzelnen* Verhaltensdispositionen bestimmt. Der seelische Zustand eines Menschen in der Gegenwart ist von der Qualität vieler Verhaltensdispositionen abhängig, die sich auf die Bewältigung künftig erwarteter, erhoffter oder befürchteter Situationen beziehen. Man müßte daher viele, wenn nicht alle Verhaltensdispositionen ermitteln, um das »Lebensgefühl« zu erschließen. Gibt es schon Zweifel an der Ableitbarkeit einzelner Dispositionen aus dem physikalischen Zustand des Gehirns, so gilt dies erst recht für ihre Gesamtheit. Alle diese Überlegungen zeigen, daß Grenzen der Ableitbarkeit von Verhaltensdispositionen aus dem physikalischen Zustand des Nervensystems auch Grenzen der Ableitbarkeit seelischer Zustände begründen. Eine vollständige, »algorithmische« Theorie der Leib-Seele-Beziehung erscheint nicht nur praktisch, sondern auch grundsätzlich unmöglich.

Ableitungsregeln sind eine Art Code, ähnlich den Regeln, nach denen geheime Nachrichten entschlüsselt, »decodiert« werden. Es ist eine mathematische Tatsache, daß es für Geheimcodes, wenn sie nur genügend raffiniert und kompliziert aufgebaut sind, kein allgemeines verläßliches Verfahren der Entschlüsselung gibt. Dies liegt wiederum daran, daß viel zu viele Möglichkeiten denkbar sind, als daß man sie nacheinander einzeln prüfen könnte. Der Aufwand zur Entschlüsselung eines Codes ist in jedem Fall sehr viel größer als der zu seiner Verschlüsselung. Deshalb kann man komplexe Codes mit finitistischen Mitteln überhaupt nicht entschlüsseln. Man weiß, es gibt eine eindeutige Beziehung (im Falle des Geheimcodes zwischen verschlüsseltem Text und Klartext), und trotzdem findet man sie nicht immer heraus. Bei der Leib-Seele-Beziehung geht es ebenfalls um die Entschlüsselung, die »Decodierung« komplexer Zusammenhänge, nämlich der Beziehung zwischen einem sehr spezifischen Gehirnzustand und spezifischem bewußtem Erleben. Ähnlich wie beim Geheimcode gilt auch in diesem Fall: Die Existenz eines Zusammenhangs ist keine Garantie dafür, diesen Zusammenhang in einem finitistischen Verfahren auch wirklich zu ermitteln. Grenzen der Ableitbarkeit bedeuten: Der physikalische Zustand des Gehirns ist in bezug auf seelische Zustände nicht vollständig decodierbar.

Die Leib-Seele-Beziehung ist nicht vollständig decodierbar

Ausgangspunkt unserer Überlegungen war eine Gedankenkonstruktion – eine maschinelle Kopie eines Menschen, die seine Reaktionen nach physikalischen Gesetzmäßigkeiten simuliert. Das Ergebnis aber – Grenzen der Decodierbarkeit – weist darauf hin, daß die vieldiskutierte und vielumstrittene Gleichung »Mensch gleich Maschine«, so wie man sie in der Umgangssprache auffaßt, eben doch nicht aufgeht. Unter einer Maschine versteht man gewöhnlich einen Apparat, der vom Menschen selbst nach seinen Einsich-

Gleichung »Mensch = Maschine« zweifelhaft

ten und Absichten konstruiert und eben deshalb verstanden wird. Im Gegensatz dazu wäre eine maschinelle Kopie des Menschen nur nachgebaut und nicht erfunden. Ein solcher Analogrechner mit seinem verwirrenden Netz von Schaltungen ist im Prinzip auch nicht besser zu durchschauen als das Original, von dem die Kopie stammt; er hat manche Eigenschaften, die man begreift, andere, die unverstanden bleiben und vermutlich weitere, von denen man gar nichts weiß. Das Gedankenexperiment mit der Maschine, die menschliches Verhalten simuliert, unterstützt nicht ein mechanisches Menschenbild: Eine Maschine, die alles könnte wie ein Mensch, würden wir nicht vollständig verstehen; eine Maschine, die wir verstehen, könnte nicht alles wie ein Mensch.

Gültigkeit der Physik steht nicht in Frage

Grenzen der Decodierbarkeit der Leib-Seele-Beziehung lassen auch die anfangs besprochenen, scheinbar alternativen Theorien in einem anderen Licht erscheinen: den psychophysischen Parallelismus (zusammengefaßt mit verwandten Zuordnungstheorien wie der Identitätstheorie) einerseits, und die Interaktionstheorie andererseits. Die Grundvoraussetzungen des psychophysischen Parallelismus werden akzeptiert: Die Physik gilt vollständig im Gehirn; jedem physikalischen Zustand entspricht nur ein psychischer Zustand. Bestritten wird hingegen, daß allein deswegen der psychische aus dem physikalischen Zustand wenigstens im Prinzip auch ableitbar sein muß. Diese Ansicht wird oft als allzu selbstverständliche Konsequenz des psychophysischen Parallelismus angesehen. Mit finitistischen, »innerweltlichen« Mitteln kann der psychische Zustand (bzw. – im Sinne der Identitätstheorie – der psychische Aspekt des Zustandes) aus dem physikalisch meßbaren Zustand wohl zum Teil, aber nicht vollständig erschlossen werden. Die Kenntnis des unmittelbar erlebten, sprachlich mitteilbaren seelischen Zustandes *und* des physikalischen Zustands erlaubt dann aber weitergehende Aussagen und Vorhersagen als die Kenntnis des physikalischen Zustands allein. Für diesen Schluß wird keineswegs angenommen, daß es seelische Vorgänge gibt, die unabhängig von physikalischen Gehirnprozessen ablaufen. Er ergibt sich vielmehr als Konsequenz aus der Tatsache, daß man aus dem jeweils gemessenen physikalischen

Zustand mit endlichen Mitteln nicht alle wahren Schlußfolgerungen ziehen kann.

Diese These steht im Widerspruch zu alten und neuen Theorien der *Interaktion* seelischer mit physikalischen Zuständen, die in der Geschichte der Philosophie seit Descartes eine große Rolle spielten. In jüngster Zeit hat insbesondere der Neurobiologe Eccles seelische Vorgänge postuliert, die unabhängig von physikalischen Vorgängen entstehen und auf physikalische Prozesse im Gehirn einwirken. Derartige Interaktionen setzen zwangsläufig voraus, daß die gewöhnliche Physik im Gehirn nicht vollständig gilt; dafür gibt es allerdings keinerlei experimentelle Hinweise. Der Interaktionstheorie liegt aber auch nicht das Motiv zugrunde, das Gedankengebäude der Physik zum Einsturz zu bringen. Im Gegenteil, es gab seit Descartes immer wieder Versuche, Physik und Interaktion doch zu versöhnen – nur daß sie einer sorgfältigen Analyse und Kritik nicht standhielten. In letzter Konsequenz können physikalische Vorgänge nur durch *physikalische* Kräfte beeinflußt werden; dies gilt auch für die Prozesse der Informationsverarbeitung und Verhaltenssteuerung, die sich *innerhalb* eines Gehirns abspielen.

Keine Interaktion von Seele und Leib

Die Interaktionstheorie möchte – und das ist ihr eigentliches Motiv – widerlegen, daß die Physik des Gehirns letztlich die »Seele« als überflüssigen Begriff, wenn nicht gar als »Schein«, entlarvt. Die finitistische Begründung von Grenzen der Decodierbarkeit der Leib-Seele-Beziehung erfüllt diese Intuition in gewissem Grade, auch ohne die universelle Anwendbarkeit der Physik in Frage zu stellen, denn sie reduziert seelische Vorgänge nicht vollständig auf objektivierbare, mechanische Prozesse. Seelische Zustände sind zwar mit physikalischen Zuständen *korreliert*, aber nicht in jedem Fall aus ihnen *ableitbar*. Wenn seelische Erfahrung über das mit objektiven Mitteln erreichbare Wissen prinzipiell hinausgeht, so kann Bewußtsein nicht in einer physikalischen Beschreibung von Prozessen im Nervensystem aufgehen. Die Theorie von Grenzen der Decodierbarkeit der Leib-Seele-Beziehung vertritt die universelle Gültigkeit der Physik, ohne dabei das Bewußtsein, die ursprünglichste menschliche Erfahrung, als Randerscheinung aufzufassen.

Grenzen naturwissenschaftlicher Theorien des Bewußtseins

6. *Der metatheoretische Witz: Mit Widersprüchen leben*

Für die vorangegangene Diskussion der Leib-Seele-Beziehung am Beispiel der Verhaltensdispositionen spielten selbstbezogene Prozesse im Gehirn eine Schlüsselrolle. Solche Prozesse zeigten sich aber auch in Zusammenhang mit vielen anderen Aspekten des Bewußtseins. Es ist zu vermuten, daß die Anwendung von Gehirnprozessen auf sich selbst ganz allgemein – selbst wenn Verhaltensdispositionen nicht betroffen sind – der Decodierbarkeit seelischer Vorgänge Grenzen setzt. Die gleiche Charakteristik der Selbstanwendung ist es aber auch, die Vorgänge anfällig gegen innere Widersprüche macht. Diese Anfälligkeit ist nicht zu beheben, jedoch wird das Auftreten von Widersprüchen oft unmittelbar bewußt und kann so neue Lösungsversuche auslösen.

Selbstbezug und Widerspruchsanfälligkeit

Ein instruktives, der Analyse und Eigenerfahrung zugängliches Beispiel für diese Fähigkeit des Gehirns ist ein Typ von Witzen, der eine »metatheoretische« Charakteristik hat. Er macht einen beträchtlichen Teil dessen aus, was Heiterkeit oder Schmunzeln zu erzeugen vermag. Ein Grundmuster ist das klassische Paradoxon vom Lügner, der behauptet, er lügt. Lügt er nun, oder lügt er nicht? Eine neuere Version ist der 31jährige, der proklamiert »Trau keinem über dreißig«. Meist ist aber der innere Widerspruch subtiler in der sprachlichen Formulierung verborgen.

»Metatheoretische« Witze

Gast: »Sie haben hier ein Hufeisen vor der Haustür hängen – glauben Sie wirklich, daß es Glück bringt?« Gastgeber: »Nein, aber man sagt, es soll auch helfen, wenn man nicht daran glaubt.«

Lehrer: »Warum sollt ihr nicht meine Frage immer mit einer Gegenfrage beantworten?« Schüler: »Ja, warum *sollen* wir nicht eine Frage mit einer Gegenfrage beantworten?«

Bürgermeister: »Es gibt Leute, die glauben eine Statistik erst, wenn sie sie selbst gefälscht haben!«

Psychiater: »Haben Sie manchmal Schwierigkeiten, wenn Sie eine Entscheidung treffen sollen?« Patient: »Ja und nein.«

Nasredin Hodscha (eine türkische Entsprechung der Figur des Till Eulenspiegel) wird Dorfrichter, ohne etwas von diesem Amt zu verstehen. Die Kläger in einem Prozeß erklären ihren Fall; der Richter: »Ihr habt recht.« Die Beklagten widersprechen; Nasredin Hodscha: »Ihr habt auch recht.« Nun klagen Kläger und Beklagte einstimmig: »Es ist nicht möglich, daß sie recht haben und wir recht haben!« Nasredin Hodschas letztes Wort, bevor er eilig den Gerichtssaal verläßt: »Ihr habt recht.«

Metatheoretische Witze können auch bildhaft wirken: Ein Zug von Demonstranten trägt leere Plakate mit sich; Untertitel: Streik der Plakatmaler. Wenigstens ein Schmunzeln rufen Bilder hervor, die das Bild selbst enthalten. Dies ist wiederum das Bild mit dem Bild im Bild ... Andererseits ist aber nicht alles, was wegen seiner Widersprüchlichkeit komisch erscheint, im strengen Sinne unlogisch. Agentenbesprechung: »Ob sie wissen, daß wir wissen, daß sie wissen, daß wir wissen, daß sie unseren Code gebrochen haben?«

Charakteristisch für metatheoretische Witze ist die Selbstanwendung von Begriffen – das Lügen auf den Lügner, die Gegenfrage auf die Gegenfrage, das Rechthaben auf das Rechthaben. Das menschliche Gehirn kann innerhalb von Sekunden nach Abschluß des Satzes ohne bewußtes Denken den Widerspruch »erleben«, ihn als harmlos klassifizieren und dies durch Heiterkeit zum Ausdruck bringen; schon Kinder reagieren auf solche Witze mit erstaunlicher Spontaneität.

Indikatoren für Widersprüche

Metatheoretische Witze zeigen, daß gedankliche Operationen auf sich selbst angewendet werden; daß das menschliche Denken nicht gegen Widersprüche abgesichert ist; daß Widersprüche, wenn sie entstehen, ins Bewußtsein gehoben werden können. Dann lösen sie emotionale Reaktionen aus, die zu neuen Lösungsversuchen führen oder aber als harmlos abgetan, aber deshalb nicht unmittelbar beseitigt werden. Der Widerspruchsindikator – die unmittelbare Reaktion, die im Falle der Harmlosigkeit in Heiterkeit besteht – stellt in sich ein interessantes Phänomen dar. Vielleicht kann eine Analyse des metatheoretischen Witzes mit Hilfe der formalen Logik und der Methoden moderner Sprachforschung einen

Beitrag zu einem besseren Verständnis selbstbezogener Prozesse im Gehirn liefern.

Der metatheoretische Witz bestätigt, daß die Selbstanwendung von Begriffen samt ihrer logischen Problematik nicht eine überzüchtete Gedankenkonstruktion höherer Mathematik ist, sondern ganz ursprünglich im menschlichen Denken verankert ist. In die gleiche Richtung weist die große Bedeutung, die Begriffe wie Selbstfindung, Selbstvertrauen, Selbstbestätigung, Identität, für die Entwicklung des Individuums spielen. Mögen derartige Begriffe modern oder gar modisch sein, in anders umschriebener Form kommen sie – zum Beispiel in der Poesie – von alters her vor.

Der Selbstbezug des Denkens ist jedenfalls in seiner umfassenden Form charakteristisch für den Menschen; diese Eigenschaft ist eine notwendige Voraussetzung, wenn auch keine hinreichende Erklärung, für Bewußtsein. Wie im vorigen Kapitel dargelegt, spielten Verschaltungen von Nervenzellen, die die umfassende Anwendung von analytischen Prozessen des Gehirns auf Zustände des Gehirns selbst erlauben, vielleicht eine erhebliche Rolle bei der Evolution des Menschen. Vom mathematischen Standpunkt aus wäre es durchaus möglich, Modelle der Informationsverarbeitung in Nervennetzen zu konstruieren, die die Widersprüche vermeiden, gegen die der menschliche Geist so anfällig ist. Dafür muß man nur bestimmte – keineswegs alle – Typen der Selbstanwendung von Gehirnprozessen ausschließen. Möglicherweise bot die Evolution des menschlichen Gehirns nicht die Zeit für derartige Raffinessen. Man kann hierzu aber noch eine ganz andere Vermutung entwickeln: Beschränkungen, die solche Widersprüche ausschließen, würden das Denken zwar sicherer, aber auch enger machen. Vielleicht ist es für die Lösung wirklicher Probleme, die Bewältigung des Lebens und der Umwelt, besser, mit der Anfälligkeit des Denkens gegenüber Widersprüchen zu leben, sich die mathematisch verbotenen Prozesse zu erlauben und so mit einem Quantum an Unsicherheit erst die umfassende Spannweite des intuitiven menschlichen Denkens zu ermöglichen. Diese Spannweite führte aus der trägen biolo-

Widersprüche: Preis für die Tragweite menschlichen Denkens

gischen Evolution in die Eigendynamik der Kulturgeschichte. Der moderne Menschentyp bleibt dabei gebunden durch wenige, aber wichtige Randbedingungen seines biologischen Erbes, er ist ausgestattet mit reichen, fast universellen geistigen Möglichkeiten – aber den Mehrdeutigkeiten des Denkens und der Gefühle kann er sich nicht entziehen.

IX. Einheit der Natur, Mehrdeutigkeit der Welt

Die Anwendung der Physik auf die Biologie, also der allgemeinsten auf die komplexeste und am meisten auf den Menschen bezogene Naturwissenschaft, führt zu Einsichten über Tragweite und Grenzen mathematisch-naturwissenschaftlicher Erklärungen im allgemeinen. Die Gesetze der Physik gelten für alle Vorgänge in Raum und Zeit und sind deshalb auch Grundlage des Verstehens der belebten Natur – Vererbung und Evolution, Gestaltbildung und Gehirnfunktionen eingeschlossen. Prinzipielle Grenzen der Erkenntnis zeichnen sich hingegen für eine in der Physik des Gehirns begründete Theorie bewußten Erlebens ab. Sie haben einen ähnlichen Charakter wie die Unbestimmtheit in der Quantenphysik und die Grenzen der Entscheidbarkeit in der mathematischen Logik: Die Anwendung einer Analyse auf ihre eigenen Verfahrensweisen kann keine vollständigen Antworten ergeben. Dies gilt wahrscheinlich auch für die Anwendung bewußten Denkens auf das Bewußtsein selbst und auf seine physikalischen Voraussetzungen im menschlichen Gehirn. Aus derartigen Erkenntnisgrenzen ergibt sich eine Interpretationsfreiheit der Wissenschaft in bezug auf ihre metatheoretischen Voraussetzungen; verschiedene mögliche Interpretationen stehen in Zusammenhang mit verschiedenen philosophischen Deutungen der »Welt im Ganzen«.

1. Physik und Biologie

Physik als Erklärungsgrundlage der Biologie

Die physikalisch-chemische Untersuchung biologischer Strukturen und Vorgänge erbrachte die wissenschaftliche Erklärung für Grundprozesse des Lebens, sie ergab außerdem eine vertiefte Einsicht in das, was Physik ist und was sie leistet; zugleich führte sie aber an prinzipielle, wenn auch verständliche Grenzen wissenschaftlicher Erkenntnis. Sie zeigten sich besonders in Zusammenhang mit dem »Leib-Seele-Problem«. Solche Grenzen sind aufschlußreich für Tragweite und Grenzen der mathematisch-naturwissenschaftlichen Denkweise insgesamt, und somit für das allgemeine Selbst- und Weltverständnis des Menschen. Diese weiteren Zusammenhänge sollen im folgenden besprochen werden. Zur Einleitung sei zunächst eine vergleichende Zusammenfassung der Erkenntnisse und Überlegungen über die Beziehung von Physik und Biologie gegeben.

Die Grundgesetze der Physik gelten uneingeschränkt nicht nur in der unbelebten, sondern auch in der belebten Natur. Zwar konnten nicht sämtliche denkbaren Fälle im einzelnen geprüft werden; jedoch schließt die experimentelle Bestätigung in besonderem Maße solche Vorgänge ein, die das Grundverständnis der Biologie berühren, wie den Mechanismus der Vererbung, die Regelung des Stoffwechsels, die Ausbildung von Formen der Zellen und Gewebe sowie die physikalisch-chemischen Prozesse in und an Nervenzellen, die der Fähigkeit des Gehirns zur Informationsverarbeitung und Verhaltenssteuerung zugrunde liegen.

Die Mechanismen der Vererbung versteht man in wesentlichen Zügen bereits auf der Ebene der beteiligten Moleküle. Man kennt ihre chemische Struktur und erklärt auf dieser Grundlage die charakteristischen Merkmale lebender Systeme – Selbstvermehrung, Mutation und die Steuerung des Stoffwechsels.

Molekularprozesse erklären Vererbung

Das Verständnis der Gestaltbildung und des Verhaltens geht noch nicht so direkt auf die Kenntnis der beteiligten Moleküle im einzelnen zurück; Erklärungen basieren im wesentlichen auf allgemeinen Eigenschaften physikalisch-chemischer Systeme. Deren theoretische Analyse zeigt Bedingungen auf, unter denen physikalische Wechselwirkungen zur »Selbstgliederung« eines Gebietes in verschiedene Teilbereiche führen können; dabei ergibt sich, daß erstaunlich einfache Typen der Reaktion und Bewegung von Molekülen ausreichen, um in geeigneter Kombination unter der Kontrolle der Gene räumliche Ordnung in Zellen, Geweben und Organismen zu erzeugen. Sie ergeben die merkwürdigen Regeleigenschaften, die die Entwicklungsbiologie auszeichnen. Durch Kombination und Verschachtelung der elementaren Prozesse räumlicher Selbstgliederung kann im Prinzip jedes Muster erzeugt werden. Es mag sein, daß die wirklichen Vorgänge wesentlich komplizierter sind, als es den mathematisch-logischen und physikalischen Mindestanforderungen entspricht; da man jedoch bereits mit einem einfachen Repertoire physikalisch-chemischer Prozesse im Prinzip alle Formen produzieren kann, darf man schließen, daß die biologische Gestaltbildung und ihre Regelung ganz in der Reichweite der gewöhnlichen, bekannten Physik und Chemie liegt. Von ähnlichem Typ ist die Argumentation für die physikalische Erklärbarkeit des Verhaltens aufgrund von Vorgängen im Nervensystem: Viele wichtige Elementarprozesse sind noch unbekannt, zum Beispiel die Mechanismen für Gedächtnis und Lernen; aber relativ einfache, bekannte Mechanismen der Verschaltung und der elektrischen Signalverarbeitung in Systemen von Nervenzellen reichen im Prinzip aus, jede Leistung zu erbringen, die man formal exakt beschreiben kann. Daher erwartet man, daß Fähigkeiten des Gehirns im Prinzip aufgrund physikalischer Prozesse in Systemen von Nervenzellen erklärbar sind.

Gestaltbildung durch Wechselwirkung in Systemen

Verhaltenssteuerung durch Informationsverarbeitung

Insgesamt folgt aus der Analyse der Vererbung, der Gestaltbildung und der Verhaltenssteuerung, daß die physikalischen Gesetze universell anwendbar sind und die Erklärungsgrundlage für alle objektivierbaren Ereignisse in Raum und Zeit bieten, den Bereich des Lebendigen eingeschlossen. Die Gesetze der Physik sind letztlich die Basis jeder Naturwissenschaft, in ihnen ist die geistige Einheit der gesamten Natur zu erkennen; sie bilden eine zwar abstrakte, aber doch einfache, dem menschlichen Geist einleuchtende Grundlage des objektiven Wissens. Die umfassende Gültigkeit der Physik ist auch eine Erkenntnis über die Fähigkeiten

Universelle Gültigkeit der Physik

des menschlichen Gehirns. Wir können die Gesetze der Natur entdecken und verstehen. Wir verstehen allerdings nicht, warum wir sie verstehen. Die Fähigkeit, Naturgesetze aufzufinden und zu begreifen, ist zu abstrakt, um sie als zwingende Folge der Menschwerdung in der biologischen Evolution anzusehen; sie wurde auch erst in historischer Zeit, seit den Anfängen der griechischen Philosophie bis in die Gegenwart entwickelt.

Die Erklärung der Eigenschaften der belebten Natur auf physikalischer Grundlage ist nicht gleichbedeutend mit der Behauptung, die Biologie sei schon in den Grundgesetzen der Physik enthalten. Kein Mensch, und kein Computer, könnte aus ihnen unmittelbar alle Eigenschaften der Natur ablesen, schon gar nicht die Merkmale des Lebendigen. Nur der umgekehrte Weg ist gangbar: Man studiert zuerst die belebte Natur und analysiert biologische Merkmale und Gesetze, um sie dann als Eigenschaften physikalischer Systeme zu verstehen. Die für das Leben charakteristischen Eigenschaften werden dabei nicht als Illusion entlarvt; die Unterscheidung zwischen belebt und unbelebt wird durch physikalische Erklärungen keineswegs aufgehoben.

Die Grenze belebt–unbelebt wird erklärt und nicht verwischt

Die molekulare und damit physikalische Begründung der Biologie ist auch die Basis für das Verständnis der Entstehung und Entwicklung des Lebens auf der Erde. Alle Ereignisse von den Anfängen einfachster lebender Systeme bis hin zur Erzeugung von Lebewesen mit Geist stehen in Einklang mit Prinzipien der Evolution durch Mutation und Selektion. Allerdings bedeuten diese nachträglichen Erklärungen nicht, daß alle Eigenschaften der Lebewesen zwangsläufig entstanden sind; auch der Zufall spielte eine wesentliche Rolle. Sowohl die spontane Bildung von Kettenmolekülen, die zur Entstehung des Lebens führten, als auch Mutationen und Kombinationen der Erbsubstanz, die Voraussetzungen der Evolution der Organismen sind, unterliegen dem Zufall und in letzter Konsequenz der Unbestimmtheit der Quantenphysik. Die Systemtheorie zeigt, daß eine Vielzahl zufallsbestimmter Ereignisse, betrachtet man ihre Gesamtwirkung, in mancher Hinsicht ziemlich genau vorhersagbare, in anderer aber auch unbestimmte Folgen haben; dies hängt davon ab, ob die Auswirkung des Einzelereignisses im statistischen Mittelwert vieler Vorgänge aufgeht, oder ob das einzelne Ereignis zu großen, singulären Wirkungen verstärkt wird. Die Unkenntnis über den Grad von Zufall und Notwendigkeit bei der biologischen Evolution ist allerdings groß und läßt der Phantasie weiten Spielraum. Wir wissen nicht, wie wahrscheinlich die Entstehung von Leben überhaupt und die Entwicklung bestimmter Merkmale des Lebendigen war. Besonders schwierige biologische und philosophische Probleme sind in der Frage enthalten, ob und in welchem Sinne Geist, Welt- und Selbstverständnis des Menschen als Ergebnis der Evolution anzusehen sind und wie weit diese Fähigkeiten die »logische Struktur der Welt« von vornherein voraussetzen.

Offene Fragen zur Entwicklung von Lebewesen mit Geist

Grenzen einer physikalischen Grundlegung der Biologie gibt es weder für die Vorgänge der Vererbung, die die belebte Natur von der unbelebten unterscheiden, noch für die Gestaltbildung, noch für objektiv analysierbare Grundprozesse der Informationsverarbeitung und der Verhaltenssteuerung im Nervensystem, und auch nicht für die – nachträgliche – Erklärung der Evolution; sie zeichnen sich aber für das Problem des Bewußtseins ab, das für das Selbstverständnis des Menschen von herausragender Bedeutung ist. Soweit man den Menschen objektiv als Gegenstand der Naturwissenschaft betrachtet, ist die Physik streng anwendbar. Außerdem weisen alle verfügbaren Kenntnisse darauf hin, daß auch das subjektive Erleben – der im Bewußtsein gegebene seelische Zustand – jeweils mit physikalischen Zuständen und Prozessen im Gehirn korreliert ist. Daraus folgt aber nicht logisch zwingend, daß der seelische Zustand aus dem physikalischen durch »finitistische« Analysen innerhalb einer endlichen physikalischen Welt vollständig ableitbar sein müßte. Zudem gibt es gute – wenn auch nicht formal voll abgesicherte – Argumente für die weitergehende These, daß die Leib-Seele-Beziehung definitiv nicht vollständig »decodierbar« ist. Es wird keineswegs bestritten, daß es auch noch andere Gründe als die bei unseren Überlegungen berücksichtigten geben könnte, die ebenfalls einer Theorie der Leib-Seele-Beziehung im Wege stehen, zum

Grenzen einer Theorie der Leib-Seele-Beziehung

Beispiel die rein begrifflichen Schwierigkeiten in Zusammenhang mit Problemen des Bewußtseins. Allerdings wäre es auch nicht unplausibel, daß derartige begriffliche Probleme wiederum mit Grenzen der Decodierbarkeit zusammenhängen – daß es letztlich diese Grenzen sind, die einem vollständigen, objektiven Kriterium für Bewußtsein im Wege stehen. Wie dem auch sei – unsere Analyse stützt sich in erster Linie auf die naturwissenschaftliche Denkweise und besagt: Auch wenn die begrifflichen Probleme auf der philosophischen Ebene lösbar – und gelöst – wären, so wäre aller Wahrscheinlichkeit nach eine vollständige algorithmische Theorie der Leib-Seele-Beziehung immer noch prinzipiell unmöglich. Es kann kein allgemeines, verläßliches Verfahren zur Ableitung des seelischen aus dem physikalischen Zustand geben. Dies bedeutet, daß im Erleben und in der Mitteilung seelischer Zustände nicht nur eine Übersetzung der Information enthalten ist, die im Prinzip ebensogut durch objektive Analysen des Gehirns zu ermitteln wäre, sondern unter Umständen auch eine Ergänzung dazu. na, na, was kommt denn da durch die Hintertür?

2. *Determinismus und Willensfreiheit*

Physikalismus und Willensfreiheit

Die Unvollständigkeit objektivierender Analyse hat Bedeutung für das uralte Problem, in welchem Sinne der Mensch autonom handelt: Wie verträgt sich physikalischer Determinismus – der Ablauf von Gehirnprozessen nach physikalischen Gesetzen – mit der subjektiv erlebten Freiheit des Willens und der ethisch geforderten Verantwortung für das eigene Handeln? Wenn sich auch keine ganz eindeutige Lösung dieser Probleme anbietet – es ist denkbar, daß sie überhaupt nie gelöst werden –, so ergibt doch die finitistische Betrachtungsweise einige zusätzliche Gesichtspunkte, wenn man sie mit den geläufigen Argumentationsmustern zur Freiheit des Willens vergleicht.

Willensfreiheit, darüber besteht weitgehende Übereinstimmung, setzt zumindest voraus, daß unsere Entscheidungen nicht nur durch Außenfaktoren, sondern auch durch

Faktoren in uns selbst bestimmt werden. Diese Bedingung für sich allein steht in keinerlei Widerspruch zu der Annahme, daß die Verhaltenssteuerung durch rein physikalische Prozesse im Gehirn erfolgt. Bisweilen wurde vermutet, die Freiheit des Willens beruhe speziell auf solchen physikalischen Vorgängen im Nervensystem, die der Unbestimmtheit der Quantenphysik unterliegen und deswegen nicht objektiv vorhersagbar sind. Der These liegt die zunächst naheliegende Gedankenassoziation von »willensfrei« mit »willkürlich« und von »willkürlich« mit »unvorhersagbar« zugrunde. Diese Vermutung hält aber einer kritischen Prüfung nicht stand. Zwar könnte es durchaus sein, daß manche Handlungen, zum Beispiel explorierendes Verhalten durch Versuch und Irrtum, von Zufallsgeneratoren im Nervensystem vermittels quantenphysikalisch unbestimmter Reaktionen ausgelöst werden – aber gerade solche zufälligen Handlungen sind kein typischer Ausdruck von Willensfreiheit. Diese besteht ja nicht in der Freiheit, Handlungsmöglichkeiten statistisch auszuwürfeln, sondern darin, das Verhalten systematisch auf selbstbestimmte Ziele zu richten. Dies erfordert geradezu, daß die beteiligten Gehirnprozesse verläßlich, d. h. im physikalischen Sinne determiniert ablaufen, wie es für die meisten Prozesse der Informationsverarbeitung im Nervensystem auch tatsächlich zutrifft.

Verhaltenssteuerung »von innen«

Nun ist es allerdings eine strittige Frage, ob der Wille tatsächlich schon *allein* deswegen als frei anzusehen ist, weil die Verhaltenssteuerung durch das eigene Gehirn, also »von innen« erfolgt – wo doch Prozesse im Nervensystem nach allem, was wir darüber wissen, streng den physikalischen Gesetzen unterliegen. Eine Gegenthese lautet: Die Willensfreiheit ist eine Illusion, weil die Entscheidung ja »in Wirklichkeit« durch physikalische Zustände und naturgesetzliche Abläufe determiniert ist.

Dieses Argument läßt sich aber in Zweifel ziehen, indem man den Sinn des Wortes »determiniert« reflektiert und dabei prinzipielle Grenzen der Decodierbarkeit der Leib-Seele-Beziehung berücksichtigt. »Determiniert« bedeutet bestimmt, und bestimmt ist nur, was bestimmbar ist. In diesem Sinne ist der Wille eines Menschen nur insoweit deter-

Kurzschluß

miniert, als er im Prinzip von einem Außenstehenden, der über umfangreiche Mittel der Analyse verfügt, durch physikalische Messung und mathematische Analyse objektiv ableitbar wäre. Der Wille steht aber in einem engen Zusammenhang mit Verhaltensdispositionen; die Absicht, auf eine bestimmte Situation in der Zukunft in bestimmter Weise zu reagieren, um ein bestimmtes Ziel zu erreichen, entspricht einer bestimmten Richtung des Willens. Wenn es Grenzen der Decodierbarkeit für Verhaltensdispositionen gibt, so ist auch der Wille nicht vollständig durch eine finitistische Analyse physikalischer Gehirnzustände zu ermitteln. Der Wille greift zwar nicht jenseits der Gesetze der Physik in Gehirnvorgänge ein, aber er erscheint als zentraler Zustand, der einer objektivierenden Analyse von außen nicht uneingeschränkt zugänglich ist. Nicht erst der Außen*steuerung*, schon derAußen*analyse* des Willens einer Person sind prinzipiell unüberwindliche Grenzen gesetzt, und damit werden indirekt die Möglichkeiten einer *gezielten* Außensteuerung noch weiter beschränkt, wird die Bedeutung der Steuerung des Verhaltens von innen – vom eigenen Gehirn – noch größer. Im umgangssprachlichen Sinne impliziert das mehr Freiheit – Freiheit trotz der Voraussetzung, daß alle Gehirnprozesse nach physikalischen Gesetzen ablaufen. Ob man diese Argumentation allerdings auch zugunsten der Willensfreiheit im philosophischen Sinne gelten läßt, hängt immer noch von der intuitiven Auffassung des Begriffs »frei« ab.

3. Die metatheoretische Mehrdeutigkeit der Wissenschaft

Die aufgezeigten Gründe gegen eine vollständige Decodierbarkeit der Leib-Seele-Beziehung beruhen unter anderem auf Grenzen nicht-biologischer Wissenschaften. Von der Physik ging die Quantenunbestimmtheit in die Überlegungen ein, da sie die Offenheit der Zukunft in bezug auf die äußere Umwelt eines Menschen begründet. Die Endlichkeit der Welt begrenzt die Zahl möglicher analytischer Operationen, und die Grenzen mathematischer Entscheidbarkeit zeigen, daß nicht alle allgemeinen Gesetzmäßigkeiten und Zusammenhänge, die für komplexe Systeme gelten, auch durch endliche formale Analysen zu ermitteln sind.

Quantenunbestimmtheit, Endlichkeit, Unentscheidbarkeit, Grenzen einer formalen Theorie des Bewußtseins – hängt dies alles miteinander zusammen? Es gab Versuche, die Quantenunbestimmtheit aus den Gesetzen mathematischer Unentscheidbarkeit direkt und streng abzuleiten. Dies ist zwar bisher nicht gelungen, und so einfach wird die Beziehung vermutlich auch nicht sein. Es ist jedoch einzusehen, daß alle aufgezeigten Grenzen ein gemeinsames Merkmal, einen gemeinsamen Grund haben: Sie haben eine metatheoretische Charakteristik, sie beziehen sich auf das Wissen vom Wissen. Die Unbestimmtheit der Quantenphysik hat damit zu tun, daß es unmöglich ist, physikalische Meßgeräte selbst vollständig zu vermessen; die Unentscheidbarkeitssätze ergeben sich durch die Widerspruchsanfälligkeit der Anwendung der Logik auf die Logik; die aus der Endlichkeit der Welt abgeleiteten finitistischen Erkenntnisgrenzen beruhen darauf, daß eine endliche Menge von Materie kein vollständiges Bild ihrer selbst, und erst recht nicht beliebig viele Beschreibungen möglicher Zustände ihrer Teile enthalten kann. Grenzen der Decodierbarkeit der Leib-Seele-Beziehung hängen sehr wahrscheinlich mit der Problematik selbstanalytischer Prozesse des Denkens und ihrer Entsprechung in Gehirnvorgängen zusammen.

Selbstanwendung und Erkenntnisgrenzen der Wissenschaften

Grenzen der Erkenntnis inhaltlicher Wissenschaft ergeben sich also in sehr verschiedenen Wissenschaftsbereichen jeweils dann, wenn man Operationen oder Begriffe des betreffenden Wissenschaftsgebietes auf sich selbst anwendet. Derartige Selbstanwendungen sind einerseits nötig, wenn man den Anwendungsbereich einer Wissenschaft vervollständigen oder seine Grenzen ausloten will, andererseits sind sie aber anfällig gegen Mehrdeutigkeiten und Widersprüche. Als Rezept zur Absicherung gegen Widersprüche liegt es nahe, einen begrifflich streng abgetrennten methodischen Überbau anzusetzen: die Metamathematik, die die Mathematik zum Gegenstand hat, die Wissenschaftsphilosophie als »Metawissenschaft« von der Wissenschaft und eine Analyse der Erfahrungswissenschaften, bei der in Gedanken Meßverfahren auf Meßverfahren angewendet werden. Metatheorien sind instruktiv, sie würden aber nur dann zu einer *vollen* Absicherung der inhaltlichen Wissenschaften führen, wenn die Voraussetzungen des Überbaues selbst zweifelsfrei gesichert sind. Dies führt aber zur Forderung nach Meta-Meta-, Meta-Meta-Metatheorien und so fort: Die Kette des Hinterfragens würde nie ein Ende nehmen.

Damit wird man wieder auf die finitistische Denkweise zurückgeführt: mit endlichen Mitteln können wir vieles, aber nicht alles »ermitteln«; deshalb unterliegt auch jede Wissenschaft einer Begrenzung, die in ihren eigenen Voraussetzungen begründet ist. Die Quantenmechanik baut die Grenzen des möglichen physikalischen Wissens von vornherein in die Grundgesetze ein. Die formale Logik kann auf ihre Verankerung in elementarer Intuition nicht verzichten. Die finitistische Betrachtungsweise geht von einer riesigen, aber dennoch endlichen Zahl möglicher Operationen aus. Die Wissenschaftstheorie muß mit den inhaltlichen Wissenschaften in gewissem Maße auch sich selbst in Frage stellen, sich der Grenzen jeder Metatheorie bewußt sein – ohne solche Bescheidung verstrickt sie sich in Widersprüche mit dem wirklichen Wissen und dem wirklichen Wissenschaftsprozeß. Das Leib-Seele-Problem fügt sich in derartige Überlegungen ein: Das Denken, überhaupt das Bewußtsein kann sich selbst nicht vollständig erfassen, auch nicht auf dem Umweg einer Analyse seiner physikalischen Voraussetzungen im menschlichen Gehirn.

Voraussetzungen der Wissenschaften sind philosophisch mehrdeutig

Jede Wissenschaft, so genau sie inhaltlich in ihrem Anwendungsgebiet auch sein mag, ist in ihren metatheoretischen Voraussetzungen mehrdeutig. Das ergibt aber nicht nur Unsicherheit, sondern zugleich eine prinzipielle Freiheit der Interpretation, die weder durch gegenwärtige noch durch zukünftige objektive Erkenntnisse beseitigt werden kann. Die Quantenphysik läßt sich entweder als statistische Theorie einer realen Welt interpretieren – allerdings nur, wenn man recht unplausible Annahmen einführt und den Begriff »real« sehr weit auslegt – oder man verzichtet auf die anschauliche Auffassung von körperhaften Teilchen, die sich auf bestimmten Bahnen im Raum bewegen, und sieht die Physik von vornherein als eine Theorie des Meßbaren an. Ob man die Unentscheidbarkeitstheoreme der Mathematik als Hinweis auf allgemeine Erkenntnisgrenzen oder als spezielle Aussagen über bestimmte formale Systeme ansieht, hängt auch von – bewußten oder unbewußten – philosophischen Grundpositionen ab. Sie betreffen die Fragen, wie man die Beziehung der Mathematik zur realen Welt sieht, mit welcher Strenge man Anforderungen an Beweise und formale Absicherungen stellt, welche Rolle man der Intuition zubilligt und in welchem Sinne man das Unendliche als »wirklich« ansieht. Die Gültigkeit des finitistischen Prinzips ist davon abhängig, daß man seine erkenntnistheoretischen Voraussetzungen akzeptiert: Die Endlichkeit der Welt wird als eine Grundtatsache der Physik angesehen, vergleichbar zum Beispiel mit dem Satz der Erhaltung der Energie; man betrachtet die naive, unbegrenzte Ausweitung des Zählens über kosmische Dimensionen hinaus als problematisch, man verwirft Gedankenexperimente, die die Welt vom Standort eines superkosmischen Computers betrachten, als irreal. Diese Voraussetzungen erscheinen zwar vernünftig, aber niemand ist gezwungen, so zu denken. Auch Erkenntnisgrenzen in bezug auf die Leib-Seele-Beziehung, Grenzen der Decodierbarkeit mit finitistischen Mitteln, sind unterschiedlich interpretierbar: entweder als prinzipieller Indeterminismus, als »wirkliche« Unbestimmtheit oder als eine mehr praktische Unberechenbarkeit, hinter der man immer noch einen deterministischen, in den physikalischen Gehirnzuständen begründeten Zusammenhang annimmt. Diese Alternative hat eine gewisse Ähnlichkeit mit den bereits erwähnten Interpretationen der Quantenphysik – als Theorie des möglichen Wissens, jenseits dessen es keine bestimmte Realität mehr gibt, oder als statistische Theorie von Vorgängen, die »in Wirklichkeit« streng gesetzmäßig ablaufen, auch wenn wir über sie prinzipiell nichts erfahren können.

Insgesamt gehen diese Einsichten über Grenzen und Voraussetzungen der Wissenschaft wesentlich über die allgemeine, selbstverständlich erscheinende Formel hinaus, daß die Wissenschaft schon aus begrifflichen Gründen nicht alle denkbaren Fragen beantworten kann. Sie zeigen, daß es auch wissenschaftlich klar formulierte Fragestellungen gibt, die unlösbar sind; daß dies eine gemeinsame Wurzel in Grenzen der Anwendung der Wissenschaften auf ihre eigenen Voraussetzungen hat; daß die Wissenschaft auf einem Vorverständnis beruht, welches nicht wissenschaftlich abgesichert werden kann – es ist, metatheoretisch analysiert, mehrdeutig und erlaubt verschiedene Interpretationen.

Das – in der Regel unbewußte – Vorverständnis und seine bewußte Reflexion und Interpretation wiederum berührt sehr allgemeine Züge des menschlichen Selbst- und Weltverständnisses – wie die Vorstellungen von »Materie«, von einem deterministischen Ablauf der Naturprozesse, vom Unendlichen, von der Einheit des »Selbst« im Bewußtsein, vom Begriff »Seele«, von den Beziehungen zwischen Intuition und Erkenntnis, sowie zwischen Erkenntnis und Wirklichkeit. Verschiedene Einstellungen hierzu spiegeln bewußt oder unbewußt auch verschiedene philosophische, weltanschauliche und religiöse Grundauffassungen wieder. Weil unterschiedliche Auffassungen mit dem inhaltlich gleichen objektiven Wissen über die Wirklichkeit verträglich sind, kann die Wissenschaft zwischen ihnen grundsätzlich nicht eindeutig entscheiden. Kurz gesagt, die Wissenschaft vermag die metatheoretische Mehrdeutigkeit der Welt nicht aufzuheben.

Die metatheoretische Mehrdeutigkeit der Welt

Die Begriffe in dieser Kurzformel bedürfen allerdings einer Erläuterung. »Welt« steht für die Summe des möglichen Wissens über die Welt. »Metatheoretisch« wird rational, aber nicht eng aufgefaßt – weder im Sinne einer Absage an die Vernunft, wie sie vielfach dem Wort »Metaphysik« anhaftet, noch als Bezeichnung einer rein formalen Theorie über formale Theorien wie in der »Metamathematik«. Metatheoretisch im hier gebrauchten Sinne sind vernünftige Überlegungen auf einer hohen Stufe der Reflexion, mit Gedanken über das Denken und über die Gesamtheit des Wissens; sie sollen nicht gegen die Logik verstoßen, können aber durchaus auch Deutungen und Interpretationen enthalten.

4. Naturphilosophie und Weltverständnis

Naturphilosophie und Weltverständnis

Aus der »metatheoretischen Mehrdeutigkeit der Welt« folgt, daß es keine Interpretation der »Welt als Ganzes« gibt, die Anspruch auf alleinige wissenschaftliche Gültigkeit erheben könnte. Das ist aber kein Grund, auf jede Interpretation zu verzichten; jedenfalls wäre der Wille zum Verzicht nur eine unter mehreren denkbaren Einstellungen, die kaum konsequent einzuhalten ist. Auch im Bewußtsein einer Vielfalt von möglichen Betrachtungsweisen wird man zur eigenen Weltorientierung im allgemeinen einem bestimmten Ausgangspunkt, einer bestimmten Interpretation den Vorzug geben. Die Wahl ist nicht nur eine Frage des Wissens, sondern auch der Weisheit und somit der Philosophie. Im Laufe ihrer Geschichte entstand ein weites Spektrum von Ansätzen zu einem umfassenden Weltverständnis, die auch in unserer Zeit ihre Bedeutung behalten, sofern sie nicht im Widerspruch zu naturwissenschaftlicher Erkenntnis stehen.

Vorsokratische Prinzipien der Naturerklärung

Schon die früheste Philosophie im Griechenland des 6. und 5. Jahrhunderts vor der Zeitrechnung hat die Erklärung der Natur durch allgemeine Begriffe und Schlüsse der Vernunft versucht, ohne willkürliche Handlungen von Göttern ins Spiel zu bringen, von denen die alten Mythen erzählen. Hierfür haben die »vorsokratischen« Philosophen eine Reihe möglicher Grundprinzipien vorgeschlagen und gedanklich erprobt. Thales von Milet sah in der Natur das Wirken eines »Urelements«, als das er das Wasser annahm (ähnlich wie wir heute stabile Elementarteilchen wie Protonen und Elektronen, die das Wasserstoffatom bilden, als Urbestandteile der Materie betrachten). Demokrit lehrte, daß jede Materie aus Atomen besteht – die Eigenschaften der Natur beruhen letztlich auf den Eigenschaften der verschiedenen Atome. Anaximander von Milet postulierte die Gesetzmäßigkeit des Naturgeschehens und sah das Unendliche als Urgrund der Welt an. Anaxagoras betrachtete den Geist als das oberste Prinzip der Welt: »Der Geist hat seine Macht allein aus sich selbst.« Pythagoras von Samos betonte die Mathematik im allgemeinen und das Geheimnis der Zahl im besonderen als Schlüssel für das Verständnis der Natur. Xenophanes

»Elemente« · **Das Unendliche** · **Der Geist** · **Die Zahl**

Relativität der Erkenntnis

von Kolophon erkannte bereits grundsätzliche Grenzen menschlicher Erkenntnis und die Relativität menschlichen Denkens:

»Die Äthiopier stellen sich ihre Götter schwarz und stumpfnasig vor, die Thraker dagegen blauäugig und rothaarig.« Aber es herrscht doch »nur ein einziger Gott, unter Göttern und Menschen der Größte, weder an Aussehen den Sterblichen ähnlich noch an Gedanken«. »Niemals gab es den Mann und niemals wird es ihn geben, der die Wahrheit erkannt von den Göttern und allem auf Erden, denn auch wenn er einmal das Rechte vollkommen getroffen, wüßte er selbst es doch nicht. Denn Wähnen allein ist uns beschieden.«

»Logos« als Weltvernunft

Heraklit von Ephesos sieht den Logos, eine Art Weltvernunft, als Urgrund der Natur und ihrer Gesetze. Er spricht von der »Einsicht, die alles durch alles lenkt«. »Alles Geschehen erfolgt infolge eines Gegensatzes.« (Die moderne Systemtheorie macht ähnliche Aussagen: Vorhandene Strukturen erzeugen weitere Strukturen.) »Alles ist Austausch des Feuers und das Feuer Austausch von allem, gerade wie für Gold Waren und Waren für Gold eingetauscht werden« (ein Ansatz, der Ähnlichkeiten mit dem Energiegesetz und überhaupt mit den Erhaltungssätzen der modernen Naturwissenschaft hat).

Der Gegensatz

Erhaltungssatz

Schon bei Heraklit findet sich die Erkenntnis, daß wir über die Seele nicht alles wissen können: »Der Seele Grenzen kannst du nicht ausfindig machen, wenn du auch alle Wege abgesucht hast; so tiefgründig ist ihr Wesen.« Die Seele hat Teil an der Weltvernunft: »Der Seele ist der Logos eigen, der sich selber vermehrt.« Vernunft und selbstbezogenes Denken sind allgemeine Fähigkeiten der Gattung Mensch: »Alle Menschen haben die Fähigkeit, sich selbst zu erkennen und vernünftig zu denken.«

»Der Seele Grenzen ...«

Seele und Logos

Diese Ausschnitte aus der Frühgeschichte der Philosophie genügen schon, um die ungeheure Spannweite des philosophischen Denkens über Natur und Naturerkenntnis anzudeuten. In den alten Erklärungsansätzen kann man mit etwas Wohlwollen Grundzüge der modernen Naturwissenschaften sehen und Interpretationen hinsichtlich ihrer metatheoretischen Voraussetzungen finden. Die vorsokratische Philosophie entdeckte und entwickelte eine Reihe einfacher Möglichkeiten, um ein »tiefstes«, keiner weiteren Erklärung bedürftiges Prinzip des Naturverständnisses zu wählen – sei es ein materielles Urelement, ein allgemeines Erhaltungsgesetz, das Unendliche, den Geist, die Zahl, die Weltvernunft, den Gegensatz. Diese eindrucksvolle Liste kann auch heute noch als Grundlage des Nachdenkens über die Natur angesehen werden, sie hat in dieser Hinsicht die Geschichte der Philosophie weitgehend beeinflußt.

Der Reichtum philosophischer Überlieferung hat insgesamt die Folge, daß kaum eine Interpretation, die man der modernen Wissenschaft gibt, im gedanklichen Ansatz wirklich »neu« ist. Folgt daraus, daß naturphilosophische Fragen in erster Linie, wenn nicht gar ausschließlich, im Rückgriff auf die Tradition zu lösen sind? Eine solche Anschauung würde der Naturwissenschaft nicht gerecht. Vieles, was in der Geschichte der Philosophie über Natur und Naturwissenschaft behauptet wurde, ist eben auch schlicht falsch. Dies gilt nicht nur für konkrete Aussagen (»Der Mond hat eigenes Licht«), die die Forschung widerlegt hat, sondern auch für manche Behauptungen über die philosophischen Voraussetzungen des naturwissenschaftlichen Denkens. Sicher gehören die Gedanken Descartes über die Beziehung von Leib und Seele zu den wissenschaftshistorisch bedeutendsten Analysen dieses Problems; doch haben sich die physikalischen Annahmen, die seinen Ideen zugrunde liegen, in wesentlichen Zügen als falsch erwiesen, und darum können auch seine Schlüsse einer naturwissenschaftlichen Kritik nicht standhalten. Einer der tiefsinnigsten Denker der Menschheit, Immanuel Kant, hat Raum und Zeit in einer Weise erklärt, die später durch die Relativitätstheorie widerlegt wurde. Zu jeder Zeit gab es widersprechende Auffassungen unter Philosophen vergleichbarer Intelligenz, über die in der Folge die Wissenschaft entschieden hat. Der bloße Rückgriff auf Autoritäten der Geistesgeschichte führt nicht zur eindeutigen Lösung der Probleme.

Philosophisches Denken und naturwissenschaftliche Erfahrung

Bei vielen Wissenschaftlern ist deshalb die radikal entgegengesetzte Meinung verbreitet, die alte Philosophie sei durch die moderne Wissenschaft überholt, und damit das spekulative Denken durch experimentell fundiertes Wissen abgelöst. Für inhaltliche Aussagen über die Natur trifft das oft zu; für die metatheoretische Interpretation gilt es jedoch nicht. Die Philosophie kann dem einzelnen durchaus helfen, eine Interpretation zu finden, die zu seinem »Selbstverständnis«, zu seiner »Weltorientierung« beiträgt.

Philosophische, kulturelle und religiöse Deutungen

Metatheoretische Mehrdeutigkeit gilt aber nicht nur im Hinblick auf das rein philosophische Verständnis der Natur, sondern in jedem Zusammenhang, in den die Deutung der »Welt als Ganzes« eingeht. Deshalb ist wissenschaftliche Rationalität, die sich ihrer eigenen Voraussetzungen kritisch bewußt ist, durchaus mit sehr unterschiedlichen – wenn auch natürlich nicht allen – religiösen Anschauungen, praktischen Lebensformen und kulturellen Traditionen vereinbar.

X. Wissenschaft, Religion und kultureller Pluralismus

Die Natur ist in den Grundgesetzen der Physik eine Einheit, zu der auch der Mensch selbst gehört. Trotz der inhaltlichen Genauigkeit und der umfassenden Anwendbarkeit der objektiven Wissenschaften können diese jedoch ihre eigenen Voraussetzungen nicht vollständig erfassen; daher ist die »metatheoretische« Mehrdeutigkeit und Rätselhaftigkeit der Welt grundsätzlich nicht zu beseitigen. Dieses Wissen um die Grenzen objektiven Wissens, die sich besonders beim Problem des Bewußtseins zeigen, kann auch als Aufforderung zu einer kreativen Sinngebung des Lebens verstanden werden. Verschiedene – allerdings nicht alle – Philosophien, religiöse und kulturelle Vorstellungen sind mit den Erkenntnissen der Wissenschaft und mit logischem Denken vereinbar. Wissenschaft kann Religion weder widerlegen noch ersetzen, weder erzwingt sie eine bestimmte Lebensform noch führt sie zwangsläufig zu einer wissenschaftlich-technischen Einheitskultur. Ein bescheidenes Selbstverständnis der Wissenschaft, das sich der Interpretationsfreiheit ihrer metatheoretischen Grundlagen bewußt ist, spricht intuitiv für Toleranz zwischen Kulturen, für ein aktives Interesse an einer »bunten« Welt mit einer Vielfalt von Lebensformen und für einen bewahrenden Umgang mit dem Strukturreichtum der Natur.

1. Religion und die Rationalität der Wissenschaft

Die biblische Schöpfungsgeschichte

Der Anfang der Bibel erzählt die Entstehung der Welt: Am Anfang schuf Gott Himmel und Erde, Licht und Finsternis, Wasser und Land, die Pflanzen, Sterne, Sonne und Mond, die Tiere und schließlich den Menschen. »Er schuf den Menschen nach seinem Bilde, zum Bilde Gottes schuf er ihn.«

Im Lichte der modernen Naturwissenschaft ist diese zeitliche Folge der Entstehung der Welt und des Lebens in einigen wesentlichen Zügen richtig, in manchen aber auch falsch dargestellt: Sicher existierte die Sonne schon lange, bevor es die Pflanzen gab. Die Erzählung wurde auf dem Hintergrund des Weltbildes und des Weltverständnisses der alten Babylonier geschrieben, und es es wird nur wenige unter den heute lebenden Menschen geben, die ihre Haltung zur Religion davon beeinflussen lassen, daß die Schöpfungsgeschichte nicht wörtlich zu nehmen ist. Aussagen der Bibel können bildhaft aufgefaßt werden; das gilt nicht nur für die Beschreibung der Weltentstehung, die von der Wissenschaft in mancher Hinsicht überholt wurde, sondern auch für Berichte, deren innere Widersprüche von vornherein offensichtlich sind. Ein Beispiel: Die ersten Menschen, Adam und Eva, hatten zwei Söhne, Kain und Abel. Kain erschlug seinen Bruder Abel; dann zog er nach Osten und nahm sich ein Weib. Woher stammte Kains Weib? Auch vor zweieinhalbtausend Jahren wird man schon gewußt haben, daß die Geschichte, genau genommen, so nicht stimmen kann. Hinter den konkreten, bildhaften Erzählungen der Schöpfungsgeschichte aber steht eine zentrale »metatheoretische« Aussage – metatheoretisch im zuvor (Kap. IX, S. 268) erläuterten Sinne. Sie betrifft den Kosmos, die Natur und den Menschen: Die Welt ist Schöpfung Gottes; der Mensch, Ebenbild des Schöpfers, ist geschaffen, hat aber selbst auch – endliche – schöpferische Eigenschaften.

Bildhaftes statt wörtliches Verständnis der Überlieferung

Die Welt – Schöpfung Gottes; der Mensch – Gottes Ebenbild

Die christliche Lehre verbindet diese Interpretation der Welt mit dem Gebot der Liebe und der Hoffnung auf eine Zukunft, die über die Endlichkeit des Lebens hinausführt. Das höchste Gebot besteht aus zwei Teilen: »Du sollst Gott, deinen Herrn, von ganzem Herzen lieben«, und damit gleichgestellt und eng verbunden: »Du sollst deinen Nächsten lieben wie dich selbst.« Die Liebe zum Menschen – geschaffen nach Gottes Bild – ist auch ein Ausdruck der Liebe zu Gott. Alle anderen Regeln, Gesetze und Vorschriften sind dem Gebot der Liebe nachgeordnet. Die Zukunftshoffnung drückt sich in verschiedenen Bildern und Ideen aus: einem himmlischen Jerusalem, in dem es weder Leiden noch Tod gibt, einem Paradies glücklichen Lebens, der Gemeinschaft mit Gott und den Heiligen, aber auch in der abstrakten Vorstellung vom »Reich Gottes« außer Raum und Zeit, jenseits unserer Vorstellungen und Anschauungen einer physikalischen Welt.

Vielfalt religiöser Anschauungen

Die Vielfalt religiöser Anschauungen ist eindrucksvoll. Die christliche Tradition hat verschiedene Interpretationen und ist selbst eine unter mehreren großen Weltreligionen, die sich voneinander in wesentlichen Zügen des Welt- und Menschenbildes unterscheiden. Die meisten Religionen des Altertums ebenso wie der Hinduismus und die Natur- und Stammesreligionen kennen viele Götter, die jeweils verschiedene Aspekte des Göttlichen verkörpern. Das Judentum und der Islam haben mit dem Christentum den Glauben an den einen Gott gemeinsam, unterscheiden sich aber durch die große Bedeutung, die Lebensregeln wie Speiseverbote, Fastengebote und Gesetze gesellschaftlichen Verhaltens für die Beziehung zu Gott haben. Auch das Verhältnis des Menschen zu sich und seinen Mitmenschen wird von verschiedenen Religionen und religiösen Richtungen verschieden gesehen. Die Lebenseinstellung zu Aktivismus oder Fatalismus zeigt ebenfalls große Unterschiede, von der passiven Hinnahme allen Leidens bis zu der Vorstellung, daß der Mensch »selig wird durch seine Tat«.

Atheistische Religionen

Es gibt Religionen ohne Gott. Der Buddhismus ist in seiner ursprünglichen Form eine atheistische Religion. Die beiden bedeutendsten Ideologien, die in neuerer Zeit entstanden sind, der humanistische Atheismus und der Marxismus, lassen sich, wenn man will, ebenfalls als atheistische Religionen auffassen, obgleich sie sich in ihrer Selbstdarstellung oft religionsfeindlich geben. Den Anspruch auf ein umfassendes Weltverständnis, nicht selten mit einem beträchtlichen missionarischen Eifer vertreten, haben sie aber mit anderen Religionen gemeinsam. Zudem ist ihre Herkunft aus der jüdisch-christlichen Tradition offensichtlich. Was den Marxismus angeht, so ist auf die Verwandtschaft der Ideen der Weltrevolution und der nachfolgenden klassenlosen Gesellschaft mit der religiösen Heilserwartung, mit der Prophezeihung des Endes der bisherigen Welt und der Hoffnung auf ein himmlisches Jerusalem oft hingewiesen worden. Auch der humanistische Atheismus ist historisch aus christlichen Ideen in einer christlichen Gesellschaft hervorgegangen und hat mit seinen Ursprüngen eine universalistische Ethik gemeinsam.

Wie steht die moderne Wissenschaft zu religiösen Interpretationen des Menschen und der Welt? Es ist eine verbreitete Meinung, daß erst die neuere Naturwissenschaft religionskritisch ist, und daß sie den Menschen aus einer zuvor unangefochtenen religiösen Bindung gelöst hat. Tatsächlich gibt es aber aus allen Zeiten, die uns überhaupt schriftliche Überlieferungen hinterlassen haben, auch Dokumente der Skepsis. Sie enthalten zwar in der Regel keine rationalen Auseinandersetzungen mit religiösen Dogmen, sie kündigen aber das Vertrauen in die Religion auf, sie zweifeln an einer religiösen Sinngebung des Lebens.

Religiöse Skepsis: Seit Alters her

Gilgamesch-Epos

Im 5000 Jahre alten Gilgamesch-Epos rebelliert der Held (in späteren Fassungen sogar mit drastischen Beschimpfungen) gegen die oberste Gottheit, die Göttin Ishtar, und verzweifelt am Ende vor der Unvermeidlichkeit und Finsternis des Todes. Im altägyptischen »Brief des Lebensmüden an seine Seele« ist der Mensch auf sich selbst angewiesen und findet keinen Halt in der überlieferten Religion. Ein kaum verhülltes Dokument des Unglaubens, das seinen Platz im biblischen Kanon gefunden und behalten hat, der »Prediger«, zeigt ein Lebensgefühl der Sinnlosigkeit und Leere:

»Der Prediger«

»Es ist alles eitel, sprach der Prediger, alles ist eitel. Was hat der Mensch für Gewinn von all seiner Mühe, die er hat unter der Sonne? . . . Man gedenkt nicht derer, die zuvor gewesen sind, also wird man auch der späteren nicht gedenken, bei denen die noch später kommen . . . Es geht dem Menschen wie dem Vieh: Wie dies stirbt, stirbt er auch, und haben alle den gleichen Atem, ... und der Mensch ist nichts mehr als das Vieh; denn alles ist eitel.«

In Wirklichkeit werden religiöse Zweifel eine noch viel größere Rolle gespielt haben, als es nach der Tradition erscheint; es wird eher die Ausnahme gewesen sein, daß Äußerungen der Skepsis Aufnahme in den Kanon der schriftlichen Überlieferung fanden. Auch die Ansicht, daß wenigstens die Naturreligionen eine unreflektierte Geborgenheit vermitteln, ist höchst zweifelhaft. Es gibt erschütternde Berichte von Schamanen, die nach vielen Lehrjahren, trotz Selbstkasteiung und Trance doch erkennen mußten, daß sie das Ziel der Gemeinschaft mit dem Übernatürlichen verfehlt haben.

Was Skeptiker 1277 nicht lehren durften

Im Mittelalter entstanden im islamischen Persien die Verse weinseligen Unglaubens des Astronomen und Dichters Omar Khayam. In der frühen Phase europäischen wissenschaftlichen Denkens, aber doch noch lange vor der modernen Naturwissenschaft – im Jahre 1277 – hatte der Erzbischof von Paris offenbar Gründe, Hunderte von kritischen Behauptungen zu verbieten, die an den Universitäten in Umlauf waren, darunter die folgenden:

daß die Theologie auf Fabeln beruht,

daß die christliche Lehre Fabeln und Irrtümer enthält wie die anderen Religionen,

daß die christliche Lehre ein Hindernis für die Wissenschaft ist,

daß das Glück in diesem Leben ist und nicht in einem anderen.

Insgesamt zeigt der Rückblick in die Geschichte, daß die neuzeitliche Naturwissenschaft religiöse Skepsis vielleicht begünstigt, aber doch nicht erst verursacht hat – es gab sie schon immer. Andererseits ist aber auch die Bereitschaft, Erkenntnisse über die Natur gegen den Wortlaut religiöser Überlieferungen anzuerkennen, nicht erst eine Reaktion auf die moderne Wissenschaft. So wurde beispielsweise schon vom Jahr 1000 an allmählich wieder (wie zuvor schon im Altertum) angenommen, daß die Erde eine Kugel und keine Scheibe ist. Dies wurde auch von der katholischen Kirche als Institution akzeptiert, obwohl es der biblischen Schöpfungsgeschichte nicht entspricht. In der Neuzeit erlebte die Interpretationsfreiheit zunächst einen Rückschlag, als Kopernikus, Kepler und Galilei die neue Astronomie begründeten, nach der die Erde nicht der Mittelpunkt der Welt ist, sondern sich um die Sonne dreht. Nun erst brach der Konflikt zwischen Wissenschaft und religiöser Autorität mit aller Härte aus. Allerdings war auch in dieser Frage eine prinzipielle Bereitschaft der Kirche zur Veränderung tradierter Interpretationen vorhanden – »Hypothesen« waren erlaubt. Es war eher ein Autoritätskonflikt – obliegt die unvermeidliche Korrektur überlieferter Vorstellungen den Institutionen, wie es die katholische Kirche forderte, oder dem einzelnen Entdecker, wie es Galilei im Stil seines Auftretens noch mehr als in seinen Worten vertrat? Später entzündeten sich die Konflikte am Menschenbild, wie es sich angeblich aus der Evolutionslehre herleitet. Erst im Laufe einer langen Auseinandersetzung sind schließlich Theologen lernbereiter und Wissenschaftler bescheidener geworden.

Kirche und Wissenschaft: Konflikte und neue Lernbereitschaft

Wie stellt sich das Verhältnis von Wissenschaft und Religion aus heutiger Sicht dar? Bis zu einem gewissen Grade kann man versuchen, Wissenschaft und Religion verschiedenen Bereichen des Lebens zuzuordnen, nämlich die Wissenschaft den Naturerscheinungen, der Technik und Vernunft, die Religion der subjektiven menschlichen Innenwelt, der Ethik und dem Gefühl. Zudem kann man auch ein und dieselbe Wirklichkeit unter einem religiösen und einem naturwissenschaftlichen Aspekt sehen. Dies gilt insbesondere für das Universum als Ganzes: Es ist kein Widerspruch, den Kosmos zugleich als Schöpfung Gottes *und* als Resultat einer den physikalischen Gesetzen unterliegenden Entwicklung anzusehen, da man auch die physikalischen Gesetze selbst als Teil der Schöpfung ansehen kann. Eine Unterscheidung von religiösen und naturwissenschaftlichen Fragen, Sichtweisen und Aussagen ist in Grenzen durchaus sinnvoll; nur kann eine derartige Aufteilung schon aus rein logischen Gründen nicht vollständig aufgehen. Dies zeigt sich besonders, wenn sich Religion und Wissenschaft wechselseitig im Blickfeld haben – wenn also die Religion aus der Sicht der Wissenschaft *und* die Wissenschaft aus der Sicht der Religion

Wissenschaft aus religiöser Sicht

gesehen wird, so daß letztlich die Wissenschaft wie auch die Religion jeweils sich selbst gegenüberstehen.

Aus religiöser Sicht kann man Wissenschaft als eine Fähigkeit des Menschen begreifen, durch die er sich als »Bild Gottes« erlebt: Er kann die Schöpfung – innerhalb von Grenzen – verstehen, geistig nachvollziehen und sich dienstbar machen. Umgekehrt sind aus der Sicht der Wissenschaft die Religionen, objektiv betrachtet, eher historische und psychologische Phänomene. Sie sind entstanden unter bestimmten geschichtlichen Bedingungen, dienten bestimmten politischen und sozialen Zwecken und entwickelten sich als Ergebnis von kulturellen und sozialen Wechselwirkungen. Religion erfüllt psychologisch verständliche Bedürfnisse und Wünsche des Menschen. Man kann, wenn man will, diese Art der objektivierenden Analyse negativ ausfüllen: Religion diente der Rechtfertigung von Herrschaft, der Unterdrükkung Andersdenkender, der Befriedung Unterdrückter, der Flucht vor den politischen und persönlichen Realitäten des Lebens. Es lassen sich aber auch positive Aspekte in den Vordergrund stellen: die Beiträge einer Religion zur Entwicklung der Kultur, zur Bewältigung persönlicher Probleme, zur Selbstsicherheit und Freiheit von Angst, zur Friedfertigkeit und schließlich zur Gelassenheit gegenüber der Unvermeidlichkeit des Todes.

Religion aus wissenschaftlicher Sicht

Die Kernfrage ist nun nicht etwa, ob derartige objektivierende, wissenschaftliche Aussagen über eine Religion richtig, sondern ob sie vollständig sind. Wäre alles objektivierbar, so wäre Religion »nichts als« das, was eine wissenschaftliche Analyse über sie aussagen kann. Dies ist jedoch nicht der Fall: Objektive Wissenschaft beantwortet nicht alle Fragen, die für das menschliche Selbstverständnis bedeutend sind und in religiöse Auffassungen eingehen. Wie die Diskussion des Leib-Seele-Problems gezeigt hat, geht das Bewußtsein über den Bereich des Objektivierbaren hinaus und ist mit den Methoden der Wissenschaft nicht vollständig erfaßbar. Zudem sind Fragen nach Sinn und Ziel des Lebens und der Welt nicht naturwissenschaftlich zu entscheiden. Es gibt noch weitere Gründe dafür, daß die wissenschaftliche Analyse einer Religion nicht eindeutig und vollständig sein

Religion ist nicht vollständig objektivierbar

kann: Jede inhaltliche Wissenschaft beruht auf einem intuitiven Vorverständnis, in das wiederum auch weltanschauliche Einstellungen eingehen. Daher wird es vom Vorverständnis mit abhängen, ob eine wissenschaftliche Betrachtung religiöser Auffassungen zu positiven oder negativen Urteilen kommt. Man wird also in der Regel keine objektiv wahren Erkenntnisse gewinnen, sondern etwas herausfinden, was im intuitiven Ansatz schon enthalten war.

Intuitive Quellen religiöser Entscheidung

Weil religiöse Aussagen, was ihre gedankliche Struktur angeht, in ihrem wesentlichen Kern metatheoretisch sind, kann über sie weder Wissenschaft noch Wissenschaftsphilosophie eindeutig entscheiden; deshalb ist die Behauptung nicht zulässig, Religion sei »nichts als« das, was die objektivierende Analyse ergibt, »nichts als« ein historisch-psychologisches Phänomen. Zwar läßt sich die Auffassung vertreten, daß die Welt aus sich selbst heraus erklärbar ist, indem man alle Fragen, die sich nicht mit objektiven Begriffen ausdrücken und mit objektiven Verfahren eindeutig entscheiden lassen, von vornherein als unsinnig zurückweist. Rein logisch betrachtet ergibt dies keinen Widerspruch, allenfalls eine Verengung des Blickfeldes. Ein Anspruch auf die einzig richtige Auffassung läßt sich daraus aber nicht herleiten.

Eine Entscheidung für ein bestimmtes Weltverständnis muß letztlich auf intuitive Zusammenhänge bauen. Obwohl sie nicht streng beweisbar sind, können sie sich doch in den Folgerungen mehr oder weniger bewähren. Allerdings ändert sich im Laufe der Geschichte bisweilen das, was als »intuitiv einsichtig«, als »selbstverständlich« gilt. Ein eindrucksvolles Beispiel hierfür ist die Ideengeschichte des Determinismus. Der Streit um die Freiheit und Selbstverantwortung des Menschen hat sich immer wieder an der These

Beispiel: Ideengeschichte des Determinismus

entzündet, das persönliche Schicksal des Menschen einschließlich seiner guten und schlechten Taten sei streng vorherbestimmt und könne daher aus eigenem Antrieb nicht verändert werden. In der Vergangenheit sahen sehr viele Theologen die deterministische Auffassung als zwingende Konsequenz der Allmacht Gottes an. Zwar opponierte hiergegen schon im vierten Jahrhundert der irische Mönch Pelagius in Rom und vertrat, anders als der Kirchenvater Augustin, die Meinung, der Mensch könne aus eigener Kraft gut handeln, aber seine These wurde nicht zur vorherrschenden Lehre. In der Gegenwart hat sich der intuitive Zusammenhang zwischen Determinismus und Religiosität in einer erstaunlichen Weise umgekehrt: Der Determinismus wird vorwiegend als charakteristisches Merkmal eines mechanistischen und daher innerweltlichen Menschenbildes empfunden, demgemäß Gott in den Ablauf der Prozesse nicht eingreifen kann und für deren Erklärung nicht nötig ist, während umgekehrt indeterministische Züge der modernen Wissenschaft wie die Unbestimmtheit der Quantenphysik, die formale Unvollständigkeit der Logik und sogar die »gesetzliche Ungesetzlichkeit« der Theorie des Chaos eher als Öffnung für religiöse Interpretation empfunden werden. Die Wandlungen dessen, was als intuitiv einsichtig gilt, sind eine Warnung davor, die Intuition (zumal die eigene) zu verabsolutieren – obwohl wir wissen, daß man nicht auf sie verzichten kann.

Zu vielen Fragen, die mit religiösen Entscheidungen in Zusammenhang stehen, hat die moderne Wissenschaft wenig oder nichts beizutragen. Für zwei Aspekte ist die Naturwissenschaft jedoch von erheblicher Bedeutung: für das Verständnis des Kosmos als Ganzem und für die Selbsterfahrung des menschlichen Geistes – zu der ganz besonders das Erlebnis der Fähigkeit gehört, die Natur aufgrund allgemeiner, der Vernunft einleuchtender Gesetze umfassend zu verstehen. Allerdings ist auch in solcher Hinsicht die Beziehung zwischen naturwissenschaftlicher Erkenntnis und religiöser Interpretation intuitiv; logisch zwingende Schlüsse sind nicht möglich.

Gefühl der Verlorenheit des Menschen im Kosmos

Der Kosmos der neueren Naturwissenschaft ist unvorstellbar groß und alt. Die Entstehung der Materie, der Galaxien, der Sterne und Planeten, aber auch das Ende der Strukturen durch kosmische Katastrophen vollziehen sich in gewaltigen Dimensionen; die Erde ist einer unter unzähligen Himmelskörpern, der Mensch darauf ein winziges Wesen, alles andere als der Mittelpunkt des Universums. Die Astronomie seit Kopernikus, erst recht aber die neuere Kosmologie der extragalaktischen Systeme, der Quasare und schwarzen Löcher begründet ein Gefühl der Verlorenheit in der physikalischen Welt. Im Ansatz jedoch finden wir dieses »Lebensgefühl« bereits im Alten Testament, in der Anrufung Gottes aus dem 8. Psalm:

»Wenn ich den Himmel sehe, deiner Hände Werk, den Mond und die Sterne, die du bereitet hast –

– was ist der Mensch, daß du sein gedenkst, und des Menschen Kind, daß du dich seiner annimmst?«

Sonderstellung des Menschen in der Schöpfung

Und doch gab Gott dem Menschen eine herausragende Sonderstellung in der Schöpfung; das Lied Davids, »vorzusingen, auf der Harfe«, fährt fort:

»Du hast ihn wenig niedriger gemacht denn Gott, mit Ehre und Herrlichkeit hast du ihn gekrönt. Du hast ihn zum Herrn gemacht über deiner Hände Werk; alles hast du unter seine Füße getan, Ochsen und Schafe allzumal, dazu auch die wilden Tiere, die Vögel unter dem Himmel und was im Meer ist.«

Der Mensch, so verschwindend klein im Kosmos, hat in seinem Bewußtsein Teil an der Weisheit, Einsicht in den »Logos«, die geistige Ursache der Welt. Das Evangelium des Johannes beginnt:

Am Anfang war der Logos

»Am Anfang war der Logos, und der Logos war bei Gott, und Gott war der Logos ... Alle Dinge sind durch denselben gemacht, und ohne ihn ist nichts gemacht, was gemacht ist. In ihm war das Leben, und das Leben war das Licht der Menschen ...«

Das Urwort »Logos« bedeutet Wort, Geist, Sinn, es liegt der Bezeichnung »logisch« für exaktes, verläßliches Denken zugrunde. Eingeführt wurde es in die Philosophie von Heraklit als Weltgesetz, nach dem alles geschieht, und über jüdisch-hellenistische Strömungen zur Zeit der Anfänge des Christentums fand es – in theologisch erweiterter Bedeutung – Eingang in das Johannes-Evangelium.

Einige Jahrhunderte früher waren schon die »Sprüche« entstanden, in denen König Salomon die »Weisheit« von sich selber sprechen läßt:

»Ich, Weisheit, wohne bei der Klugheit, und ich weiß guten Rat zu geben ... Mein ist beides, Rat und Tat, ich habe Verstand und Macht ...

Der Herr (Gott) hat mich geschaffen als den Anfang seiner Wege, als das früheste seiner Werke *vor den Zeiten.*

Ich bin eingesetzt von Ewigkeit, von Anfang, *vor* der Erde.

Ehe dann die Berge eingesenkt waren, vor den Hügeln war ich geboren.

Da er den Grund der Erde legte, war ich der Werkmeister bei ihm und hatte meine Lust täglich und spielte vor ihm allezeit

und spielte auf seinem Erdboden, und meine Lust ist bei den Menschenkindern.«

Die Weisheit – Werk Gottes am »nullten Schöpfungstag«

Der Mensch erkennt also die Weisheit als Grund der Schöpfung, als Werk Gottes am »nullten« Schöpfungstag. Die moderne Naturwissenschaft läßt sich durchaus als Teilnahme an dieser Weisheit auffassen. Aber nicht nur das Verhältnis des Menschen zur Natur, seine Fähigkeit, die Welt zu begreifen, sondern auch sein Verhältnis zu sich selbst im bewußten seelischen Erleben und zu den Mitmenschen im Mitfühlen und Miterleben ist von Bedeutung für ein religiöses Weltverständnis: Die Beziehung zum Mitmenschen läßt sich als Bild, als Gleichnis der Beziehung des Menschen zu Gott auffassen. »Kann man« – so umschreibt einer der Begründer der modernen Physik, Werner Heisenberg, die Frage nach einem persönlichen Gott – »der zentralen Ordnung der Dinge oder des Geschehens, an der ja nicht zu zweifeln ist, so unmittelbar gegenübertreten, mit ihr so unmittelbar in Verbindung treten, wie dies bei der Seele eines anderen möglich ist?«

Bewußtsein und Beziehung zu Gott

Wissenschaft und formales Denken versagen vor solchen Fragen. Ein religiöses Verständnis des Seelischen ist keine Aussage über raum-zeitliche Vorgänge der physikalischen Welt und liegt damit nicht im Anwendungsbereich der Naturwissenschaften. Religion ist mehr eine Sache des Vertrauens als des Wissens. Die Bewährung, soweit es so etwas gibt, liegt dann auch nicht im formalen Beweis, der logisch unmöglich ist. Sie besteht vielmehr darin, dem Leben Sinn und Ziel zu geben, sich in der Welt zu orientieren und den Mitmenschen gerecht zu werden.

Die moderne Wissenschaft hat Aussagen der Religionen,

die sich auf inhaltliche Erklärungen der Natur bezogen, in Frage gestellt. Sie hat gezeigt, daß manche Überlieferungen nicht wörtlich und konkret, sondern, wenn überhaupt, bild- und symbolhaft zu interpretieren sind; die wesentlichen, die metatheoretischen Aussagen der Religionen werden jedoch von der Wissenschaft weder bestätigt noch widerlegt. Wissenschaft kann die Fragen, die hinter diesen Aussagen stehen, auch nicht als Scheinprobleme entlarven. Es wird immer Menschen geben, die einer religiösen Interpretation positiv und andere, die ihr ablehnend gegenüberstehen. Die Grenze verläuft nicht zwischen aufgeklärt und naiv, klug und dumm und schon gar nicht zwischen gut und böse. Eher schon hat die Entscheidung etwas mit einem Gefühl der Verlorenheit oder Geborgenheit in der Welt zu tun, mit metaphysischem Pessimismus oder Optimismus – aber auch solche Unterscheidungen verführen allzu leicht zu einer psychologisierenden Erklärung, die einer wissenschaftstheoretischen Kritik am Ende wieder nicht standhalten würde. Was unter wissenschaftsphilosophischen Gesichtspunkten zu sagen bleibt, ist eher bescheiden: Naturwissenschaft, die ihre eigenen Grenzen nicht verleugnet, sondern sie sich zum Gegenstand macht, ist zwar nicht mit allen, aber doch mit sehr verschiedenen Einstellungen zu Religionen vereinbar, mit skeptischen ebenso wie mit positiven.

Wissenschaft ist offen gegenüber Religionen

2. *Lebensform und wissenschaftlich-technische Entwicklung*

Wissenschaftliches Denken ist offen gegenüber unterschiedlichen philosophischen und religiösen Interpretationen der Welt – wie aber steht es mit der praktischen Gestaltungsfreiheit in einer von Wissenschaft und Technik geprägten Gesellschaft? Nach einer verbreiteten Meinung war und ist die Entwicklung der Industriegesellschaft von Zwängen bestimmt, von Sachzwängen, von politischen Zwängen: Die Naturwissenschaft begründete die Technik, und diese führte zur industriellen Produktionsweise; die innere Dynamik des

Wissenschaft und industrielle Entwicklung

wissenschaftlich-technischen Fortschritts wirkte auf die politische Machtverteilung und umgekehrt. Das legte die Entwicklung der modernen Industriegesellschaft fest, die dabei ihre eigenen, auf der mechanischen Denkweise des Maschinenzeitalters beruhenden Werte erzeugt: Leistung und Leistungsfähigkeit, Wachstum und Fortschritt um ihrer selbst willen.

Als eine ungefähre Beschreibung des historischen Prozesses ist diese Darstellung gar nicht so falsch – aber den politischen Bewußtseinsstand der Gegenwart gibt sie nicht richtig wieder; im Gegenteil, es wird mehr umd mehr erkannt, daß die Entwicklung – überließe man sie fatalistisch einer unreflektierten Eigendynamik – in der Zukunft zu einer Katastrophe führen müßte. Wissenschaft und Technik lassen sich nicht nur für positive Ziele einsetzen, zur Entlastung von übermäßiger und schwerer Arbeit, für die Annehmlichkeiten des Alltags, zur Verbesserung der Landwirtschaft, für die Verlängerung des Lebens – sie haben auch destruktive Wirkungen und Nebenwirkungen, sie können politisch zu Unterdrückung und Zerstörung mißbraucht werden. Nur ein Teil dessen, was wissenschaftlich-technisch möglich ist, ist auch wünschenswert. Damit ist die Frage nach dem Sinn und Ziel möglicher Anwendungen gestellt. Obwohl die Wissenschaft solche Fragen nicht aus sich selbst heraus lösen kann, so richten sich diese doch auch an die Wissenschaftler, die – wie alle anderen – für die vorhersehbaren Folgen ihrer Handlungen und Unterlassungen verantwortlich sind. Für jedes einzelne Problem ist eine spezifische Analyse der wissenschaftlichen Optionen in engem Zusammenhang mit einer Klärung und Abwägung der Ziele erforderlich.

Nicht alles, was machbar ist, ist wünschenswert

Verantwortung der Wissenschaft

Bei manchen – nicht bei allen – Problemen dieser Art können auch *wissenschaftsphilosophische* Überlegungen zu einer Lösung beitragen, besonders dann, wenn die Praxis der Wissenschaft und Technik die Beziehung des Menschen zu sich selbst und zur Natur im Ganzen berührt. Dies sei im folgenden an drei Problemfeldern erläutert, die in der Diskussion um die Zukunft eine große Rolle spielen und bei denen die Selbstreflexion der Wissenschaft in besonderem Maße eingeht: zum einen die Anwendungen der biologischen Wissenschaft und der aus ihr abgeleiteten Techniken auf ihre Erfinder, auf die Menschen selbst; sodann Strategien zur Erhaltung der natürlichen Lebensbedingungen für künftige Generationen unter den Aspekten einer »ganzheitlichen« Systemtheorie; und schließlich das Verhältnis zwischen dem Verständnis der Natur und dem Umgang mit der Natur.

Anwendung der Biotechnik auf den Menschen

Was die Anwendung biologischer Erkenntnisse und Techniken auf den Menschen angeht, so eröffnen die Fortschritte der Biologie neben eindeutig positiven auch durchaus problematische Möglichkeiten, von der Geburt in der Retorte bis zum hinausgezögerten Sterben auf der Intensivstation. In fernerer Zukunft sind darüber hinaus auch Eingriffe in das Leben künftiger Generationen durch Manipulationen an der Erbsubstanz denkbar. Für solche Anwendungen der Biotechnik stellt sich die Frage nach dem Sinn mit besonderer Schärfe, wenn der Mensch Subjekt und nicht nur Objekt der Naturwissenschaft sein will, wenn die Wissenschaft ihm dienen, nicht ihn beherrschen soll. Zielvorstellungen, die aus einem mechanischen Weltbild stammen, wie Leistung und Leistungsfähigkeit um ihrer selbst willen, sind ungeeignet, die Richtung der Biotechnik zu bestimmen. Nicht nur jede mechanische Leistung, auch jede Leistung formaler Intelligenz kann man im Prinzip einer Maschine übertragen. Kreativität ist zwar immer eine wünschenwerte Eigenschaft, aber es ist gerade die Definition des Kreativen, daß es nicht auf systematische Weise erzeugt werden kann. Vielleicht wären Glück und Glücksfähigkeit bessere Maßstäbe für die Anwendung von Biotechnik auf den Menschen, denn das Gebot der Nächstenliebe enthält als Ziel das Glück der Mitmenschen. Jedoch sind auch in dieser Hinsicht die Grenzen eng gezogen: Das Kriterium für Glück ist die Äußerung des Menschen, daß er glücklich sei. Könnte man die Glücksfähigkeit durch genetische Manipulationen verbessern, indem man zum Beispiel die Struktur des Gehirns verändert? Dies wäre kaum möglich, weil man damit zugleich das Kriterium für Glück außer Kraft setzen würde: Je stärker die Veränderung des Gehirns, desto unklarer wäre es, ob die Aussage »Ich bin glücklich« das bedeutet, was *wir* damit meinen.

Konstruktive Verbesserung des Menschen: nein

Sinnvolles Ziel der Biotechnik bleibt vielmehr Glück durch Verringerung des Leidens, bleibt schließlich die Verlängerung des Lebens, solange es noch ein Leben mit Glücksfähigkeit ist. Alle diese Überlegungen laufen darauf hinaus, die Biotechnik nicht zu einer konstruktiven Verbesserung des Menschen anzuwenden, sondern sie auf die klassischen Aufgaben der Medizin, auf Heilung und Linderung von Krankheiten und Hilfe bei Behinderungen zu beschränken.

Biotechnik gegen Krankheit: in Grenzen ja

Die zweite Fragestellung betrifft die Zukunft des »Systems Erde«. Welchen Beitrag kann Systemtheorie – die mathematische Formulierung der Erkenntnis, daß das Ganze mehr ist als seine Teile – hierzu leisten? Systemtheoretische Analysen haben viel zum Verständnis von Strukturbildungen beigetragen, und zwar nicht nur im Rahmen der Physik und Biologie, sondern darüber hinaus im sozialen Bereich. Die »ganzheitliche« Denkweise verspricht auch einen Beitrag bei der Suche nach einer »sustainable society«, nach einer ökologisch bestandsfähigen Gesellschaft. Welche Formen der Technik, der Arbeit, des Wirtschaftens und des Verbrauchens sind überhaupt mit hoher Lebensqualität für alle und auf Dauer verträglich? In jede Analyse dieser Probleme gehen komplizierte Wechselwirkungen innerhalb des Gesamtsystems »Erde« ein. Sie sind Gegenstand globaler Modelle, wie sie im Laufe der letzten Jahrzehnte entwickelt wurden. Ihr Vorhersagewert im Detail ist zwar sehr begrenzt; manche Berechnungen hängen äußerst empfindlich von Voraussetzungen ab und sind daher entsprechend unsicher. Darüber hinaus beruhen Prognosen auch auf bestimmten Annahmen über menschliche Verhaltensweisen (zum Beispiel über den Zusammenhang zwischen Bevölkerungswachstum und wirtschaftlichem Wohlstand); unter dem Eindruck von Prognosen, überhaupt durch die politische Wahrnehmung von Problemen verändern sich wiederum manche Verhaltensweisen. Damit aber werden die Voraussetzungen der Analyse und die Gültigkeit der Prognosen in Frage gestellt. Trotz solcher Einschränkungen hat die Systemtheorie durchaus dazu beigetragen, die großen Probleme der Zukunft besser zu verstehen und alternative Entwicklungsmöglichkeiten zu erkennen und abzuwägen. Diese

Ökologische Zukunft des »Systems Erde«

Wirkung hängt gar nicht in erster Linie von detaillierten, computergestützten Modellen ab; Vertrautheit mit der Denkweise der Systemtheorie verbessert auch die Qualität des intuitiven Denkens, der nichtformalen Diskussion, die in der Regel die politische Entscheidungsfindung viel stärker bestimmt als irgendwelche quantitativen Berechnungen. Man erkennt immer mehr, daß wir in einer Phase des Übergangs von raschem Wachstum zu annähernder Sättigung leben. Dies drückt sich in verschiedenen globalen Größen aus: Weltbevölkerung, Produktivität, Energieverbrauch, Umweltbelastung. Die Sättigung wird durch die begrenzten Ressourcen der Erde erzwungen; sie wird sich daher in jedem Fall ergeben, ob dies im Einzelfall nun gewollt oder ungewollt, geplant oder spontan, gewaltsam oder friedlich vor sich geht. Gewiß, der Zeitpunkt der Sättigung kann in einzelnen Bereichen manipuliert und verzögert werden – damit wird das Problem aber nur verschoben und erschwert, nicht gelöst. Schließlich muß jedes exponentielle Wachstum zu einem Ende kommen – offen bleibt nur, auf welche Weise. Die Systemtheorie zeigt drei verschiedene Möglichkeiten dafür auf: eine plötzlich einsetzende Umweltkatastrophe; die allmähliche Einstellung eines dauerhaften Zustandes niederer Lebensqualität; und die Einstellung eines dauerhaften Zustandes hoher Lebensqualität. Die letztere Variante ist offensichtlich wünschenswert – sie erfordert aber, den Anstieg der Umweltbelastung zu einem baldigen Ende zu bringen. Dies wäre mit Lebensformen unvereinbar, die weiterhin mit unreflektiertem und unkontrolliertem Wachstum der Bevölkerung, der Produktion und des Verbrauchs von nicht erneuerbaren Ressourcen verbunden sind. Eine bestimmte Lösung wird durch derartige Forderungen aber nicht erzwungen. Auch unter Bedingungen eines ökologischen Gleichgewichts sind verschiedene Varianten der Lebensführung möglich, was zum Beispiel Arbeit und Freizeit, Krankheit und Alter, Bildung und Erziehung, aber auch das Verständnis von sozialer Gerechtigkeit und individueller Freiheit angeht. Für ein Problem gibt es in der Regel ein ganzes Spektrum von Lösungen.

Systemtheorie vergleicht Optionen für die Zukunft

Die Denkweise der Systemtheorie unterscheidet sich

schon im Ansatz von herkömmlichen mechanistischen Überlegungen: Eine Ursache hat viele Folgen, eine Folge hat viele Ursachen. Folgen verhalten sich zu Ursachen nicht »linear«. Es kann stabile und unstabile Zustände, Chaos, periodische Entwicklungen und Sättigungserscheinungen geben. Die Beziehungen zwischen Maßnahmen und ihren Auswirkungen sind nicht nur kompliziert – nicht selten sind sie antiintuitiv und kontraproduktiv. Systeme können verschiedene, jeweils sich selbst stabilisierende Zustände haben; der Übergang von einem zum anderen ist oft nur in hinreichend großen Schritten zu bewirken. Der gedankliche Ansatz der Systemtheorie ist trotz großer quantitativer Unsicherheiten, die man nicht verkennen darf, doch eine Hilfe für den Vergleich verschiedener Entwicklungsmöglichkeiten in einem komplexen Zusammenhang, Möglichkeiten, die weit über die einfache Alternative »Fortschreibung der gegenwärtigen Entwicklung« oder »zurück zum einfachen Leben« hinausgehen.

Begrenzte Belastbarkeit der Natur

Ausgangspunkt solcher Überlegungen ist die Rücksicht auf die begrenzte Belastbarkeit der Natur. Dieses Postulat ist relativ neu, das Problembewußtsein und die Lösungsvorschläge sind selbst Produkte der wissenschaftlich-technischen Entwicklung. Zwar gab es schon in historischer Zeit vom Menschen verursachte Umweltkatastrophen; so wurde in der spätrömischen Epoche der Mittelmeerraum weitgehend entwaldet, um Brennholz für Schiffbau, Ziegelbrennerei und öffentliche Bäder zu gewinnen, und die Folge war die Verkarstung und Verarmung großer Landstriche. Derartige Konsequenzen waren damals aber nicht bewußt. Für die Gegenwart und Zukunft sind ökologische Fehlentwicklungen hingegen nicht zu übersehen; die heutigen wissenschaftlichen Erkenntnisse begründen eine klare Verantwortung für die natürlichen Lebensbedingungen nachfolgender Generationen.

Es wäre allerdings eine Überschätzung jeder rationalen Argumentation, würde man glauben, daß theoretische Einsichten in sich schon fast die Lösung darstellen. Entscheidungstheoretisch ist es eher die Ausnahme als die Regel, daß theoretische Erkenntnisse in politische Handlungen umgesetzt werden. Zielgerichtetes Verhalten, das für die Sicherung der Zukunft Verzichte in der Gegenwart hinnimmt, erfordert fast immer eine Verbindung von Einsichten und Emotionen. Zur emotionalen Seite des ökologischen Problems gehört die intuitive, gefühlsmäßige Beziehung des Menschen zur Natur. Sie wird in verschiedenen Kulturen unterschiedlich begründet und hat sehr verschiedenes Gewicht. In der biblischen Überlieferung spielt das Verhältnis von Mensch und Natur eine vergleichsweise geringe Rolle; die wenigen Texte, die sich darauf beziehen, sind jedoch sehr aufschlußreich. So enthält die Schöpfungsgeschichte den Auftrag, der Mensch solle sich die Erde untertan machen. Zugleich wird aber auch deutlich, daß dies keine Aufforderung zur Ausbeutung oder Zerstörung ist: Selbst das Paradies, der *Garten* Eden, erforderte Arbeit – wenn auch nicht mühselige Arbeit – um es »zu pflegen und zu bewahren«. Wesentlich stärker als in der jüdisch-christlichen Tradition wird von einigen anderen, so den indianischen Kulturen die Verantwortung für die Natur betont, begründet in Mythen, die ein Lebensgefühl der Einheit des Menschen mit der Natur ausdrücken.

Historisch hat die Entwicklung von Wissenschaft und Technik wesentlich zur Bedrohung der Umwelt beigetragen. Die mechanistische Denkweise des vorigen Jahrhunderts war allzu leicht zu verallgemeinern und zu pervertieren, so daß Natur vorwiegend als Gegenstand der Ausbeutung betrachtet wurde. Die bescheidenere und kritischere Denkweise der heutigen Naturwissenschaften legt es jedoch eher nahe, eine unbegrenzte Objektivierung der Natur zur Instrumentierung und Ausbeutung in Frage zu stellen: Die Natur ist in den Grundgesetzen der Physik eine Einheit, zu der auch der Mensch selbst gehört. Die Verantwortung für den Menschen ist auch Verantwortung für die Natur; ihr Reichtum ist die Grundlage jeder wirtschaftlichen Tätigkeit. Die Vielfalt der Strukturen – der Pflanzen, der Tiere und der Landschaften – zu erhalten, ist allein schon wegen ihrer Erlebnisqualität für die Menschen, letztlich aber auch um ihrer selbst willen geboten.

Naturverständnis und Naturerhaltung

Mit solchen Postulaten soll nun nicht in den alten Fehler

verfallen werden, aus wissenschaftlichen Tatsachen auf ethische Normen zu schließen. Eine streng logische Ableitung bleibt unmöglich; aber eine intuitive Beziehung zwischen dem Verständnis der Natur und dem Umgang mit Natur hat es immer gegeben und wird es immer geben. Die Einheit der Natur in den Grundgesetzen der Wissenschaften und die Einsicht, daß der Mensch auch Teil der Natur ist, könnten durchaus eine bewahrende Beziehung der Wissenschaft zur Natur begründen.

3. Wissenschaft und kultureller Pluralismus

Seit dem Altertum dokumentieren Berichte von Reisenden das Erstaunen über die Sitten fremder Völker. Wer über seinen eigenen Kulturkreis hinausblickt, ist meist überrascht und fasziniert, bisweilen verwirrt und schockiert, wie fundamental Kulturkontakte das scheinbar Selbstverständliche in Frage stellen, wie verschieden die Welt verstanden und das menschliche Zusammenleben geregelt werden kann.

Kulturelle Vielfalt und Strukturtheorie

Völkerkunde und vergleichende Kulturwissenschaften haben aufgezeigt, daß jede Kultur ein in sich zusammenhängendes System von Interpretationen, Sitten und Werten darstellt. Die Vielfalt der Kulturen beruht nicht in erster Linie auf biologischen Unterschieden innerhalb der Menschheit, sondern auf verschiedenen tradierten Einstellungen des Menschen zu sich selbst und der Umwelt. Es ist die Eigendynamik der Kulturgeschichte, die zu einer Differenzierung führt. Sie entspricht durchaus den Regeln der allgemeinen Strukturtheorie, die die »Selbsterzeugung« von Unterschieden innerhalb von Systemen aus annähernd *gleichen* Komponenten erklärt: Wechselwirkungen in komplexen Systemen vermögen unter geeigneten Bedingungen viele verschiedene, annähernd stabile Zustände zu erzeugen, die aufeinanderfolgen, miteinander konkurrieren, oder auch miteinander kooperieren können.

In den letzten hundert Jahren hat sich, ausgehend von Europa und Nordamerika, die Anwendung von Wissenschaft und Technik in der Industrie, Landwirtschaft und Medizin weltweit verbreitet. Dabei wurden in großem Umfang nicht nur Kenntnisse und Fertigkeiten, sondern auch der Lebensstil der westlichen Industriegesellschaften und die historisch damit verbundenen Organisationsformen und Ideen übertragen. In zahlreichen Fällen sind die Beziehungen zur eigenen Überlieferung verkümmert, ging das tradierte Verhältnis zu Mitmenschen und zur Natur verloren.

Bedrohte Kulturen

Viele Kulturen sind untergegangen oder zerstört worden, andere sind – und fühlen sich – bedroht. Die Problematik dieser Entwicklung wird aber inzwischen mehr und mehr erkannt. Eine Gegenbewegung entstand, die eine eigenständige kulturelle Tradition betont und sie erhalten möchte.

Nicht wenige Beobachter geben dieser Tendenz keine Chance. Sie behaupten, mit der Übernahme der Wissenschaft und Technik gehe die Zerstörung der »vorwissenschaftlichen« Kultur *zwangsläufig* einher – die Wissenschaft sei nicht von der Geschichte derjenigen Zivilisation zu trennen, aus der sie hervorgegangen ist, die industrielle Technik nicht vom Lebensstil der Gesellschaften, die sie zuerst eingeführt haben. Dieser Gedanke ist aber noch in der mechanistischen Denkweise des vorigen Jahrhunderts verwurzelt. Er berücksichtigt nicht das bescheidenere Selbstverständnis, das sich aus der Reflexion der Voraussetzungen der Wissenschaften ergibt. Unbestreitbar verändern sich Kulturen unter dem Einfluß der Wissenschaft, wie sie sich auch unter anderen Einflüssen ständig wandeln. Anpassung ist nötig, um an Vorteilen von Wissenschaft und Technik teilzuhaben. Wie die christlich-abendländische, so werden wahrscheinlich auch andere Kulturen auf neue Erkenntnisse mit einer Reinterpretation der überlieferten Vorstellungen antworten. Dieser Prozeß führt aber keineswegs zwangsläufig zu einer von Wissenschaft und Technik bestimmten Einheitskultur.

Die Überlegungen über die Grundlagen der modernen Physik, Mathematik und Biologie haben ergeben, daß wissenschaftliches Denken, wenn es sich seiner eigenen Grenzen bewußt ist, nicht nur zum Verständnis der Natur und zur Bewältigung von praktischen Problemen verhilft; es führt auch an unüberwindliche Grenzen der Erkenntnis, es zeigt auf der metatheoretischen Ebene der Reflexion eine prinzipielle Interpretations- und Deutungsfreiheit auf. Wir haben erläutert, daß verschiedene Deutungen, die mit der inhaltlich gleichen Wissenschaft vereinbar sind, nicht nur spezielle wissenschaftstheoretische Aspekte betreffen; sie berühren vielmehr das allgemeine Selbst- und Weltverständnis – sie spiegeln unterschiedliche Einstellungen zum Unendlichen, zur Realität, zum gesetzmäßigen Ablauf der Ereignisse wider. Diese Liste läßt sich erweitern und noch stärker auf solche Alternativen beziehen, die für die Unterscheidung und Identität von Kulturen besonders wichtig sind: Man kann in Übereinstimmung mit wissenschaftlichen Tatsachen und logischem Denken die Welt atheistisch, polytheistisch oder monotheistisch interpretieren, dem Geist oder der Materie die Priorität zuschreiben, den Menschen als Ziel oder Zufallsprodukt der Weltentwicklung ansehen, der Geschichte und dem individuellen Schicksal den einen oder anderen – oder auch gar keinen – Sinn unterlegen, den Menschen vorwiegend als freies und schöpferisches oder als den jeweiligen Umständen unterworfenes Wesen auffassen, das Bewußtsein als eine Urgegebenheit oder eine bloße Begleiterscheinung von Gehirnprozessen ansehen, die Zukunft für wirklich offen oder letztlich doch vorherbestimmt halten. Wissenschaftliches Denken kann zwar objektive Aussagen über die Natur bestätigen oder widerlegen und eine Kontrolle des fehlbaren intuitiven Denkens durch Erfahrung und Experiment ausüben – die Rätselhaftigkeit und Mehrdeutigkeit der Welt kann es jedoch nicht überwinden. Deshalb ist und bleibt ein aufgeklärter kultureller Pluralismus mit der modernen Wissenschaft logisch vereinbar.

Moderne Wissenschaft ist mit kultureller Vielfalt vereinbar

Damit ist allerdings noch nicht entschieden, ob wir ihn auch wünschen. Wäre es nicht besser für eine friedliche Entwicklung der Gesellschaft, sich auf ein bestimmtes Weltverständnis, bestimmte Ziele, bestimmte Werte, eine bestimmte Moral zu einigen? Wenn wissenschaftliche Rationalität dies nicht erzwingt, so verbietet sie es doch auch nicht. Es gibt aber eine Reihe von Gründen, die sehr für die Erhaltung und Entwicklung kultureller Vielfalt sprechen:

Kultureller Pluralismus ist wünschenswert

Kulturen sind nicht statisch, sie verändern sich ständig

und versuchen dadurch neue (und alte) Probleme zu lösen, den sich verändernden Bedingungen gerecht zu werden und neue Erkenntnisse aufzunehmen. Dabei spielt, wie die Geschichte zeigt, der Kontakt zu anderen Kulturen eine ausschlaggebende Rolle. Die Entwicklung innerhalb mächtiger abgeschlossener Gesellschaften scheint viel träger zu sein, als dies bei intensivem Austausch der Informationen und Herausforderungen durch andere Kulturen der Fall ist. Weder die revolutionäre vorsokratische Naturphilosophie der alten Griechen in einem kleinen Küsten- und Inselgebiet der Ägäis, noch das monotheistische Verständnis der Welt durch die Hebräer wäre ohne Kontakt und Auseinandersetzung mit den vorderasiatischen und ägyptischen Hochkulturen der damaligen Welt denkbar. Strukturen, die stark aufeinander einwirken, erzeugen neue Strukturen. Eine Vielfalt von Kulturen, die miteinander in Verbindung stehen, erscheint deshalb als gute Voraussetzung für die dynamische Entwicklung jeder einzelnen Kultur.

Vorteile kultureller Wechselwirkung

Ein zweites Argument für kulturellen Pluralismus liegt in dem Erlebnisreichtum, den die Dynamik kultureller Interaktion und die Herausforderung durch das Fremde, Vielfältige mit sich bringt. Naturwissenschaftliche Erkenntnis ist eine Weise, die Welt geistig zu entdecken, zu verstehen und zu erleben, zwar eine sehr wesentliche, aber eben doch eine von mehreren. Neben ihr stehen, mit vergleichbarem Anspruch, Kunst und Musik, Geschichte und Philosophie. Eine von der wissenschaftlich-technischen Denkweise vollkommen beherrschte einheitliche Weltkultur wäre sehr einseitig. Kontrast und Dynamik von Kulturen, Teilkulturen und Subkulturen haben in sich einen Erlebniswert, den eine homogene Einheitskultur wegen ihrer Strukturarmut und ihrer Trägheit nicht bieten kann. Zudem wird ein Spektrum koexistierender Kulturkreise mit Möglichkeiten der Wahl zwischen verschiedenen Lebensauffassungen und Lebensformen den unterschiedlichen Vorstellungen, Neigungen und Temperamenten am besten gerecht.

Erlebnisreichtum kultureller Vielfalt

Ein drittes Argument für kulturellen Pluralismus ist das Selbstbewußtsein, das aus der Identifikation mit einer bestimmten Kultur entsteht: Es bildet gute Voraussetzungen für individuelle Selbstfindung und kollektive Bewältigung von Problemen. Ein solcher Zusammenhang ist besonders deutlich bei den Bestrebungen der Entwicklungsländer zu erkennen, ihre Probleme mit Hilfe von Wissenschaft und Technik zu lösen. Die Erfolge einiger ostasiatischer Länder sind offensichtlich vom Glauben an die Qualität der eigenen Kultur mitbestimmt. Mißerfolge in manchen anderen Regionen lassen umgekehrt einen Zusammenhang mit dem Verlust kulturellen Selbstbewußtseins erkennen. Erfolg hängt von vielen Faktoren ab – nicht nur von historischen Voraussetzungen, politischen Ausgangs- und Randbedingungen, sondern auch von der »autokatalytischen« Dynamik der Beziehung zur eigenen Kultur: Kulturelles Selbstbewußtsein erzeugt Erfolg, und Erfolg wiederum stärkt das Selbstbewußtsein.

Selbstbewußtsein und kulturelle Identität

Kultureller Pluralismus ist also nicht nur logisch mit wissenschaftlicher Rationalität vereinbar, er ist auch wünschenswert. Dies besagt jedoch noch nichts über die tatsächlichen Chancen verschiedener Kulturen in der Zukunft. Kulturen können entstehen und vergehen, sich wandeln, verzweigen oder verschmelzen; es gibt die im Grunde zerstörte Kultur, die Traditionen nur oberflächlich weiterführt, es gibt die oberflächlich angepaßte Kultur, die in verborgener Form doch ganz wesentlich von tradierten Verhaltensweisen und Werten bestimmt wird. Die Entwicklung im Einzelfall ist schwer zu prognostizieren; sie hängt von Art und Stärke der Gegenströmungen zu Vereinheitlichung und Differenzierung ab, sie wird aber auch von der Fähigkeit mitbestimmt, das moderne Wissen in die eigene Kultur zu integrieren und die kulturellen Traditionen neu zu interpretieren.

Kulturelle Vielfalt erfordert Toleranz

Eine *allgemeine* Bedingung für den Fortbestand und die Fortentwicklung kultureller Vielfalt ist Toleranz – ein eher fragiles Produkt menschlicher Einsicht; sie setzt voraus, das Fremde zu respektieren, die Vielfalt zu wollen, die Gleichwertigkeit aller Menschen, auch der Andersdenkenden, anzuerkennen – und dies alles, obwohl doch jede Kultur ihr eigenes Wertsystem durch Erziehung so tradiert, daß es dabei kaum in Frage gestellt wird. Nun ist sich der moderne

Mensch durchaus der Tatsache bewußt, daß nicht alle Werte der eigenen Kultur besser sind als die der anderen; verschiedene Kulturen und Subkulturen unterscheiden sich zum Beispiel in der Gestaltung und Intensität familiärer Bindungen, in die man sich auch von einem fremden Standpunkt aus bis zu einem gewissen Grade hineindenken kann. Andererseits wäre aber ein völliger Wertrelativismus mehr als problematisch; man wird kaum bereit sein, etwa die Witwenverbrennung oder den Kannibalismus wertneutral zu betrachten, obwohl auch bei diesen Bräuchen der kulturelle Hintergrund erklärbar ist. Dies wirft das Problem einer Bewertung der Werte auf: Welche sind relativ, welche universell? Eine streng wissenschaftliche Antwort ist unmöglich, denn man kann nicht aus Tatsachen allein auf Werte schließen – jede logische Ableitung von Werten setzt schon Werte voraus. Zwar gibt es einen »Urwert«, der sich in etwas verschiedenen Formulierungen über Jahrtausende als philosophisch weitgehend konsensfähig erwiesen hat: Die »Goldene Regel«, die besagt, daß sich jeder selbst nach den Prinzipien des Verhaltens richten soll, deren Befolgung durch andere er wünscht. Diese Regel kann sich nicht zuletzt auf die gemeinsamen biologischen Merkmale innerhalb der Gattung Mensch stützen; sie konstatiert nicht die Gleichheit, wohl aber die Gleichwertigkeit aller Menschen und begründet sehr allgemeine, wenn auch abstrakte Forderungen nach Solidarität und Gleichberechtigung. Die Konsequenzen sind allerdings auch wieder mehrdeutig. Gleichberechtigung kann mehr individuell oder kollektiv verstanden werden, sie kann Rechtsgleichheit, Chancengleichheit, Einkommensgleichheit, Glücksgleichheit anstreben . . . Trotz der Goldenen Regel bleibt somit die Unterscheidung zwischen kulturübergreifenden und kulturspezifischen Werten theoretisch schwierig – und dennoch ist sie praktisch notwendig: Ein unbeschränkter Wertrelativismus würde gemeinsame Grundwerte des menschlichen Lebens in Frage stellen. Andererseits ist pädagogische Überheblichkeit, ist erst recht brutaler Moralismus zur Durchsetzung eigener Wertvorstellungen mit einer friedlichen Wechselbeziehung verschiedener kultureller Entwürfe völlig unvereinbar.

Universelle und kulturspezifische Werte

Die Offenheit der Kulturgeschichte ist eine Herausforderung, von der Freiheit zugunsten einer bunten Welt tatsächlich Gebrauch zu machen. Allerdings ist diese Freiheit auch die Freiheit der anderen, begründet in der Erkenntnis der Eigenschaften, die den Menschen gemeinsam sind. Die darin enthaltenen alten politischen Probleme der Bewertung der Werte und der Grenzen der Toleranz gegenüber der Intoleranz zeigen dieselbe metatheoretische Schleife, die uns bei wissenschaftsphilosophischen Betrachtungen oft begegnet und jeweils Grenzen wissenschaftlicher Entscheidbarkeit anzeigt. Auch für die Koexistenz verschiedener Wertsysteme gibt es keine formale Lösung aller Grenzfragen. Ansprüche auf allgemeine menschliche Werte mit kulturellem Pluralismus und friedlichem Zusammenleben zu vereinen, ist eine Kunst und keine Wissenschaft. Von dieser Kunst hängt allerdings viel ab: die Qualität, vielleicht sogar der Fortbestand menschlichen Lebens.

Literaturhinweise und Anmerkungen

Der Gedankengang des vorliegenden Buches baut auf Erkenntnissen sehr verschiedener Wissenschaften – von der Physik bis zur Psychologie – auf. Die skizzenhaften Darstellungen von Ergebnissen einzelner Gebiete, zum Beispiel der Molekularbiologie oder der Neurobiologie, dienen dem Zweck, die Argumentation über Tragweite und Grenzen der Naturwissenschaften aus sich selbst heraus verständlich zu machen, ohne daß der Leser auf andere Literatur zurückgreifen müßte. Für eine gründlichere Einführung muß hingegen auf einschlägige Lehrbücher, Lexika, Artikel sowie auf Darstellungen in Zeitschriften für einen größeren Leserkreis wie »Bild der Wissenschaften«, »Scientific American« (deutsch: »Spektrum der Wissenschaften«) oder »Naturwissenschaften« verwiesen werden.

Im folgenden werden zu den verschiedenen Kapiteln neben ergänzenden Anmerkungen einige Literaturhinweise gegeben. Dabei wurde jedoch nicht versucht, den Text im Stil einer wissenschaftlichen Abhandlung mit Zitaten zu belegen – dies hätte die Darstellung viel zu oft unterbrochen und das Verständnis der Zusammenhänge für den allgemeinen Leserkreis, für den das Buch bestimmt ist, eher erschwert. Die wenigen, im folgenden angegebenen Bücher und Aufsätze enthalten aber zahlreiche Hinweise auf mehr ins Detail gehende Literatur.

Kapitel I **Physik – die Grundlage der objektiven Naturwissenschaften**

Eine Einführung in die Quantenphysik und ihre Interpretation als Theorie des möglichen Wissens gab W. Heisenberg in »Physik und Philosophie«, Ullstein Buch Nr. 351321. Einige Prinzipien sind in leicht verständlicher Dialogform auch in seinem Buch »Der Teil und das Ganze«, R. Piper & Co, München 1969, dargestellt.

Eine kritische Auseinandersetzung mit der Interpretation der Quantentheorie durch Heisenberg und Bohr zugunsten einer »realistischen« Auffassung der Mechanik gibt K. R. Popper in: »Logik der Forschung«, 1971, sowie in »Objektive Erkenntnis«, Hoffmann und Campe, Hamburg 1973.

Kapitel II **Logisches Denken, mögliches Wissen und Grenzen der Entscheidbarkeit**

1. Logik der Logik

Während es viele allgemeinverständliche Bücher und Artikel über die Quantenunbestimmtheit und ihre philosophischen Folgerungen gibt, sind die Voraussetzungen und Konsequenzen der mathematischen Beweis- bzw. Entscheidbarkeitstheorie für einen weiten Leserkreis schwerer zugänglich. Eine eingehende Darstellung findet sich bei W. Stegmüller: »Unvollständigkeit und Unentscheidbarkeit«, Springer, Wien/New York 1970. Die mathematische Beweisführung ist schwierig; die wichtigsten Ergebnisse der Entscheidungstheorie sind in dem genannten Buch zusammengefaßt. Zum besonders bedeutsamen Theorem von Gödel geben E. Nagel und J. R. Newman eine populärwissenschaftliche Einführung und Erklärung in »Der Gödelsche Beweis«, R. Spies & Co, Wien 1958. Die Zurückhaltung von Mathematikern bei der Deutung der Gödel-Theoreme kommt zum Beispiel bei P. Lorenzen (»Metamathematik«, Hochschultaschenbücher 25, Mannheim 1962, S. 132) zum Ausdruck: »Kritisch betrachtet sagt der Gödelsche Unableitbarkeitssatz nichts über Gott, die Welt oder das menschliche Erkenntnisvermögen, er ist nur (!) ein Satz der konstruktiven Mathematik«. D. E. MacKay hingegen vertritt (in »Man and his future«, Ciba Foundation Volume, Hrg. G. Wolstenholme, I. & A. Churchill Ltd, London 1963, S. 180) eine Auffassung, die der unseren ähnlich ist: »Es ist nicht so, daß man nicht alles, was sich spezifizieren läßt, [auch] von Maschinen ausführen lassen könnte – aber für uns Menschen ist das Verständnis dessen, was ein Mensch ist, grundsätzlich begrenzt, und darum wird uns eine vollständige Spezifizierung [des Menschen] nicht gelingen.« Einen interessanten und ungewöhnlichen Brückenschlag von Gödels Theoremen über philosophische Fragen bis zum Verständnis von Kunst enthält D. R. Hofstadters Buch »Gödel, Escher, Bach« (Harvester Press, Hassox, Sussex 1979, deutsch bei Klett-Cotta, Stuttgart 1985). Gegen Ende des Buches nimmt der Autor auch zu den Problemen des menschlichen Geistes und Bewußtseins (»mind«) Stellung, das wir im Kapitel VIII (Physik, Bewußtsein und das Leib-Seele-Problem) erörtern. Hofstadter ist wie die meisten Mathematiker der Auffassung, daß sich aus dem Gödel-Theorem keine Begrenzung für eine Theorie des Bewußtseins ergibt; dies ist vermutlich richtig, wenn man sich *allein* auf dieses Theorem bezieht. Andererseits darf man aber nicht schließen, daß es eine vollständige naturwissenschaftliche Theorie geben muß, nur weil die Physik im Gehirn gilt. Im Kapitel VIII haben wir – am Beispiel der Verhaltensdispositionen – Gründe für prinzipielle Grenzen einer Theorie der Leib-Seele-Beziehung dargelegt; für diese Überlegungen spielen zwar auch die Unentscheidbarkeitssätze der Mathematik eine Rolle, aber darüber hinaus gehen noch ganz andere Gesichtspunkte entscheidend ein – unter anderem die finitistische Erkenntnistheorie, die die Endlichkeit von Analysen in einer endlichen Welt berücksichtigt.

3. Endlichkeit der Welt und 4. Finitistische Erkenntnistheorie

Der Brief des Archimedes über die Sandzahl, der in Ausschnitten zitiert ist, entstammt der Reihe »Ostwalds Klassiker: Archimedes«, neu aufgelegt bei: Wissenschaftliche Buchgesellschaft, 4. Auflage 1983.

Der erkenntnistheoretische Finitismus – »nur eine begrenzte Zahl von analytischen Operationen ist innerkosmisch möglich« – ist in einem Artikel des Autors zum Leib-Seele-Problem begründet: »Der physikalische Grundlegungsversuch in der Biologie und das psychophysische Problem« (Ratio *12*, 40–54, 1970). Die kritische Grenzzahl innerweltlich möglicher Operationen, 10^{120}, ergibt sich dabei als Produkt des Alters der Welt (ausgedrückt in Elementarzeiten), 10^{40}, mit der Anzahl langlebiger Partikel (Protonen, Neutronen, Elektronen) im Universum, 10^{80}. Elementarzeit ist hierbei definiert als der Zeitraum, der nach den Regeln der Quantenunbestimmtheit für eine Operation verfügbar sein muß, damit die Stabilität beteiligter Partikel erhalten bleibt. Dies ist der Fall, wenn die Unbestimmtheit der Energie $\triangle E$ kleiner ist als die Masse des Partikels m multipliziert mit dem Quadrat der Lichtgeschwindigkeit c. Die Quantenunbestimmtheit ergibt als Elementarzeit $t = h/mc^2$ (h = Plancks Konstante). Das Alter der Welt – etwa 20 Milliarden Jahre – entspricht etwa 10^{38} solcher Elementarzeiten für Elektronen und 10^{41} für Protonen. Für unsere erkenntnistheoretischen Überlegungen kommt es nur auf die ungefähre Zahl der »Nullen vor dem Komma« an: In diesem Sinne grob geschätzt ist die Welt 10^{40} Elementarzeiten alt. Die Schätzung von etwa 10^{80} für die Zahl stabiler Partikel im Universum erhält man aus einem Radius des Universums von etwa 20 Milliarden Lichtjahren und einer mittleren Dichte in der Größenordnung von einem Partikel pro Kubikmeter. Argumente für die Dichteschätzung sind in einem Artikel von V. Rubin dargestellt (Scientific American, Juli 1983, S. 88). Eine Zahl der Größenordnung 10^{120} ergibt sich auch auf einem anderen Wege, nämlich als Zahl der »Uralternativen« in einer axiomatischen Begründung der Quantentheorie durch C. F. von Weizsäcker (in: »Die Einheit der Natur«, Hanser 1971).

Ein verwandter Gedanke liegt einem von dem Mathematiker Bremermann gefundenen Prinzip zugrunde, daß ein Stück Materie bestimmter Masse pro Sekunde nur eine bestimmte Anzahl voneinander unabhängiger Operationen ausführen kann. Rechnet man die Beziehung von Bremermann auf den ganzen Kosmos um, so ergibt sich wiederum eine Zahl von 10^{120} als Obergrenze innerkosmisch möglicher Operationen.

5. Das Wissen vom Wissen

Die allgemeine Problematik der Wissenschaftstheorie, insbesondere die Beziehung zwischen Theorie, Erfahrung und Erkenntnis ist sehr gut in dem Buch von W. Stegmüller, »Hauptströmungen der Gegenwartsphilosophie« (Kröner, Stuttgart 1958) dargestellt. Eine Einführung in die analytische Wissenschaftsphilosophie einschließlich der Begründung theoretischer Begriffe gibt R. Carnap, »Einführung in die Philosophie der Naturwissenschaften«, Teil V, Nymphenburger Verlagsbuchhandlung, 1969. Eine radikale Kritik an gängigen Auffassungen von Wissenschaft liegt P. Feyerabends anarchistischer Erkenntnistheorie zugrunde: »Wider den Methodenzwang – Skizze einer anarchistischen Erkenntnistheorie«, Suhrkamp, Frankfurt 1975. Obwohl am Ende sozusagen das Kind mit dem Bade ausgeschüttet wird – von der Wissenschaft bleibt nicht viel Positives übrig – macht die gedankenreiche, originelle und unkonventionelle Argumentation das Buch Feyerabends dennoch sehr lesenswert. Kernpunkt ist, daß es keine Methode gibt, um Methoden zu beurteilen.

Kapitel III **Grundprozesse des Lebens**

Zur Einführung in die molekulare Biologie sei auf das Buch von R. Knippers, »Molekulare Genetik«, Thieme, Stuttgart/New York 1982, hingewiesen.

Kapitel IV **Vererbung, Information und Evolution**

Eine Einführung in die Evolutionstheorie gibt G. Osche: »Evolution: Grundlagen, Erkenntnisse, Entwicklungen der Abstammungslehre«, Herder, Freiburg/Basel/Wien, 1972. Besonders aufschlußreich ist ein Buch aus der Reihe »Spektrum der Wissenschaft« mit dem Titel »Evolution«, Heidelberg 1983, in dem viele neuere Erkenntnisse, insbesondere zur Entstehung des Lebens und zu den Anfangsstadien der molekularen Evolution (M. Eigen, W. Gardiner, P. Schuster und R. Winkler-Oswatitsch), zur Evolution vielzelliger Pflanzen und Tiere (J. W. Valentine), zur Evolution des Verhaltens (J. Maynard Smith) und zur Evolution des Menschen (S. L. Washburn) zusammengefaßt sind.

Jedes Szenarium der Evolution ist mit Unsicherheiten behaftet, besonders was die Vorgänge bei und kurz nach der Entstehung des Lebens angeht. In unserem Szenarium wird angenommen, daß das Leben begann, als unter zufällig entstandenen rückgefalteten Nukleinsäuren solche auftraten, die eine katalytische Funktion zur Begünstigung ihrer eigenen Vermehrung ausüben konnten. Die Proteinsynthese wurde erst danach, die Zellmembran noch später erfunden. Verschiedene Theorien zur Entstehung des Lebens unterschieden sich wesentlich hinsichtlich der Bedeutung, der Reihenfolge und der Kopplung dieser drei Schritte. In der Tat ist es bei dem begrenzten Stand unseres Wissens ebensogut denkbar, daß der Beginn des Lebens mit der »Erfindung« der Proteinsynthese zusammenfiel. Nach dieser Vorstellung bildeten sich zunächst viele verschiedene rückgefaltete Nukleinsäuren, die bestimmte Aminosäuren banden: Vorstufen der Transfer-RNS. Andere Nukleinsäuren – Vorstufen der Messenger-RNS – reihten die aminosäurebindenden Nukleinsäuren in einer bestimmten Folge auf, die Aminosäuren verbanden sich zu Kettenmolekülen (wie in der *Abb. 3 a* auf S. 80 skizziert), und es entstanden proteinähnliche, durch Nukleinsäure codierte Produkte. Wenn nun dabei zufällig solche Proteine gebildet wurden, die die Kopierung codierender Nukleinsäure begünstigten, so war ein »Hyperzyklus« (M. Eigen, siehe den oben zitierten Artikel von Eigen u. a. im »Spektrum der Wissenschaft«) entstanden, der autokatalytisch wirkte. Damit wäre definitionsgemäß die Voraussetzung für das System »Leben« auf der Erde geschaffen.

Während die Frage offen ist, ob Proteinsynthese ganz am Anfang des Lebens stand oder nicht, lassen sich doch Gründe dafür angeben, daß die dritte erwähnte Eigenschaft, der Abschluß des lebenden Systems in Form einer Zelle, keine notwendige Voraussetzung für den Beginn des Lebens war und erst in einer etwas späteren Phase zustande kam. Nukleinsäuren sind Knäuelmoleküle; wird im Bereich eines Knäuelmoleküls, oder kleinerer Aggregate von Knäuelmolekülen, ein Stoff gebildet, der die Kopierung der Nukleinsäure begünstigt, so hat der Stoff auch ohne eine umschließende Zellwand erhebliche Chancen, durch reinen Zufall oft auf Nukleinsäure zu stoßen, bevor er aus dem Bereich des »eigenen« Knäuels herausdiffundiert; Autokatalyse ist also physikalisch-chemisch möglich, auch wenn es keine abschließende Zellwand gibt. Natürlich führt die »Erfindung« der Zellwand zu einer starken Steigerung der Effizienz der autokatalytischen Rückwirkung.

Die »evolutionäre Erkenntistheorie« – »Das menschliche Erkenntnisvermögen ist ein natürliches Ergebnis der Evolution« – begründet K. Lorenz in seinem Buch »Die Rückseite des Spiegels«, R. Piper & Co, München 1973. In dem Sammelband »Die Evolution des Denkens« (Herausgeber K. Lorenz und F. M. Wuketits, R. Piper & Co, München 1983) werden verschiedene Aspekte dieses theoretischen Ansatzes dargelegt. Was den Erklärungsanspruch der Theorie angeht, so geht G. Vollmer in seinem Beitrag am weitesten, er schließt auch das Bewußtsein weitgehend ein, während R. Löw eine besonders kritische, transzendentalphilosophisch begründete Position einnimmt. Verwiesen sei außerdem auf das Buch von R. Riedl über »Biologie der Erkenntnis«, Parey, Berlin 1980.

Die Zitate am Schluß des Kapitels sind dem Buch »Zufall und Notwendigkeit« von J. Monod (dtv, München 1975; Originalausgabe »Le hazard et la nécessité«, Edition du Seuil, Paris 1970) entnommen.

Kapitel V **Biologische Strukturbildung**

Eine klassische Einführung in die allgemeine Entwicklungsbiologie gab A. Kühn in den »Vorlesungen über Entwicklungsbiologie«, Springer Verlag, Berlin/Heidelberg/New York 1965. Die Biologie der Zelle und einige neuere Erkenntnisse über Entwicklung sind besonders anschaulich dargestellt in: B. Alberts und anderen, »Molecular Biology of the Cell«, Garland Publishing Inc., New York 1983.

Daß physikalisch-chemische Prozesse in Lösung zu räumlichen Strukturen führen können, hat A. Turing entdeckt – der gleiche Mathematiker, der die Entscheidungstheorie mitbegründet hat (»The chemical basis of morphogenesis«, Philosophical Transactions of the Royal Society, *237*, 1952, 32–72). Die Erklärung biologischer Strukturbildungen als Folge kurzreichweitiger Aktivierung und langreichweitiger Hemmung (A. Gierer und H. Meinhardt, »A theory of biological pattern formation«, Kybernetik *12,* 1972, 30–39) ist vom Autor für einen weiteren Leserkreis dargestellt in »Physik der biologischen Gestaltbildung«, Naturwissenschaften *68,* 1981, 245–251, sowie am Beispiel der Regeneration der Hydra in »Hydra as a model for the development of biological form«, Scientific American *233*, Dezember 1974 S. 45–54. Eine ausführliche Darstellung mit vielen Beispielen aus der Biologie gibt H. Meinhardt in »Models of Biological Pattern Formation«, Academic Press, London/New York 1982.

Kapitel VI **Gestaltbildung, Gestalterkennung, Gestalterklärung**

Zufall und Gesetzmäßigkeit bei Mechanismen der Selbstorganisation sind Themen des sehr vielseitigen und instruktiven Buches von M. Eigen, R. Winkler, »Das Spiel«, R. Piper & Co, München 1975. Eine mathematisch-physikalische Einführung zu diesem Thema gibt H. Haken in »Synergetik«, Springer, Berlin/Heidelberg 1983. Das Buch informiert auch über die mathematischen Begriffe des »Chaos« und der »Information« (siehe Kap. I und IV unseres Buches). Die Prinzipien unmittelbarer Wahrnehmung von Mustern hat vor allem B. Julesz untersucht (»Textons, the elements of texture perception, and their interactions«, Nature *290* (1981), 91–97).

Die erwähnte Anwendung der biologischen Theorie der Strukturbildung durch Selbstverstärkung und Umverteilung auf sozio-ökonomische Ungleichheiten steht in einer Arbeit des Autors über »Sozio-ökonomische Ungleichheiten: Einfluß von Selbstverstärkung, Verknappung und Umverteilung« in den Jahrbüchern für Nationalökonomie und Statistik *196* (1981) 309–331.

Kapitel VII **Verhalten und Gehirnprozesse**

Mechanismen der Informationsverarbeitung im Nervensystem und der Verhaltenssteuerung durch das Gehirn sind in Lehrbüchern der physiologisch orientierten Psychologie zu finden, zum Beispiel bei: P. G. Zimbardo, Lehrbuch der Psychologie, Springer, Berlin/Heidelberg/New York 1983.

Eine spezielle, aber instruktive Auswahl von physiologischen Vorgängen, die in enger Beziehung zu psychischen Zuständen stehen (zum Beispiel Mechanismen des Wachens und Schlafens, der Aufmerksamkeit, der Motivation und Emotion) bespricht Birnbaumer in »Physiologische Psychologie«, Springer, Berlin/Heidelberg/New York 1975.

Beide Bücher geben auch eine kurze Übersicht über den anatomischen Aufbau des Gehirns und seine Beziehung zur Funktion. Das menschliche Gehirn ist Gegenstand eines Buches von J. C. Eccles: »Das Gehirn des Menschen«, R. Piper & Co, München 1973. Eine gute Einführung in die Biologie des Gehirns ist das Sonderheft »Gehirn und Nervensystem« (Spektrum der Wissenschaft – Verlag, Weinheim 1980).

Die unterschiedlichen Funktionen der linken und rechten Gehirnhälfte des Menschen sind in populärwissenschaftlicher Form dargestellt in: S. P. Springer und G. Deutsch, »Left brain, right brain«, Freeman & Co, San Francisco 1981. Eine Zusammenfassung neuerer Erkenntnisse speziell über den vorderen Bereich der Großhirnrinde, der besonders an »höheren« Hirnfunktionen beteiligt ist, bietet eine Sonderausgabe der »Trends in Neuroscience« (TINS), Band 7, Nr. 11 (November 1984): »The frontal lobe – Uncharted provinces of the brain« (Herausgeberin: R. Goldman-Rakic).

Kapitel VIII **Physik, Bewußtsein und das »Leib-Seele-Problem«**

Das Leib-Seele-Problem wurde von der analytischen Philosophie zunächst als Scheinproblem angesehen, dann aber in den 50er Jahren von H. Feigl (»The Mental and the Physical«, Minnesota Studies II, S. 370, University of Minnesota Press, Minneapolis 1958) als »echtes« wissenschaftliches Problem wiederentdeckt. Feigl stellt zwei Grundtypen von Erklärungen einander gegenüber: die Seele-Leib-Interaktion und die Seele-Leib-Entsprechung. Er expliziert die »physikalistische« Theorie des »psychophysischen Parallelismus« und begründet die »monistische« Variante, physikalische und seelische Vorgänge seien zwei Aspekte eines im Grunde identischen Prozesses. Einen entgegengesetzten Standpunkt nimmt Eccles mit seiner Interaktionstheorie ein, nach der seelische Vorgänge auf physikalische Vorgänge im Gehirn einwirken und dort Prozesse auslösen, die rein physikalisch nicht zustande kommen würden. Die Theorie ist enthalten in dem Buch von K. R. Popper und J. C. Eccles, »The self and its brain«, Springer, Berlin/Heidelberg/London/New York 1977, deutsch »Das Ich und sein Gehirn«, R. Piper & Co, München 1982. Dieses Buch enthält auch – auf S. 128–209 – eine sehr aufschlußreiche Einführung Poppers in die Geschichte des ›Leib-Seele-Problems‹, von Homer über Aristoteles, Descartes, Spinoza, Leibniz und Kant bis in die Gegenwart. Dabei wird unter anderem die physikalische Inkonsistenz der Leib-Seele-Interaktion erläutert, die Descartes postuliert hat.

Während Popper das Leib-Seele-Problem als genuines Problem der Wissenschaft und der Wissenschaftsphilosophie ansieht – womit unsere Darstellung übereinstimmt – bestreitet die Denkschule des »Behaviorismus«, daß spezifisch seelische Begriffe wissenschaftlichen Sinn ergeben; manche ihrer Anhänger zweifeln sogar an der »Urerfahrung« unmittelbaren bewußten Erlebens, die sich auf die eigene Person bezieht. Ein geistreiches Buch dieser Richtung des Denkens ist G. Ryle's »Der Begriff des Geistes«, Reclam Universalbibliothek 8331–8336, Stuttgart 1969. Es enthält auch eine ausführliche Diskussion von Dispositionsbegriffen (S. 155–206), wenngleich der Schwerpunkt nicht, wie in unserer Darstellung, auf komplexen Verhaltensdispositionen liegt, die Resultate bewußten strategischen Denkens sind. Das Kapitel ist eine instruktive Einführung in die logische Struktur dispositioneller Aussagen.

Für die Theorie des Glücks und der Gefühle sei zunächst auf die Darstellung von Begriffen wie »Emotion« und »Motivation« im Rahmen einer naturwissenschaftlich orientierten Psychologie verwiesen, die z. B. in den unter Kapitel VII zitierten Lehrbüchern von Ruch und Zimbardo sowie von Birnbaumer enthalten ist. Für die Überlegungen zum Leib-Seele-Problem wollen wir jedoch die Lehre von der Seele nicht auf objektive Verhaltenswissenschaft reduzieren, sondern auch nach dem unmittelbaren Erleben fragen, das wir umgangssprachlich mit »Glück« bezeichnen. Hierfür wurde auf die Philosophie der »Lust« bzw. »Freude« bei Epikur zurückgegriffen. Die Zitate sind dem Buch »Epikur, Philosophie der Freude«, Herausgeber J. Mewaldt, Kröner, Stuttgart 1973, entnommen. Die Zitate von Aurelius Augustinus über Vergangenheit, Gegenwart und Zukunft entstammen seinen »Bekenntnissen« in der Übersetzung von W. Thimme, dtv 6120, München 1982.

Die vom Autor vertretene Auffassung, daß die Leib-Seele-Beziehung mit finitistischen Mitteln nicht vollständig decodierbar ist, obwohl die Physik im Gehirn gilt, ist ursprünglich in dem schon unter Kap. II erwähnten Artikel (A. Gierer, »Der physikalische Grundlegungsversuch in der Biologie und das psychophysische Problem«, Ratio *12,* 40–54, 1970) entwickelt, sowie in einem neueren Aufsatz dargelegt: A. Gierer, »Relation between neurophysiological and mental states: Possible limits of decodability«, Naturwissenschaften *70*, 282–287, 1983.

Kapitel IX **Einheit der Natur, Mehrdeutigkeit der Welt**

Zur Philosophie der Vorsokratiker sei verwiesen auf: W. Capelle, »Die Vorsokratiker«, Kröner, Stuttgart 1953.

Aus diesem Buch stammen auch die Zitate.

Kapitel X **Wissenschaft, Religion und kultureller Pluralismus**

Der theologisch gebildete Leser wird um Nachsicht für die Auswahl und Verkürzung der Bibelzitate und für ihre Interpretation außerhalb ihres natürlichen Kontextes gebeten. Sie sollen theologisch nichts »beweisen«. Ihre Sprache ist aber so unmittelbar, daß sie sich besser zur Darstellung des Gedankenganges eignen als jede »moderne« Umschreibung. Im einzelnen sind folgende Bibelstellen – zum Teil verkürzt – zitiert: 1. Mose 1, 1–27; Matthäus 22, 37–39; Jakobus 1, 25; Prediger 1, 1–11; 3, 19; Psalm 8, 4–9; Johannes 1, 1–4; Sprüche 8, 12–31.

Das Zitat von Heisenberg findet sich in seinem oben erwähnten Buch »Der Teil und das Ganze« (S. 293).

Eine kritische Diskussion der Anwendung der Systemtheorie auf das ›System Erde‹ gibt C. F. v. Weizsäcker in dem Artikel »Grenzen des Wachstums« in den »Naturwissenschaften« *60,* S. 267 (1973). Obwohl sich der Artikel hauptsächlich auf die damals veröffentlichten Weltmodelle des ›Club of Rome‹ bezieht, sind die Überlegungen von allgemeiner Bedeutung sowohl für die Problematik der Prognose als auch für die Charakteristik der Lösungen, die sich aus globalen Modellen dieser Art ergeben.

Register